JN021900

ふくしま原発作業員日誌

イチエフの真実、9年間の記録

東京新聞記者
片山夏子

朝日新聞出版

ふくしま原発作業員日誌 目次

2章　作業員の被ばく隠し――２０１２年

3章　途方もない汚染水――2013年

4章　安全二の次、死傷事故多発――2014年

5章　作業員のがん発症と労災――2015年

8章　進まぬ作業員の被ばく調査――2018年

9章　終わらない「福島第一原発事故」――2019年

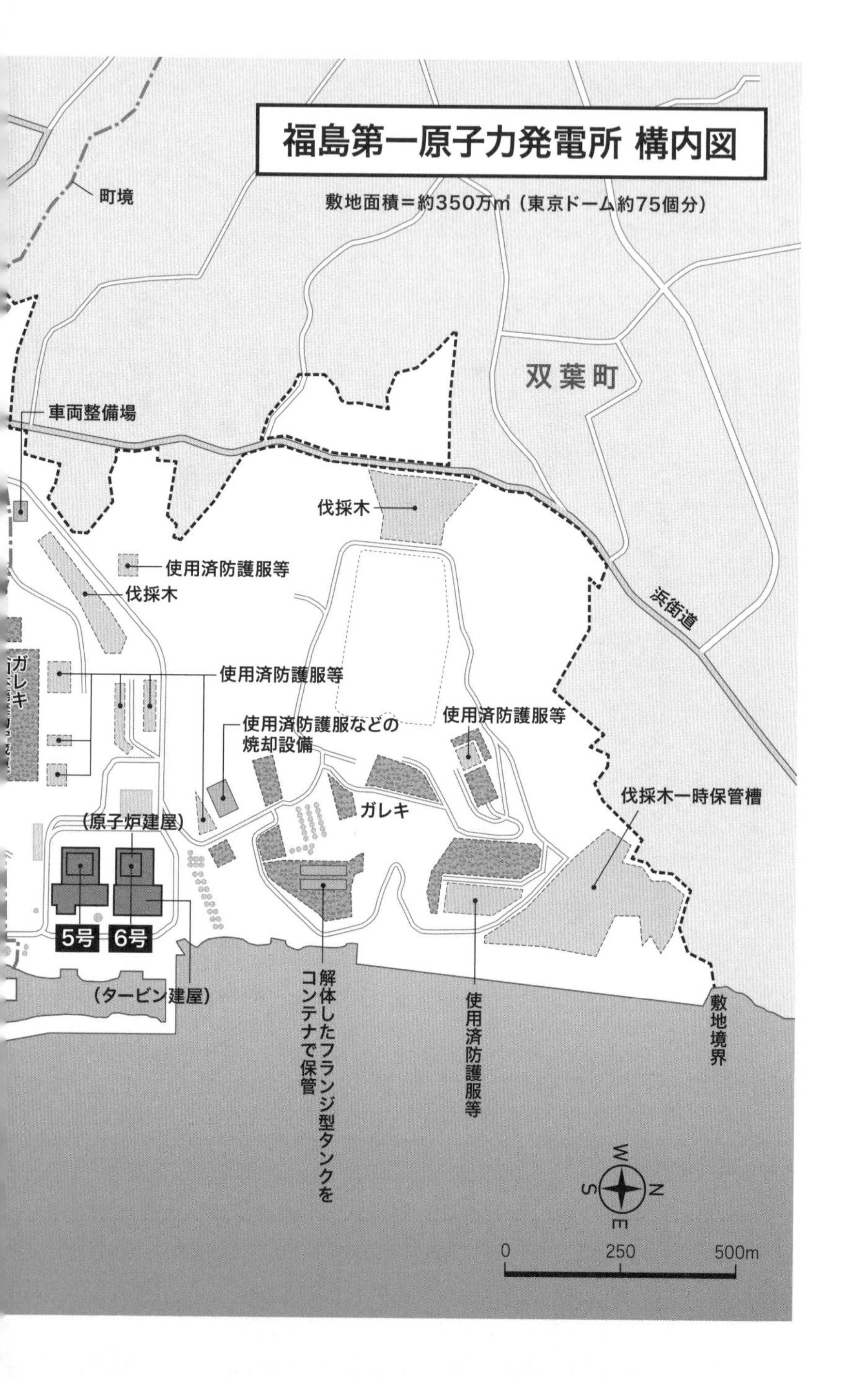
福島第一原子力発電所 構内図
敷地面積＝約350万㎡（東京ドーム約75個分）
町境
双葉町
車両整備場
伐採木
使用済防護服等
伐採木
浜街道
ガレキ
使用済防護服等
使用済防護服などの
焼却設備
使用済防護服等
ガレキ
伐採木一時保管槽
（原子炉建屋）
5号
6号
（タービン建屋）
解体したフランジ型タンクを
コンテナで保管
使用済防護服等
敷地境界
W
S
N
E
0
250
500m

東京電力HP掲載の地図を元に作図

日本で使用している商業用の原子炉には、加圧水型原子炉（PWR）と沸騰水型原子炉（BWR）の2種類があり、福島第一原発は沸騰水型炉を利用しています。

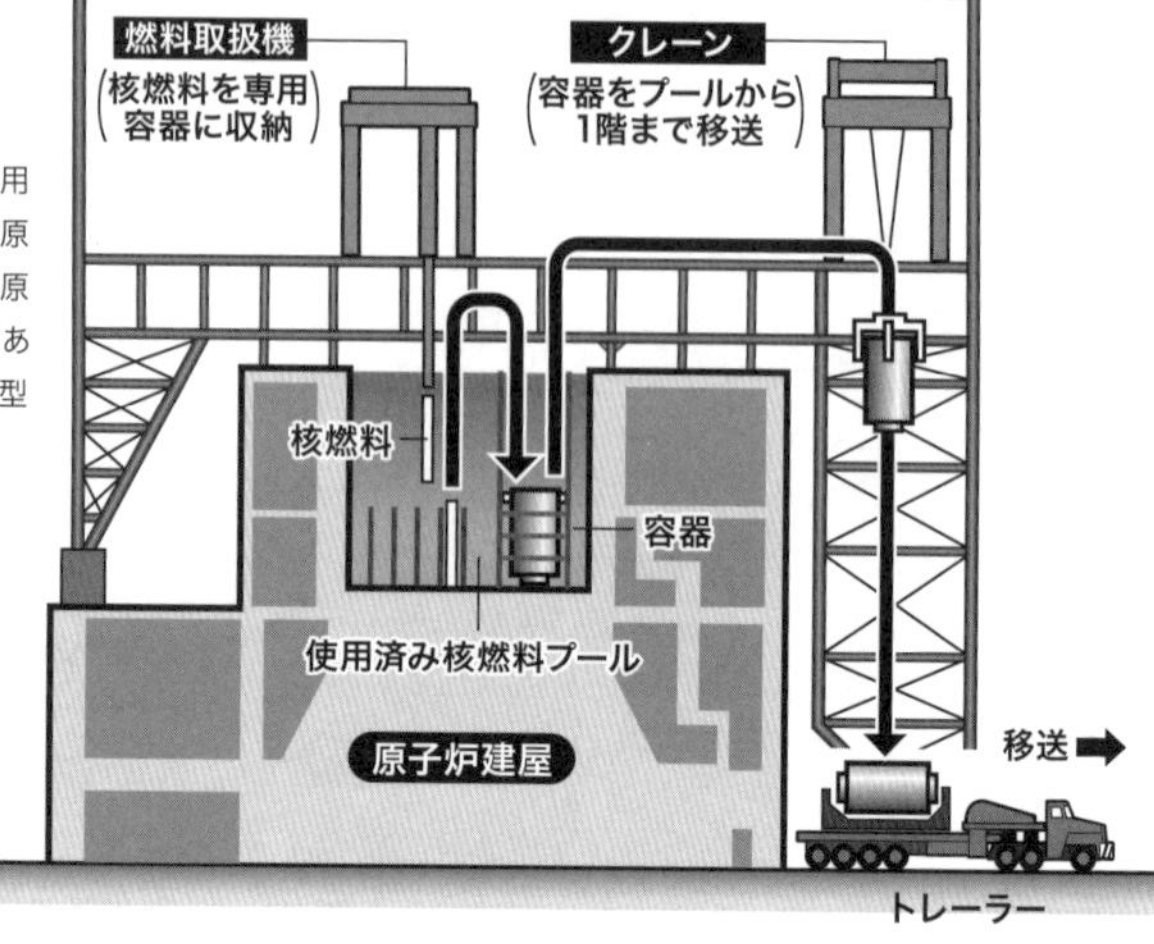

【3号機の核燃料取り出し 断面イメージ図】

東京新聞掲載図から作図

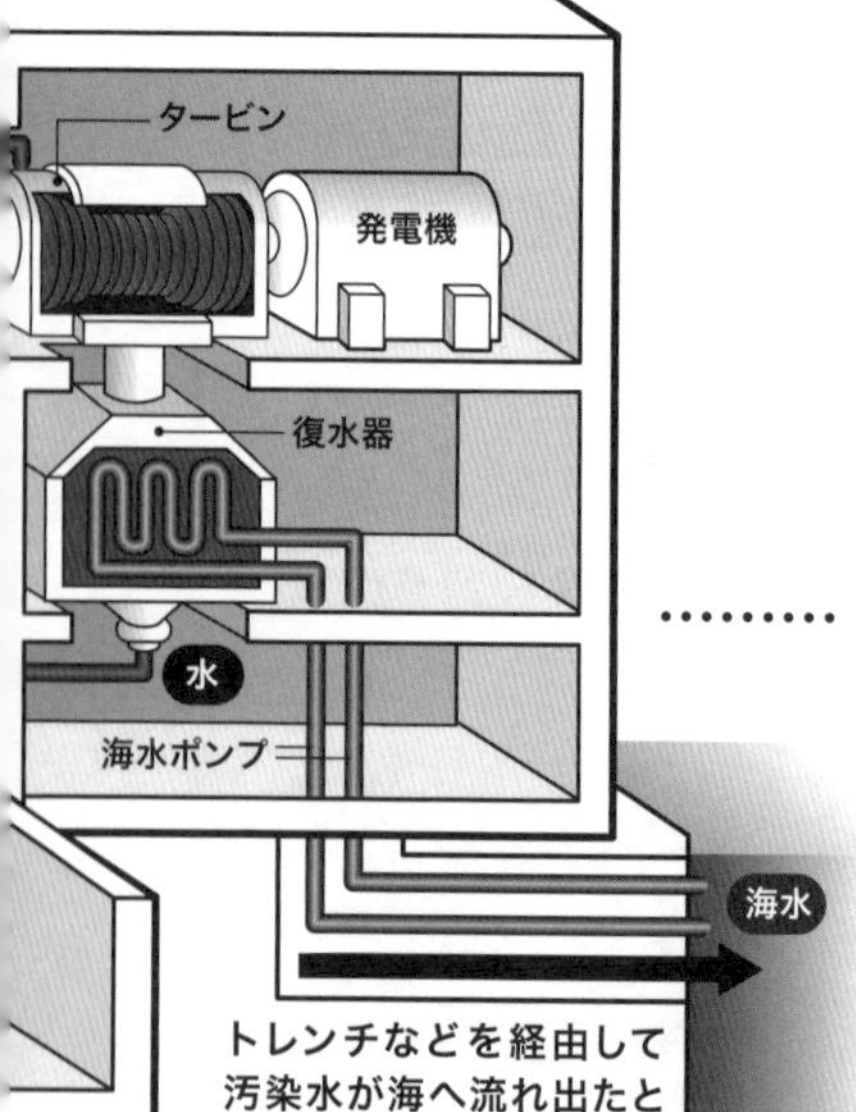

1～3号機は事故後にメルトダウンを起こし、核燃料が格納容器の底に溶け落ちたと見られる

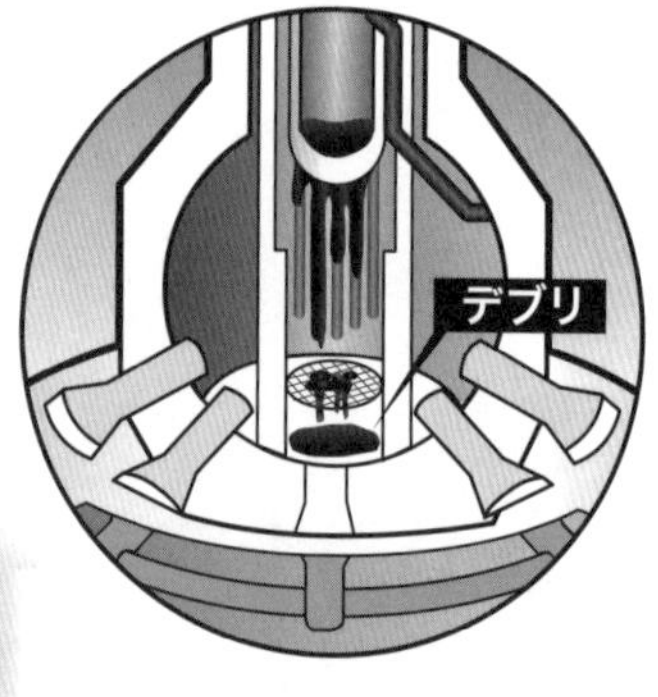

『福島第一原発廃炉図鑑』（太田出版）72～73頁を参考に作図

原子炉＋タービン建屋図

原子力発電は、火力発電と同じく水蒸気の力で（発電機につながる）タービンを回して電気をつくります。火力発電が石油や石炭、天然ガスをボイラで燃やした熱で水を沸騰させて水蒸気をつくる一方、原子力発電は原子炉内でウラン燃料を核分裂させることにより発生した熱で水蒸気をつくります。

汚染水は、原子炉に注水された冷却水が溶けた核燃料に触れて多量の放射性物質を含むことで発生。この汚染水が損傷した原子炉格納容器や圧力抑制室から漏れてタービン建屋の地下に流れて溜まり、貫通部やトレンチなどを通って土中や海に流出しました。

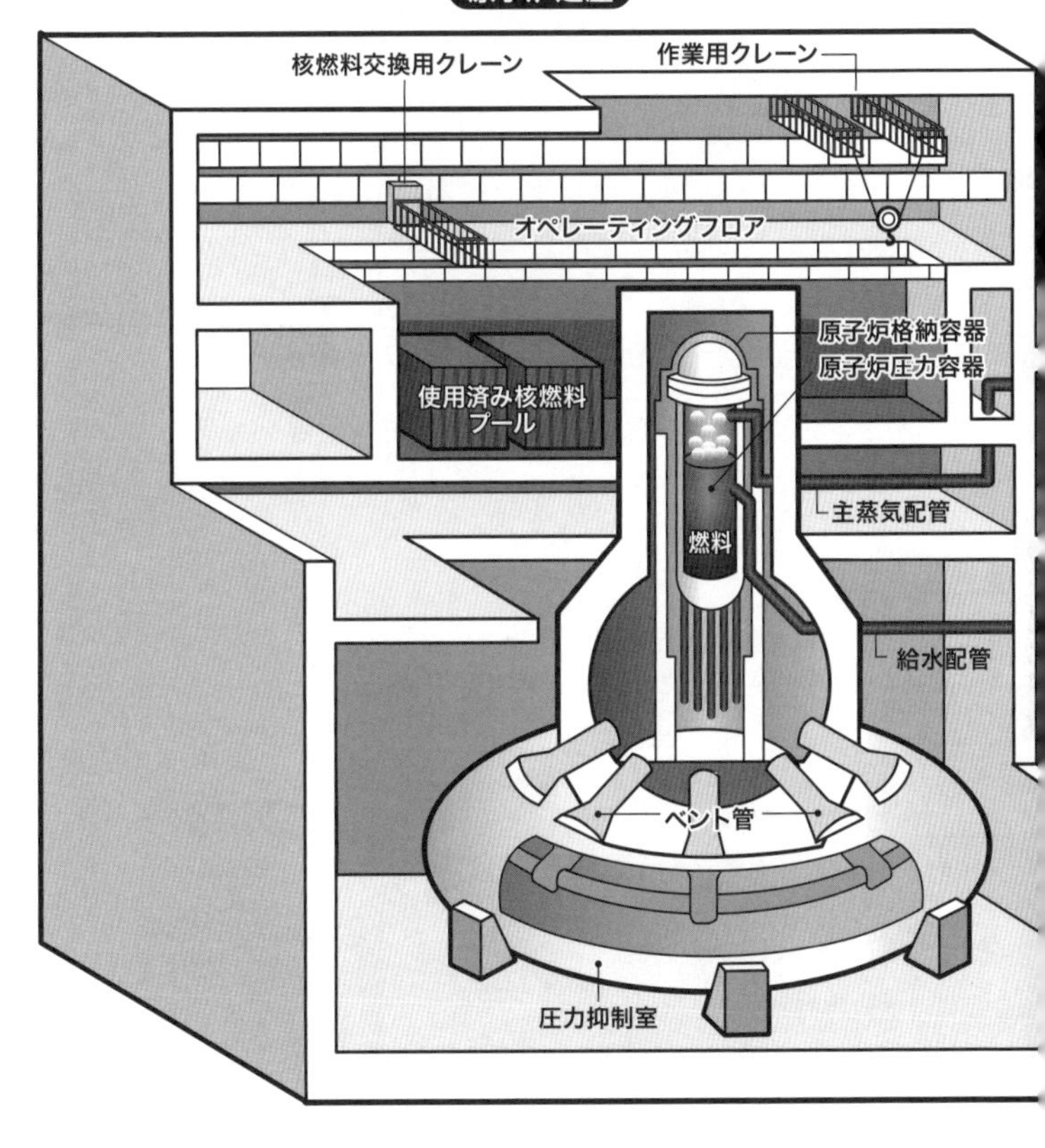

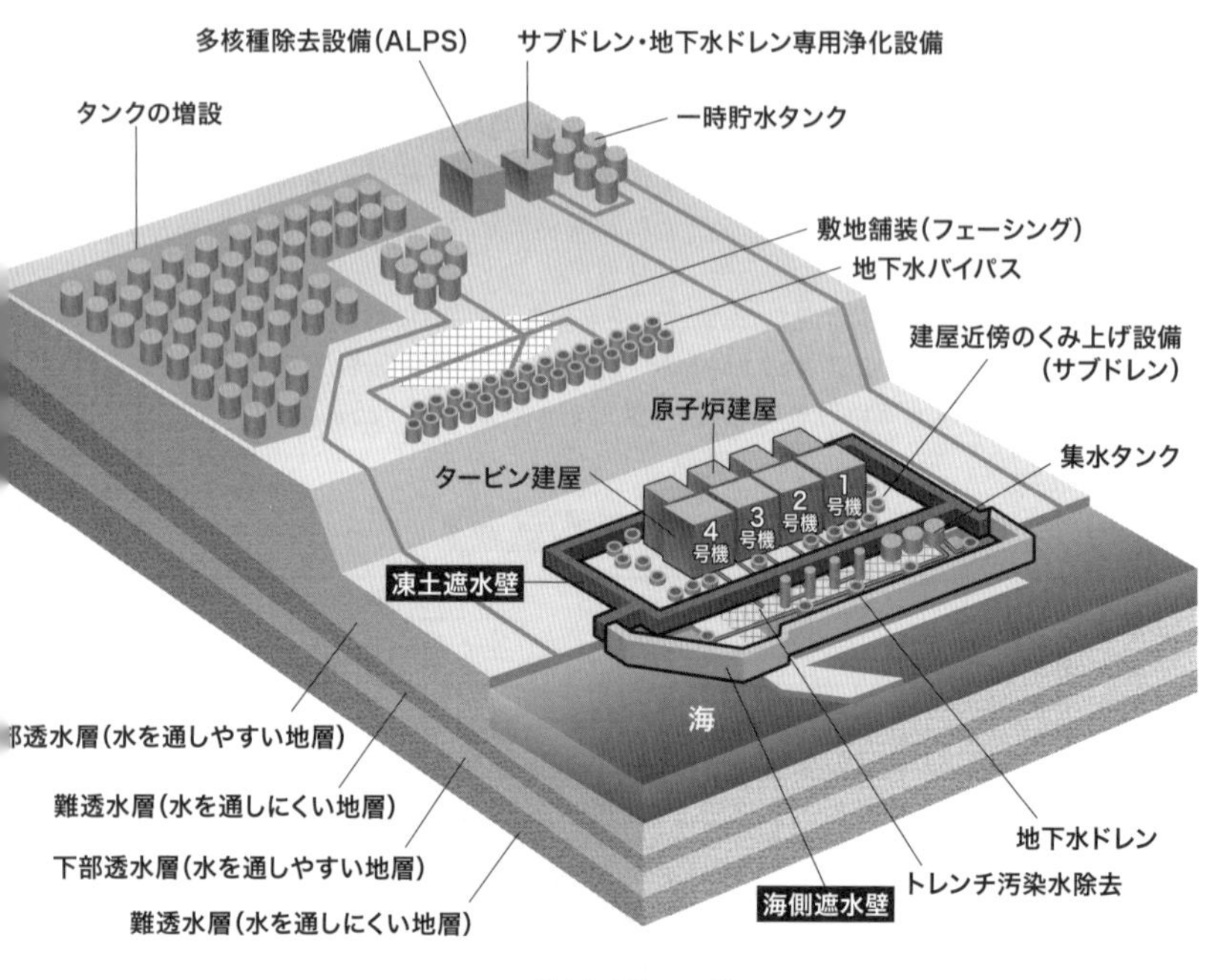

【俯瞰図】

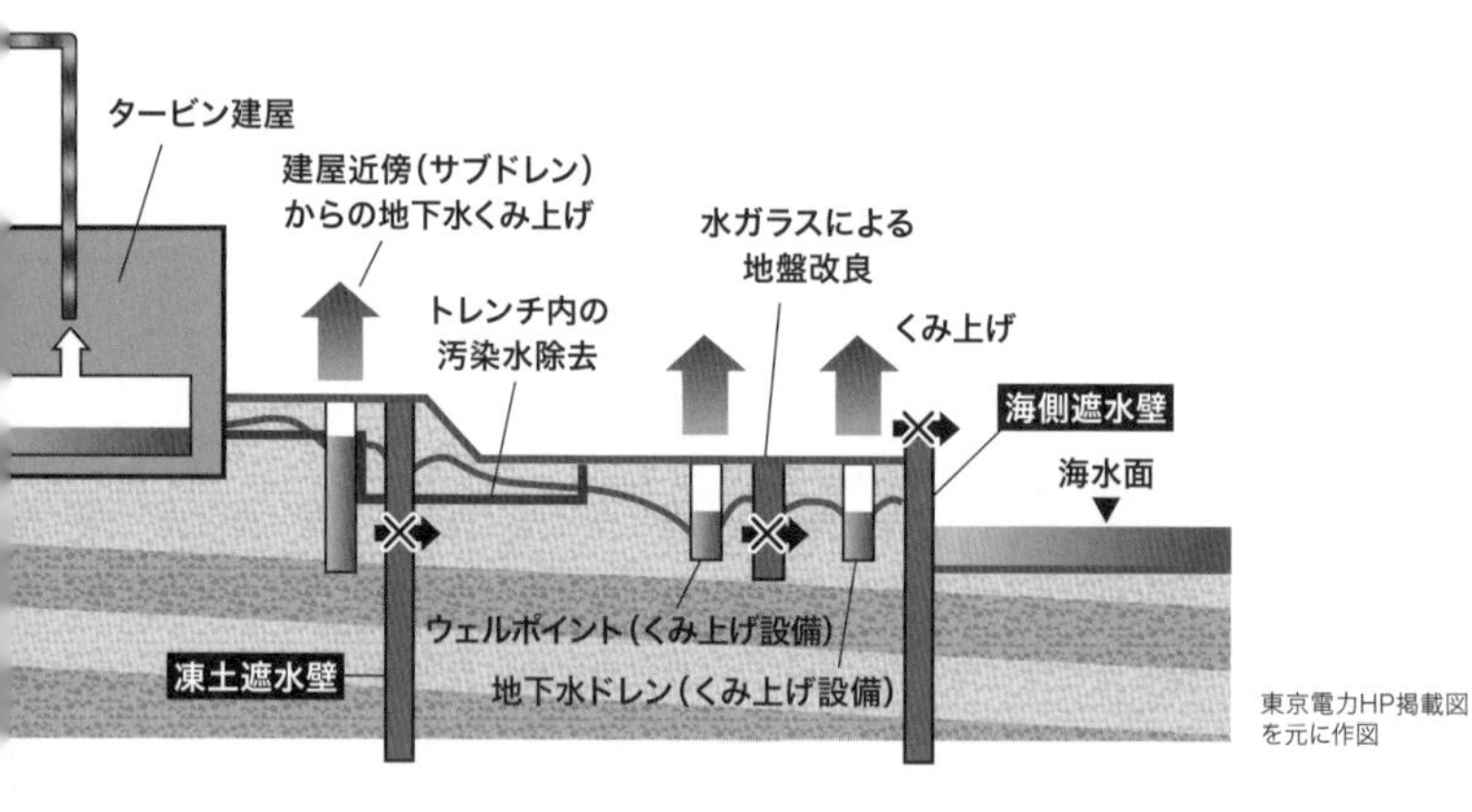

東京電力HP掲載図
を元に作図

汚染水をめぐる構図

今なお1日170トンもの汚染水が発生しているのは、土中の地下水が貫通部などを通って原子炉建屋に流れ込み、建屋内で発生する高濃度汚染水と合わさるためです。この汚染水がタービン建屋地下に溜まり、配管用のトレンチなどを通って海に流出。これをブロックするために凍土遮水壁や海側遮水壁が造られたり、汚染水と合わさる地下水の量を減らすためにサブドレンから地下水をくみ上げたりする対策が実施されています。

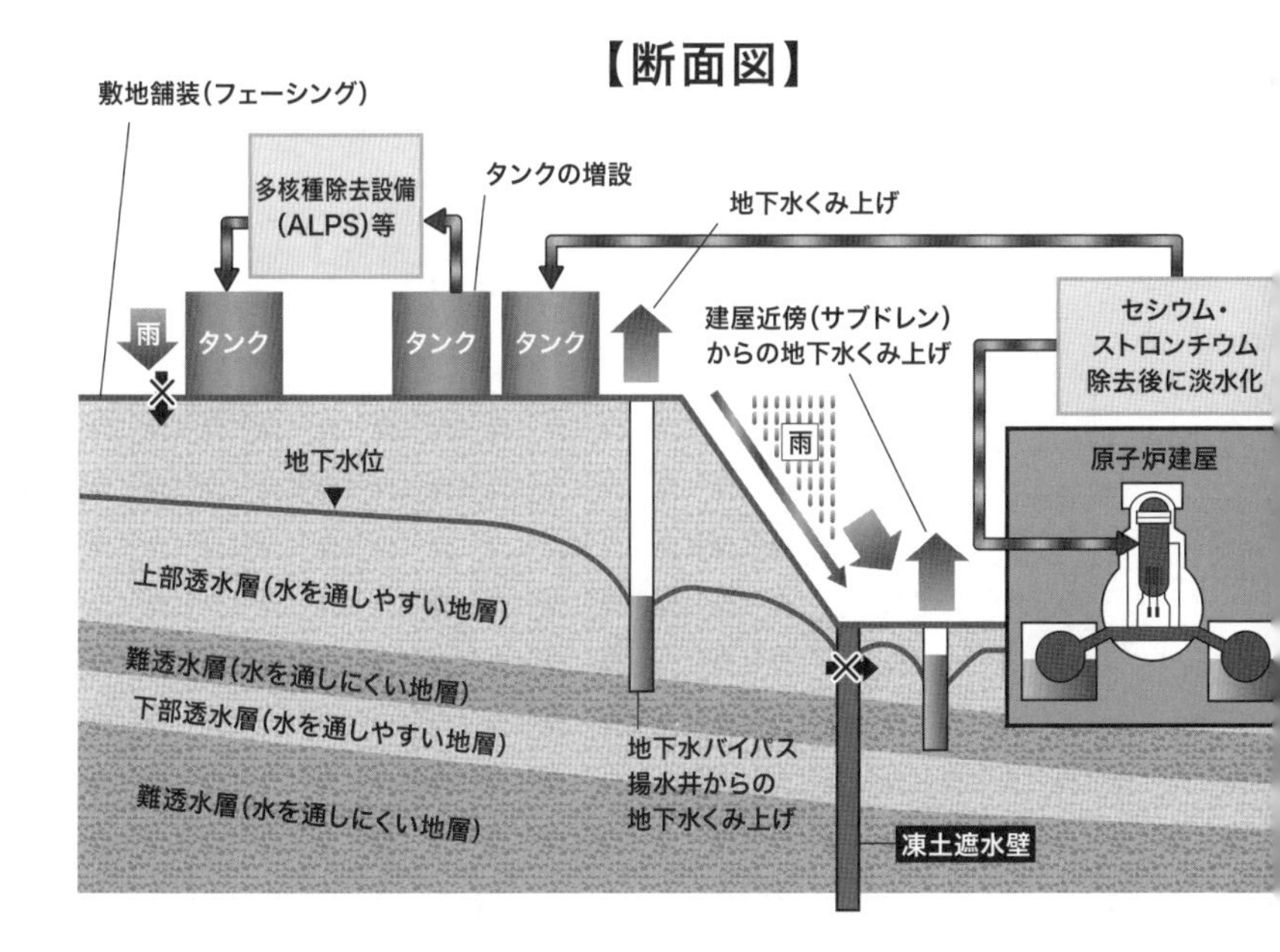

【建屋貫通口のイメージ図】

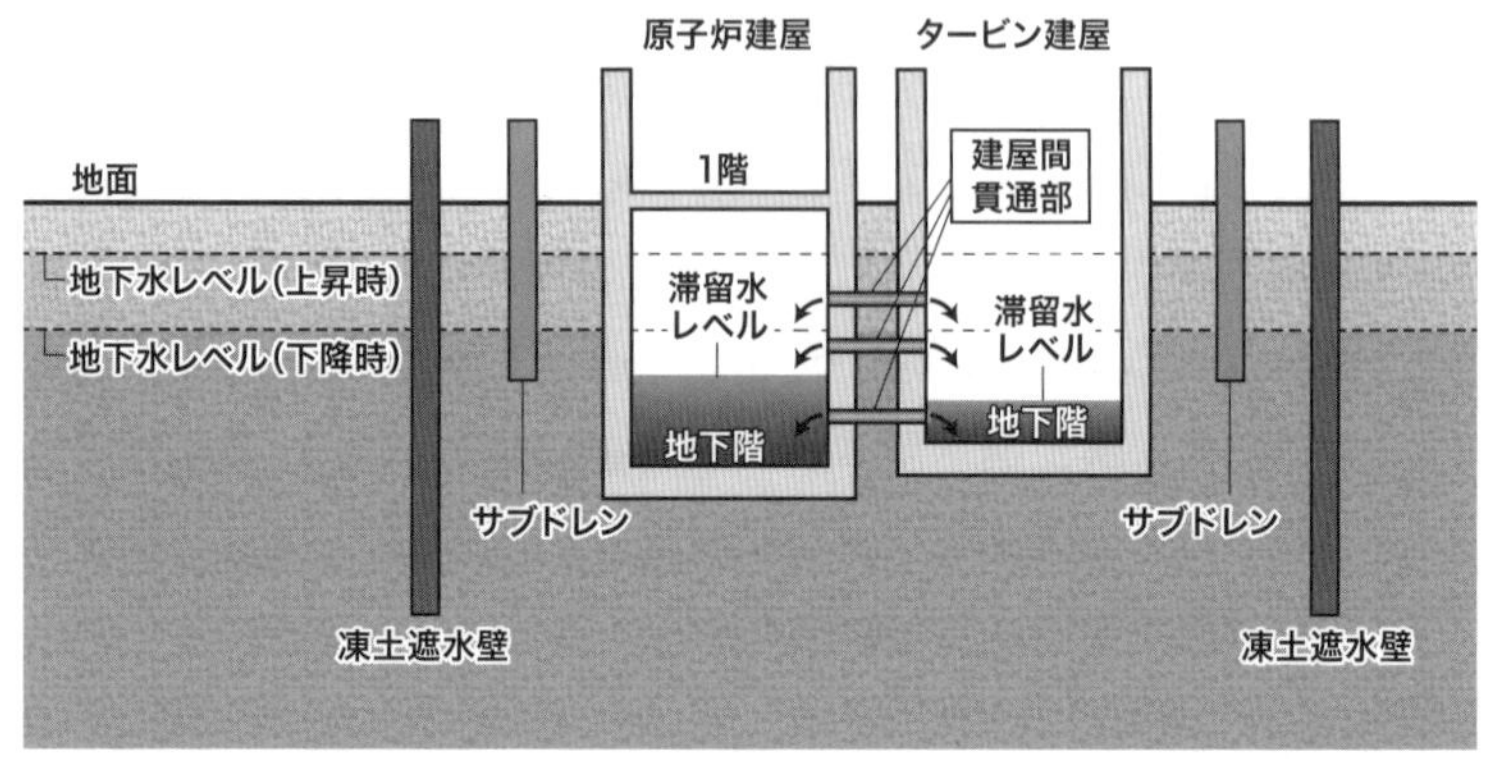

東京電力HP掲載図を元に作図

地下水の水位は、汚染水の発生量に大きく関係します。汚染水の水位を、建屋周辺の地下水の水位よりも低くし(内外水位差)、その状態を保つことで、汚染水の建屋外への流出を防ぎたいのですが、建屋周辺の地下水は水位の低いほう、つまり建屋内に貫通部などを通って流れ込むことになります。その結果、高濃度汚染水と混ざりあって、新たな汚染水が生じてしまうという問題があります。

【2号機高濃度汚染水が漏れた経路】

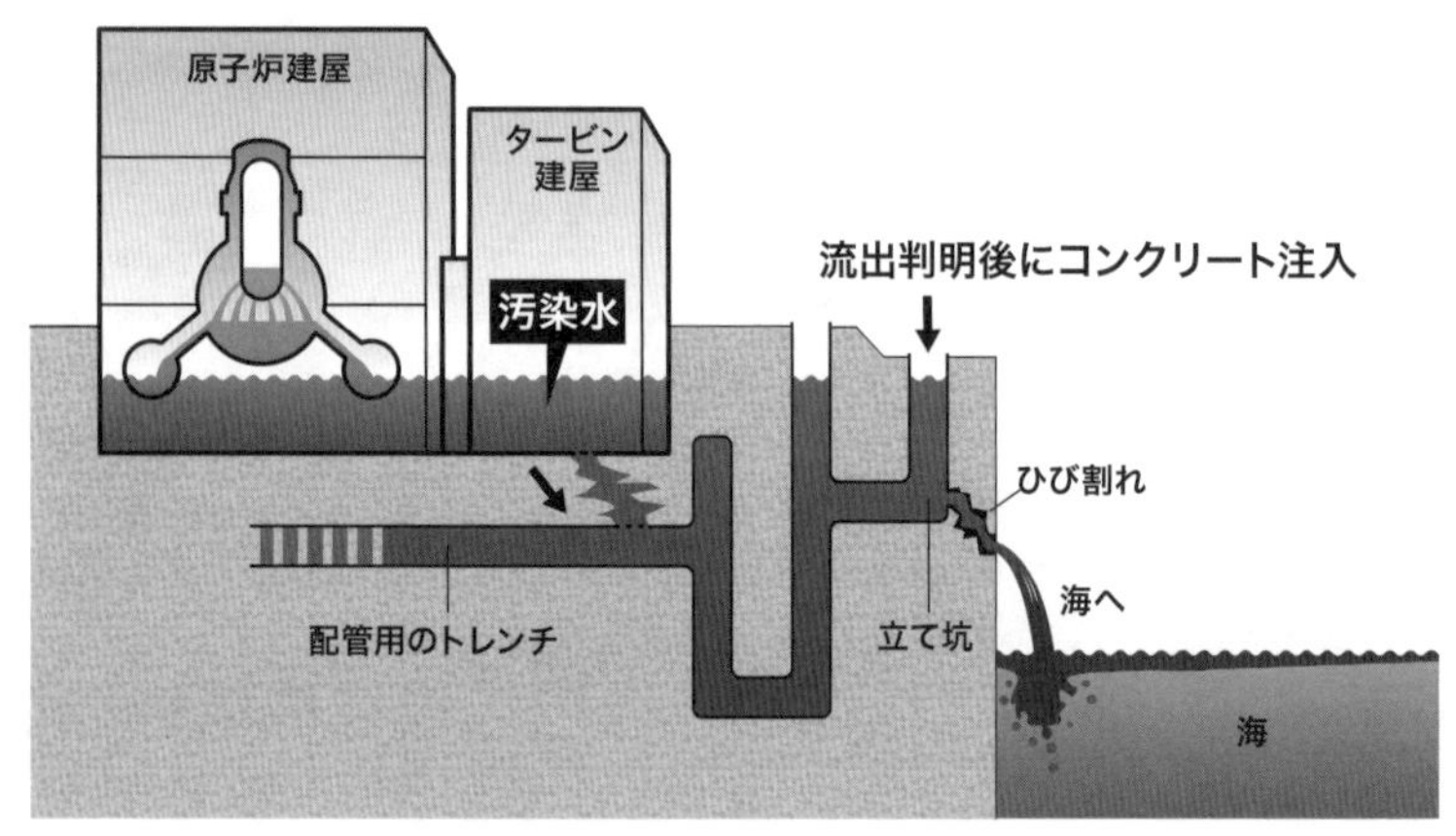

巻頭図(10〜16ページ)　作図:上泉 隆、 構成:編集部

東京新聞掲載図から作図

序章

２０１１年３月11日午後２時46分。東北の三陸沖で、日本の観測史上最大となるマグニチュード９・０の大地震が発生、その30分～１時間後に太平洋沿岸を大津波が襲った。このとき私は名古屋社会部所属で名古屋にいた。ちょうど休みの日で自宅にいたが、直後に携帯と家の電話が同時に鳴った。招集がかかり、すぐに本社へ向かった。

翌日、東京電力福島第一原発の状況が一気に緊迫する。１号機周辺で放射性物質が検出され、炉心溶融（メルトダウン）の可能性が浮上。社会部幹部が騒然とするなか、上司から「家に帰って服を詰め、すぐ東京に行ってくれ」と指示が飛び、１時間後には新幹線に飛び乗り東京に向かっていた。

１号機、３号機、４号機で水素爆発

経済産業省（霞が関）の記者クラブに着いて一番初めに見たのは、１号機が水素爆発するテレビ映像だった。午後３時36分。１号機から何かが空高くはじけ飛んだ後、建屋の後ろから白い煙が立ち上った。「今のは何だ」。騒然とするなか他の記者らと一緒に、別館の原子力安全・保安院に一斉に走った。説明を求める記者にもみくちゃにされながら、保安院の広報担当者は「今、確認しています。（記者会見を）官邸と調整しています」と繰り返した。記者やカメラマンであふれかえった会見室で、いつ始まるかわからない記者会見を待った。長い一日が始まった。

14日午前11時1分、3号機が水素爆発。今度は爆発の炎が見えた後、黒煙が空高く舞い上がる映像が流れた。その夜には2号機の原子炉内の冷却水の水位が急激に下がり、核燃料がすべて露出する「空だき」状態になる。15日には4号機も爆発する。

この間、周辺放射線量は瞬く間にはね上がり、国による住民の避難指示も発せられた。11日午後9時23分には半径3キロ圏内、12日午前に10キロ圏内、午後には20キロ圏内に拡大し、15日には20～30キロ圏内が屋内退避となる。次々危機が襲うなかで、保安院の広報担当者は記者に幾度も説明を求められるが、「何が起きているのかわからない」「今、東電に確認しています」と繰り返すだけだった。説明に詰まったり単位を間違えたりする会見者に苛立つ記者と、応酬する広報担当者との怒鳴り合いが何度も起きた。

この間私は、東電や保安院の会見で次々出てくる専門用語や原発の構造の複雑さに悩まされた。格納容器の圧力を下げる「ベント（排気）」は「弁当?」とノートに記し、核燃料の主成分二酸化ウランを固めた塊「ペレット」は「フェレット」と大まじめに書いた。専門用語の音を聞き取るのが精いっぱいだった。「ペットじゃねぇよ」と上司に笑われながら、原発の構造と刻々と変わる状況を理解するのに日々必死だった。そして、会見で説明される現場や周辺の放射線量の単位は、μSv（マイクロシーベルト）から、mSv（ミリシーベルト）、あっという間にSv（シーベルト）まで上がっていった。

3月11日午後2時46分に起こった地震直後から、福島第一では一刻を争う緊迫の事態が続いた。

稼働していた1～3号機は自動停止したものの（4～6号機は定期検査で停止中）、その約40分後に津波第一波、約50分後に第二波が到達し、全交流電源が喪失。非常用ディーゼル発電機が動かず、緊急炉心冷却装置も作動しなかった。

1号機と3号機の水素爆発によって、建屋は大きく損傷した。放射性物質の大量放出という危機のなか、一刻もはやく原子炉内の核燃料を冷やさなければならなかった。冷却用の淡水（真水）が枯渇し、海水に切り替えられ、消防車や高圧放水車、自衛隊のヘリを使った注水が試みられた。

3月14日、2号機の原子炉内の水位が急激に低下して燃料棒がすべて露出する「空だき」が2回起き、東電は「燃料の一部が損傷した可能性がある」と炉心溶融を事実上認めた。2号機原子炉格納容器の圧力が下がらず水が阻まれ、注水ができない状態が続くなか、3月15日午前6時14分、福島第一を爆発音と激しい揺れが襲い、放射線量が急上昇する。2号機の格納容器につながる圧力抑制室の圧力が急速に低下しゼロになる。現場は、2号機が爆発したと考えた。

2号機の圧力抑制室が破損したとすれば、大量に放射性物質が放出されることになる。東電の吉田昌郎所長は、原子炉の注水に関わる（のちにフクシマ50として知られる）約70人を残し、約６５０人を一時退避させる。だが現場はまもなく、4号機の屋根や壁がふっ飛び、火災が起きていることをつかみ、2号機ではなく4号機で爆発が起きたことを知った。その後、一時退避した作業員らは現場に戻り、外部電源の復旧などを急ピッチで進め、22日には全6基で外部電源が復旧する。

切迫した事態が続くなか、3月24日、3号機タービン建屋地下1階で電源復旧のケーブルを敷設した作業員３人が、１７３～１８０ｍＳｖの被ばくをする。３人は事故後に地下に溜まった水の中に入って作業。作業後の汚染検査で、短靴だった2人の足から検出された汚染の数値が非常に高く大騒ぎになった。

その後、地下階の溜まり水の表面近くの検査で、毎時４００ｍＳｖという高濃度汚染水だったことが判明した。これは、通常運転中の炉内の冷却水の約1万倍に当たる数値だった。その後次々と、炉内の核燃料を冷やすために注入した水が、大量の高濃度汚染水となって漏れ、1～4号機の建屋地下に溜まっていることがわかった。この後、この漏出した汚染水を処理した水の貯蔵先として続々とタンクが造られ、敷地内を埋めていく。２０２０年現在も続く、途方もない汚染水との闘いの始まりだった。

4月2日、2号機の取水口付近で、超高濃度の汚染水が海に漏出していることが判明。取水口の近くの立て坑（垂直に掘り下げた坑道）に溜まった水は表面から1メートル以上離れた地点で、毎時1千ｍＳｖ超が計測される。

4～10日、海に漏れ続ける2号機の高濃度汚染水を移送するため、移送先の集中廃棄物処理施設に貯めていた低濃度の汚染水約1万トンを、周辺国に通告せず海に放出。国際的非難を浴びることとなった。そして政府は12日、原発事故の深刻さを示す国際評価尺度の暫定評価を、「レベル5」から最も深刻な「レベル7」に引き上げた。事故後の放射性物質の大気中への放出量は、経産省の原子力安全・保安院の試算で37万テラベクレル（テラは1兆）、政府への助言機関の原子力安全委員会は、63万テラベクレルと試算した（いずれもヨウ素換算、チェルノブイリ原発は５２０万テラベクレル）。

〈写真上〉2011年3月12日午後3時36分に水素爆発した直後の1号機。建屋上部は骨組みだけが残る。奥には、爆発する前の3号機と4号機の姿が見える=2011年3月12日
〈写真中〉3月14日午前11時1分に水素爆発した3号機。写真はその2日後に白煙を上げる姿=同年3月16日　〈写真下〉3月15日に爆発した4号機の1週間後。建屋近くには防護服を着用した作業員の姿=3月22日　写真：いずれも東京電力

非常用電源の敷設、原子炉や使用済み核燃料の冷却などが果たされ、当初の危機的な状況を何とか回避した4月17日、政府と東電は事故収束に向けた二段階の工程を発表する。第一段階「ステップ1」では原子炉を安定的に冷却し、放射線量を着実に減少傾向にさせるのに3カ月を見込む。水素爆発を避けるため1～3号機の原子炉容器内に窒素を注入。最も気密性が保たれていると思われる1号機から、格納容器内を水で満たす手法「水棺」を実施。また高濃度の汚染水を貯めるタンクの確保などが盛り込まれた。第二段階「ステップ2」では、1～3号機の原子炉を100度未満の安定的な状態に保ち、放射性物質の放出を管理して放射線量を大幅に抑える「冷温停止状態」を6～9カ月で達成するとした。

本来の「冷温停止」は、原子炉からの放射性物質の漏れがなく、炉心を冷やす水が100度未満と、原子炉が十分冷え、安定して停止している状態を指す。しかし、福島第一は水素爆発で三つの原子炉建屋が損傷。放射性物質を出し続けており、「漏れがない」密閉状態とはほど遠かった。つまり「冷温停止」にすることは不可能なため、「冷温停止状態」という、似て非なる言葉を作り出し、目標として掲げた。

事故発生時からいるベテラン作業員は「何の根拠があってこんな工程表が出てきたのか。こんなこと、できるわけないと現場ではあきれかえった」と憤った。

事故直後の消防車などによる原子炉への注水ラインは、非常時用の「消火系配管」などを経由して行われたが、5月からは本来の冷却用の「給水系配管」を使って注水ができるようになる。そして少し先になるが9～12月には炉心上部からスプレー状に注水する「炉心スプレイ系（緊急炉心冷却装置）配管」が使えるようになる。

東電は当初、各原子炉に備わる本来の冷却装置の復旧を試みるが機器類の損傷がひどく断念。また1号機で試みた「水棺」は格納容器から水漏れがあり、これも諦めた。そして建屋地下に溜まる汚染水の水位は日に日に高まり、このままでは建屋から漏れ出し、海に流出する可能性があった。この危機を回避するため放射性物質や塩分を除去する水処理設備で汚染水を浄化し再利用する「循環注水冷却システム」の工事が、急ピッチで進められ、6月末にようやく1〜3号機で稼働しはじめた。このシステムは仏アレバ社や米キュリオン社の浄化装置が使われたが（8月には米ショー社の設計、東芝の製造によるサリーも稼働）、たびたびトラブルが起きた。

政府と東電は7月19日、原子炉の安定的な冷却など工程表の「ステップ1」は達成したと発表。そして「冷温停止状態」達成に向けて改訂した工程表、「ステップ2」を発表する。この時、冷温停止状態の定義が「圧力容器底部の温度がおおむね100度以下」および「放射性物質の放出を抑え、敷地境界の被ばく線量が年間1mSv以下」に変わる。ステップ1達成までの間に、2、3号機の使用済み核燃料プールの冷却装置が稼働。敷地内に飛び散った瓦礫はコンテナ400個分が撤去された。

しかし8月1日には、1、2号機共用の排気筒の配管付近で、敷地内で最高の毎時1万mSv超が検出されるなど、高線量の場所が新たに見つかっていた。

不眠不休で危機に向き合った作業員たち

事故直後、現場に詰めていた作業員は、元請けや下請け作業員よりも東電社員が多かった。次々と発生する危機に対応するため、最初の3週間ほど作業員たちは不眠不休で、食事は一日2食だけ。一日に使える水は飲料用や体を拭く分も含めて、1・5リットルのペットボトル一本のみ。朝は非常用ビスケットや野菜ジュース、夕食は非常用ご飯とサバや鶏肉の缶詰だけ。緊急時対策本部が置かれた免震重要棟の会議室や廊下の床で眠り、毛布すら足りなかった。社員の一人は後日、「みんなひげが伸びて、着の身着のままで汚れて汗臭く、疲れ切っていた。野戦病院のようだった」と振り返った。そのうえ、作業員の生活の場にもなっていた免震重要棟は水素爆発で入り口の二重扉が歪んでできた隙間から外気が入り込み、放射線量が高かった。1号機の水素爆発から数日間は、作業員たちは免震重要棟に1日いた場合で一般の人の年間許容被ばく線量（1mSv）の1・5倍前後の放射線量にさらされていたことになる。

事故発生から2週間後の3月28日、原子力安全・保安院の横田一磨統括原子力保安検査官が、福島県の災害対策本部で会見し、福島第一の作業員らの窮状を訴えた。現場の過酷な状況が明らかにされて以後、ようやく食事や宿泊環境が改善されていく。その後すぐに福島第二原発の体育館に畳を敷き詰め、マットレスや寝袋で眠れるようになり、5月半ばには2段ベッドも入る。

3月後半以降、いったん福島第一を離れていた元請けや下請け会社の作業員らが、現場に戻り始める。作業員らは原発から30～50キロ離れた広野町やいわき市などの旅館やホテル、コンテナハウスなどに宿泊し、乗り合いの車で福島第一に通うようになった。

作業員たちは原発から約20キロの距離にあるサッカー施設「Ｊヴィレッジ」（楢葉町、広野町）で装備を着け、福島第一に向かった。Ｊヴィレッジは事故直後から、放水作業をする自衛隊や消防庁などの拠点になり、その後、２０１６年に役目を終えるまで、作業員たちの前線基地となった。

宿泊先で食事は提供されたものの、原発周辺のコンビニやスーパー、飲食店は事故以降、閉まったままだった。食事もままならない作業員のために、民主党政権だった当時の首相補佐官・細野豪志氏の声掛けもあり、作業員への食事の提供が5月に本格的にスタート。パンや魚肉ソーセージのほか、加熱キット付きのレトルトカレーや中華丼、ご飯などが提供されるようになった。

少しずつ生活環境が改善される一方で、作業員の被ばく線量の問題が深刻だった。事故直後の作業員らの被ばく線量は高く、長期の作業は続けられないため、東電はこのままでは現場を離れざるを得ない作業員が続出すると危惧。3月15日、国は福島第一原発の緊急作業の被ばく線量限度を、特例として１００ｍＳｖから２５０ｍＳｖに引き上げた。だが後日、実はこの時、５００ｍＳｖまでの引き上げが検討され、救命作業時の志願者には無制限にすることも議論されていたと判明し、仰天する。結局この議論は、専門家会議で「時期尚早」と見送られたものの、原発が制御不能に陥るなか、作業員の命や健康を犠牲にしても、目の前の危機に対応せざるを得ないギリギリの状況が想定されていた。

ここで被ばく線量の数値について、簡単に説明をしておこうと思う。まず前提として、シーベルト（Ｓｖ）、またミリシーベルト（ｍＳｖ）とは、人間が受ける放射線量の単位を表わす（ベクレル〈Bq〉は放射性物質が発する放射能の強さの単位)。原発作業員の被ばく線量上限は、「生涯1Sv(シーベルト=1千mSv)」を超えないように計算されている。また、通常時が「1年間で50mSv」「5年で100mSv」と国によって定められている。今回の原発事故などのように緊急時の作業が発生した場合は期間を固定せず、その緊急作業が終わるまでの上限が「100mSv」と決められ、その間の累積被ばく線量が上限を超えると、その作業員は敷地から退域(たいいき)することになる。

いずれにしても、作業員たちは決死隊だった。4月までは線量計が全員に行き渡らない状況下で、作業員たちは現場の放射線量を把握しないまま働いていた。この時期のことを作業員たちは「作業班で唯一線量計を持っていた班長が現場を離れていた」「少し場所が違うだけで放射線量が違った。どのくらい自分が被ばくしたのかわからない」などと語り、のちに「被ばく線量なんて気にしていたら作業なんてできなかった。目の前の危機を何とかしなくてはと必死だった」と振り返った。線量計が個々に行き渡るようになった後も、高線量の場所はすぐに一日の計画線量に達して仕事にならないからと、現場に線量計を持っていかなくなったという作業員もいた。そのうえ内部被ばくの測定機器(ホールボディカウンター)が足りず、内部被ばくの検査を受けた作業員は5月はじめの時点で1割以下。初期に実際どのくらい被ばくをしたのかは、本人もわからない場合が多い。

3月中には延べ約3742人の社員や作業員のうち、99人が100mSvを超え、さらに東電は6月、6人の社員が250mSvを超えたと発表した。うち3、4号機の運転員をしていた2人は678mSvと643mSvの被ばくで、いずれも内部被ばく(呼吸や飲食などで放射性物質を取り込むことによる、体内からの被ばく）線量が高かった。

「作業員の横顔がわかるように」

7月に私は東京社会部に異動の辞令を受けた。担当は原発班だった。8月の異動初日、さっそく原発班の山川剛史(やまかわたけし)キャップに「福島第一原発でどんな人が働いているのか。作業員の横顔がわかるように取材してほしい」と打診されるが、取材のイメージが湧かずに、戸惑った。事故当初、多くの作業員が宿泊していたいわき市には、すでにたくさんの報道関係者が取材に詰めかけていて、フリーランス記者の生々しい福島第一原発の潜入ルポも出ていた。このうえ、何を伝えればいいのだろう。取材方法も切り口も定まらなかったが、とにかく作業員に会わなくては何も始まらない。ほとんど取材先のあてもないまま、原発から約40キロ離れたいわき市に向かった。

上野駅からスーパーひたちに乗って2時間20分。作業員について考えをめぐらせた。事故当初、「日当40万円」など高額の賃金で、作業員の募集があったと報じられたが、実際はどうなのか。原発から20キロの「Jヴィレッジ」で防護服や顔全体を覆(おお)う全面マスクを装着するというが、どう身につけるのか。そこから原発まで、防護服2枚にかっぱを重ね、全面マスクをつけた重装備のまま車で移動し、作業中はもちろん、作業を終え帰ってくるときも装備をつけたままで、息苦しくないのか。ひとたび現場に入れば、全面マスクを外して水を飲むこともマスク内の汗を拭くこともできないというが、熱中症対策はなされているのか。何よりも水素爆発が何度も発生し、高い被ばくをする危険な場所で、命を賭(と)してまで働くのはなぜなのか。東電の記者会見で得られる情報には、限りがあった。作業工程の進捗状況はわかっても、現場で働く作業員の様子までは見えてこなかった。聞きたいことは、山ほどあった。

福島第一原発に通う多くの作業員は、いわき市などのホテルや旅館で、集団生活をしていた。一部屋に2〜3人はいいほうで、なかには5〜6人が一緒に生活することも。ホテルは、元請け企業や下請け企業の作業員の長期契約でいっぱいで、取材で連泊したくても部屋が取れず、毎日、荷物をまとめてはその日に空きがあるホテルを探し、転々とした。とにかく、取材を受けてくれる人を探さなければならなかった。作業員が宿泊しているホテルや旅館、駅前やコンビニ、街中で声を掛け続けた。「パチンコ屋にたくさんいるよ」と教えてもらい、パチンコ屋に通った時期もある。

厳しくなった作業員への箝口令

事故から半年近く経ったこの頃には、直後の混乱は落ち着き、作業員への報道取材に対する箝口令が厳しくなっていた。集団でいる作業員に声を掛けたとき、一人の作業員から「取材受けているとばれると、仕事を失う可能性があるから、おおっぴらに受けられない」と言われた後は、なるべく一人や少人数でいる作業員を見つけて声を掛けた。といっても、夏の炎天下や冬の寒い日は特に、一人で作業員に声を掛け続けるのは心身ともにきつかった。長いこと記者をしているくせに、何人にも断られたり、無言で立ち去られたりすると気持ちが凹んだ。たくさんの作業員が目の前を通り過ぎるのに、なかなか声を掛けられない日もあった。そんなとき、連絡先を教えてくれる人がいると心底ほっとした。

「午前3～4時ぐらいになると、いわき駅周辺のホテルや旅館から作業員がどっと出てくるよ」。ある地元作業員に教えられ、明け方にいわき駅前に行く。言われた通り、作業員たちの乗った福島第一に向かう車が街中にどっと出てきた。

作業員たちの取材を受ける条件は、顔を出さず匿名だったらということだった。彼らの同僚や上司に見られずに、ゆっくり話を聞く場所といっても、いわきに会社の支局はない。宿泊先のホテルの部屋で聞くわけにもいかないので、結局は居酒屋などの個室ということになった。昼間の取材では、作業員の宿舎の周辺などを避け、駅から離れたファミレスなど、原発関係者が来ない店を探した。この時期、24時間態勢のシフトで組まれる工事が多く、作業員が帰ってくる時間はまちまちで、取材時間も24時間にわたった。作業員に話を聞く時間は毎回3～4時間、長いときは6時間以上に及ぶ日もあった。

作業内容や現場の状況を細かく書けば、どの作業員か特定される可能性があるので、記事には細心の注意を払った。彼らが特定されないように、しかも、話してくれた内容をできるだけ臨場感のある形で伝えるにはどうしたらいいのかと、毎回頭を悩ませた。新聞記事を書くときは実名での報道が基本だ。だが、原発の核防護上の秘密に触れたわけでもなく、作業員がどのように現場で奮闘したかや現場の苦労を書いた匿名記事でも、元請けや下請け企業で〝犯人捜し〟が行われた。

実際は特定されたことはなかったが、会社の「脅し」は効果てきめんだった。作業前の朝礼などで「この中に取材を受けたやつがいる」と脅され、不安になった作業員から「あんたが書いた記事のせいで、俺が取材を受けたことがばれたんじゃないか」「仕事を辞めさせられたらどうしよう、取材はもう受けられない」と、毎晩のように電話が掛かってきたこともあった。

とはいえ、この厳しい作業が続く状況でも、作業員たちは明るかった。防護服にペンで「福島のために」と心意気を書いたり、ネクタイを描いてスーツ柄にしたり、女性の裸体を描いたり、同僚にいたずらを仕掛けたり。宿泊先での男ばかりの共同生活を、ユーモアを交えて面白おかしく語ってくれる作業員たちもいた。

「みんなで焼き肉をしたら、煙が出て前のホテルから怒られた」「寝相が悪くて迷惑掛けるから、座椅子で〝バリケード〟を作られた」「寝坊したやつをたたき起こしたら、バネ仕掛けみたいに起きた」。などと、修学旅行のようなノリさえあった。

事故前から原発で働く地元の作業員は、娘の話をするときは途端(とたん)に笑顔になった。「娘は俺の生きがいだからね」。住めなくなった故郷や家族への思い、原発現場でのやりとりや寮での人間関係、そして避難区域に取り残されたペットや家畜が気になり、頻繁(ひんぱん)にえさをやりに行くなど、日常の話をするなかで彼らの人柄や優しさが端々(はしばし)に出てきた。このときまでに出ていた多くの報道は、福島第一の危機的状況下で過酷な作業をする作業員たちの様子だった。

どう書けば、彼らの人柄や日常の様子が読者に生き生きと伝わるだろうか。上司と相談しているうちに、一人ひとりの作業員が語った「日誌」という形をとろうと決まった。そして何度か書いているうちに原稿の形が浮かび上がってきた。初めてのいわき取材から帰ってちょうど1週間後、そこで出会えた、地方から駆けつけた作業員の話を第1回として「ふくしま作業員日誌」が始まった。

1章　原発作業員になった理由――2011年

全面マスク内は汗との闘い――2011年8月19日　シンさん（47歳）

今日は暑かった。体力を使うけど、暑さには強い。元気です。

防護服は風を通さないから、移動中の車でエアコンが利いていても暑い。汗が噴き出てきて、下着までびしゃびしゃになって気持ち悪い。タオルで汗をぬぐいたいけど、作業中に防護服を脱ぐと放射性物質が入ってしまうからぬぐえない。

一番つらいのは顔。全面マスクの中は熱がこもって汗で水滴がいっぱいつき、ポタポタ落ちてくる。目に汗が入ると、染みてとても痛い。そんなときは下を向いて目をぱちぱちして汗を落とす。

何かの拍子でマスクがずれたりすると、わーっと前面のプラスチックが真っ白に曇って前が見えなくなる。もちろん現場でマスク内をぬぐうことはできず、作業にも支障が出るので、班長とかの指示で作業から外れる。でもその分、作業が遅れるから班長も怒られるみたい。

だから、曇らないよう、自分たちでもいろいろ工夫し始めた。

最初は眼鏡用のレンズクリーナーを試したけど、あまり効果がなかった。行き着いたのが、車の窓ガラスの曇り止めスプレー。泡をつけて白手袋でぬぐうとばっちりだ。百円ショップで買える。

ただ、話が広まってみんなが買うもんだから、近くの百円ショップでは売り切れ状態になっているよ。いま、一日で一番ほっとする瞬間は、イチエフ（福島第一）を出てたばこを吸うとき。その一服のうまさといったら、スキーに行って山の頂上で新鮮な空気を吸っているような感じ。帰ってきたんだ、通常の人が入れない所で作業をしてきたんだっていう達成感がある。

今回の原発事故は日本の運命を左右するもの。生まれたからには誰かの役に立ちたいという気持ちがある。被ばくへの恐怖は、今は実感しきれてないのかもしれない。

社会人になりたての息子は、父親のことを誇りに思ってくれているようだ。これまでメールなんて送ってこなかったのに、「仕事がんばって」ってメールがきた。うれしかった。息子や将来の孫たちのため、一日も早く事故を終わらせたい。

作業員がイチエフに来た理由

東京電力福島第一原発から40キロ超。JR東日本常磐線（じょうばんせん）のいわき駅前、陽炎（かげろう）の立ち上るアスファルトに、県外ナンバーの車が止まる。「汚れているけどどうぞー」。上下つなぎの作業着を着て、浅黒く日焼けした男性が運転席から身を乗り出し、笑顔で助手席側のドアを開けてくれる。夏前から福島第一で働くシンさん（47歳、仮名）だった。後部座席には長靴や工具などの道具や洋服などの荷物が積まれ、足元は汚れてもいいようにゴムのシートで養生（ようじょう）されていた。事故後、いわき駅周辺など、いわき市内の常磐線沿線のホテルや旅館は、福島第一で働く作業員でいっぱいだった。一部屋に2人の相部屋ならいいほうで、5～6人で生活する場合もあり部屋に荷

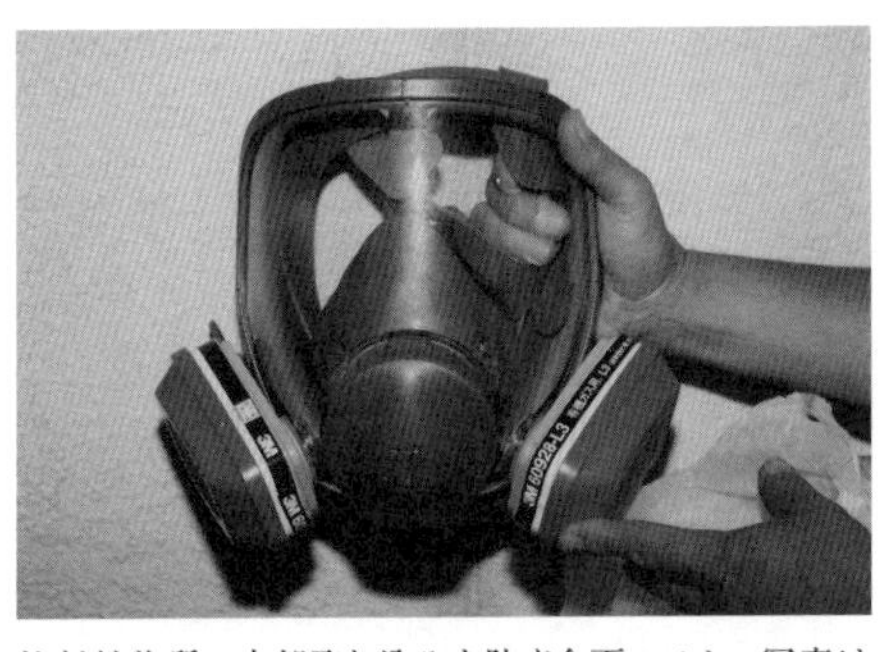

放射性物質の内部取り込みを防ぐ全面マスク。写真は事故直後から使われた放射性ヨウ素も防げるチャコールフィルターのもの

物が置けないので、車の中に積んだままにしているということだった。

県道沿いにあるチェーンのステーキ店に入り、ボックス席に向かい合う。もっとも聞きたかったことを、真っ先にぶつけた。

「シンさんはなぜ、故郷を離れて福島に駆けつけてきたのですか？」

シンさんは食事の手を止め、語り始めた。

「原発事故は衝撃的だった。日本の運命を左右する、一生に一度あるかないかのことだと思った。人間に収束できるのか、誰か犠牲になるかもしれない。それでも止めることができたら。生まれたからには誰かの役に立ちたい。俺が行くしかない」

シンさんは西日本出身で、ある大手企業の社員として各地を飛び回り、その後、いくつかの仕事を経て、自営業を営んでいた。

「電気は使っていたけど、原発には賛成でも反対でもなかった。空気みたいな存在だった。そういう意味では、俺自身が被害者でも加害者でもあったというか、東電や（原発を推進してきた）国に文句が言える立場でもない」

シンさんは、事故前にはほとんど原発について意識することがなかったという。テレビで次々と水素爆発する原子炉建屋を見て、これから日本はどうなっていくのだろうかと恐怖を覚えたという。シンさんは時折、食事の手を止め、言葉を選びながら語った。

福島第一に行けば死ぬかもしれないと思ったが、「誰かが作業をやらなくてはならない」と奮い立った。自分は技術者でも専門家でもない。原発で働いたことはなかった。だが、自分でも何かしたいという気持ちに突き動かされた。１９９５年の阪神大震災の時も人の役に立ちたいと思ったが、当時は仕事に追われ、現場に行く時間がとれなかった。その時から自分のなかに棲み続けていた後悔のような気持ちにも背中を押された。原発事故から数カ月が経っていた初夏、福島第一の技術職以外の求人をネットで探し、かたっぱしから電話を掛けた。

「今なら行ける」。福島第一に呼ばれているように感じた。放射能を止めなければ、息子にも降り注ぐ。息子のためにも自分が行って止められたら……。考えが巡ったという。

「ロボットも壊れるような高線量で作業が進まないのなら、自分のようなやつが一歩一歩作業を進める役に立てたら……。ナルシズムもあるのかもしれない」。そう語りながら日焼けした精悍な顔の小さな双眸に力がこもる。シンさんは、電話を掛けた会社のうち「すぐに福島に行ってくれ」と返答のあった会社に決め、数日後には車で福島に向かった。

初めて足を踏み入れたイチエフで身震い

ぐにゃりと曲がった鉄骨、散乱する瓦礫……。初めて原発の敷地に入ったとき、シンさんは怖くて身震いをした。

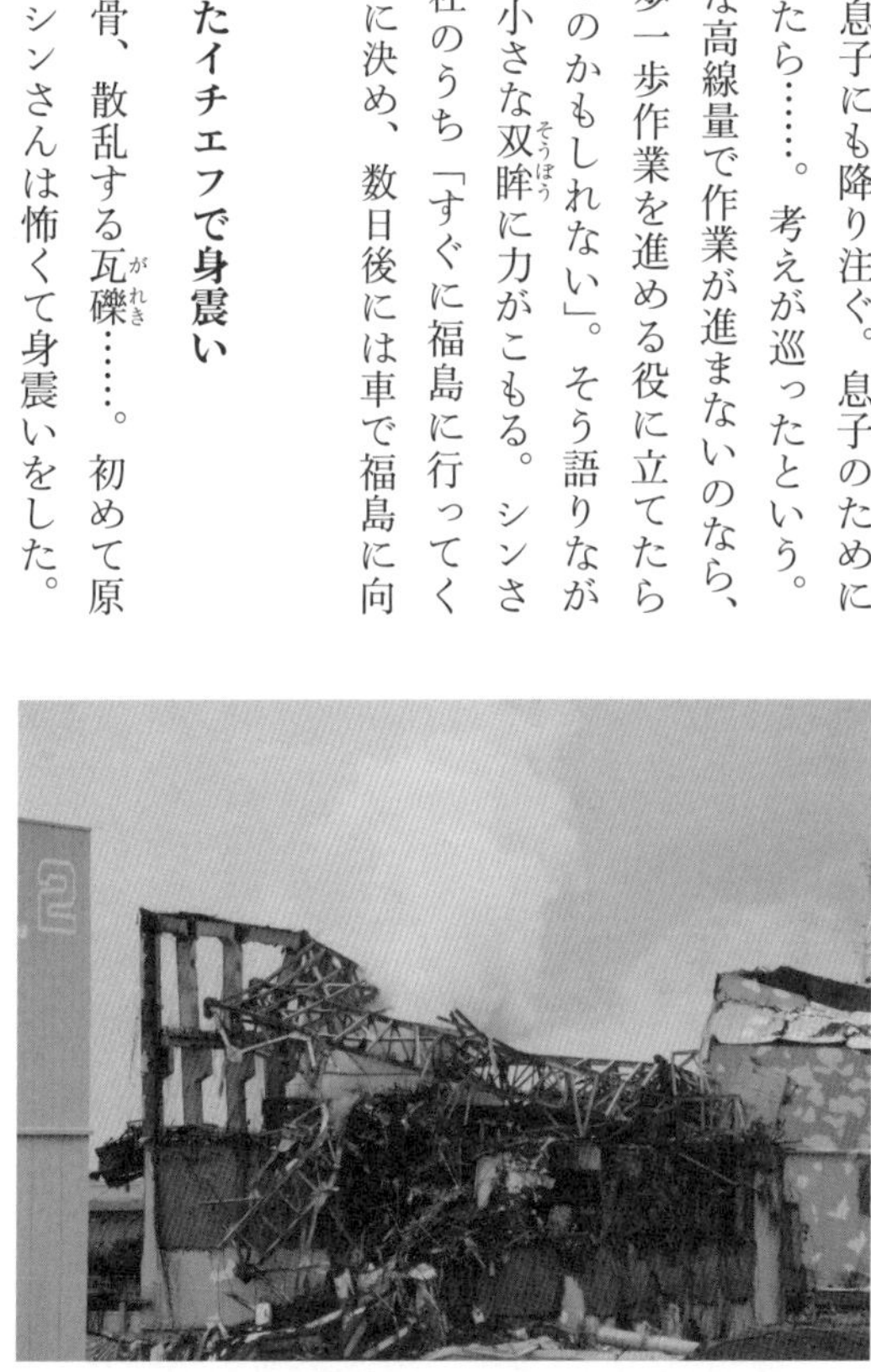

水素爆発した翌日の3号機。瓦礫だらけの建屋上部から白煙が立ち上る。左は2号機、右は4号機＝2011年3月15日　写真：東京電力

あれほど頑健を誇っていたはずの3号機の建屋の上部が、水素爆発でめちゃくちゃになった姿を目の前にした瞬間には、人間の無力さを感じた。

働きだして数日後、敷地の変化が見えてきた。「3号機がだんだん崩れてきていて、毎日すこしずつ低くなってきている」。3号機が崩れゆく姿をさらす一方で、敷地内の瓦礫は次々撤去され、きれいになっていった。

「働き始めた頃は、毎日、緊張してピリピリしていたよ」。当初、シンさんは線量計のアラームが鳴るたびに、被ばくしているのを意識したという。当初、放射線や被ばくについての知識は、それほどなかった。ネットで調べたが、身体への影響は学者によっても諸説あるということがわかっただけだった。そして毎日、福島第一の現場で働くにつれ、普通の工事現場で働くのと変わらない意識になっていった。

取材を進めるうちにわかったことだが、事故発生当初は緊急事態だったため、事故前には行われていた、放射線のリスクや基礎知識を教える放射線教育の講習を受けずに、原発に入る作業員もいた。事故後、初めて福島第一で働き始めた作業員は、放射線の知識をもたずに働いていたことになる。放射線や放射性物質は目にも見えなければ、臭いもしない。そこにあってもわからない。

「仮に目の前で鼻血を出して倒れた人がいれば怖いけれど、そういったこともない。線量計がピッピッて鳴ると、放射線量が上がっているな、そこを早く通り過ぎなければと思うけれど、だんだん慣れてきてしまう。慣れてはいけないのだけど」。戦争に行っても自分には弾（たま）が当たらない、と思ってしまうのとも同じ、と話していた。

防護服を着ても、被ばくする

事故から5カ月経っていた。事故発生直後よりは周辺の放射線量が下がったこともあり、この時期は、福島第一から約20キロのサッカー施設「Jヴィレッジ」で防護服などを着用し、移動する車内で福島第一の敷地に入る直前に、全面マスクをつけるようになっていた。

防護服の着方には順番がある。下着の上に、フードがついたつなぎになっている白い防護服を着て、隙間（すきま）から放射性物質が入らないようにテーピングをする。その上から口の両脇に大きなフィルターの付いた全面マスクをかぶる。

全面マスクは、作業が終わると返却する。使い回しなので係がアルコールを含む布などで拭いていたが、作業員たちを辟易（へきえき）させる原因となっていた。ある作業員は「納豆やにんにく、酒くさいやつがある。臭いが強烈だと、気持ち悪くなる。だから自分で用意した除菌シートで拭いたり、消臭剤をスプレーしたりする作業員もいる。くさいのを選んだら最悪。選ばないようにするのが大事です」と力説した。

全面マスクは、慣れないうちはかなり息苦しい。隙間から放射性物質が入ってくるのを恐れて、全面マスクをきつく締めすぎると、作業を続けられないほどの激しい頭痛に襲われる。だが緩（ゆる）ければ外気でマスクが曇り、放射性物質が入りこみ、内部被ばくする恐れが出てくる。手にはまず綿の手袋、その上にゴム手袋を二重、三重にはめる。作業靴や長靴の上には、ビニールの靴カバーを装着。この重装備での作業で、夏は毎日が熱中症との闘いとなった。保冷剤を入れられるクールベストも用意されたが、30分もすれば氷が溶け、その後はただ重いだけで邪魔になった。さらに過酷な現場もあった。放射線量が高い場所は防護服の上に、15~17キロのタングステンベストを重ねなければならず、汚染水を扱う場所では、防護服の上にビニールのかっぱを着なければならなかった。

作業中、マスクは外せず、水分も補給できない。全面マスクを外せば、吸い込んだ放射性物質が体内で放射線を出し続け、何年も何十年も被ばくし続けることになる。そのため東電も作業員の着用状況を厳しくパトロールし、指導していた。

それでも暑さと息苦しさに耐え切れずに全面マスクを外したり、水を飲むためにマスクをずらしたりする作業員もいた。防護服というと、被ばくから身体を守るものと思われがちだが、実は着用していても、被ばくする。素材はポリエチレンの不織布で、放射性物質の付着を防ぐが、ほとんどの放射線を通してしまう。防護服といっても、完全に身を守ってくれるわけではなかった。敷地内に高線量の瓦礫が散乱し、どの辺りの空間放射線量が高いかもよく把握できないなかで、作業員は働いていていた。

正門の犬はどこ行った――2011年8月23日　シンさん（47歳）

毎日、イチエフの正門前を通ると、あの犬はいないのかなって探してしまう。

いつからいたのか知らないけど、6月の半ばぐらいまで、正門近くに雑種犬がいた。誰かが門の内側に、車止めのフェンスを使って囲いを作り、中に毛布が敷かれていた。そこに寝てたりして。

かわいくて、見るたびにほっこりした気持ちになった。

事故現場で作業を始めた頃は、緊張でピリピリしていた。テレビでひどい状況だとは知ってはいたけれど、初めて敷地に入ったときはうわっと思った。衝撃的だったし、怖かった。身震いしたのを覚えている。そんななか、正門で入構チェックを受けながら、毎日犬を見るのが楽しみだった。犬が出てきて車に近寄ったりすると、危なくないように警備員が抱き上げて、どけてあげたりしていた。

いつの間にかいなくなっちゃって、その後は姿を見ない。犬も被ばくしてるんだろう。人間と違ってマスクもしていなかったし。正門近くに犬用の囲いに使われていた車止めがまだあって、名残（なごり）が残っている。今どうしているかな。また、帰ってこないかな。

警戒区域に取り残された猫のタマ

福島第一から20キロ圏内は九つの市町村にまたがる。事故後、「警戒区域」として突然、避難指示が出され、住民たちは家を出ることを余儀なくされた。数日で家に帰れると思っていた住民は、貴重品やとりあえずの身の回りの物を持ち出せていればいいほうで、なかには家に戻れず着の身着のままで避難した人もいた。原発事故直後は家財を取りにきたり、家畜のえさやりに戻った人もいたが、政府は4月22日午前0時から20キロ圏内を、災害対応従事者以外の立ち入りを禁じる「警戒区域」に指定し、事実上封鎖された。5月10日から順次「一時帰宅」が始まったが、なかなか順番がまわってこず、何カ月も家に帰れない避難者も多かった。

その間に、取り残された肉牛などの家畜や、犬や猫などのペットが次々に餓死した。牛舎につながれ、えさ箱に首を突っ込み並んだまま死んだ乳牛や、牛舎を出られず骨になった肉牛、共食いする豚、首輪につながれたまま骨と皮になったペットの犬もいた。一方で、牛舎を抜け出して野生化した肉牛が、警戒区域内を闊歩していた。事故後に生まれた子牛の姿も目撃された。作業員たちは福島第一の行き帰りに、やせ細った犬などにえさをやっていた。東電が支給していた魚肉ソーセージなどのほか、なかにはわざわざドッグフードや牛乳を買って与えていた作業員もいた。

高線量下で仕事をする作業員らにとって、警戒区域内で出会う動物たちは「緊張の中の安らぎじゃないけど、気持ちをほっこりさせてくれる存在」だった。常に動物たちのことが気になっていたシンさんは、えさ用にソーセージなどを携帯していた。

シンさんに限らず取材中、作業員たちから、この区域に取り残された動物の話をよく聞いた。

ある作業員からは、緊急時対策本部があった免震重要棟の入り口近くにいた白い猫について教えてもらった。原子炉建屋が水素爆発したとき敷地内にいたこの猫は、目がただれていたという。猫がよく佇んでいた場所に、工事現場の三角の標識が置かれ、そこには「タマの家」というテープが貼られていた。1カ月ぐらいしていなくなったときに、「タマは無事に保護されました。みなさま今までありがとうございました」と達筆な文字で書かれた紙が貼られていたという。事故直後の放射線量の高い所で被ばくし続けたタマは、この先生きていけるのだろうかと、作業員はみな心配していたが、「張り紙を見て、保護されたんだとほっとしたよ」とその作業員は笑顔を見せた。動物の話をするとき、作業員はみな優しい顔になった。

「住民が避難させられ、人が暮らせなくなってしまった場所で、動物たちも僕らと一緒に被ばくしているという思いがあるんだよね」。シンさんがしんみりと語ったことがある。

周辺住民が避難し、まわりと隔絶された過酷な状況下にあった作業員たちは、命に敏感になっていたのかもしれない。

雨の日だって汗みどろ――2011年8月28日　キーさん（56歳）

雨の日は涼しくて楽かって？　とんでもない。晴れは晴れで暑くて大変だけど、雨は雨で大変なんだよ。仕事が休みになるわけでもないし。

気温は20度ぐらいまで下がり、涼しいくらいの日もある。でも、現場では防護服の上にかっぱの上下を着るから、やっぱり暑くて大変だ。それに長靴の中なんか、雨なんだか汗なんだかぐちゃぐちゃでわかんない状態になる。この前も雨がバッサバッサ降った。暑いうえに、雨で視界が悪くなって、ペンキの目印を頼りになんとか作業をした。

溶接作業員はもっと大変。防護服の上にかっぱ、さらにその上に防燃服を着るから暑いなんてもんじゃない。汗みどろになる。

本当は雨の日は溶接しちゃダメだけど、今はそんなこと言ってられない。感電しないように、雷が鳴ったら即退避するしかない。テント立てて作業したり、砂利を敷いて水はけをよくしたり工夫しながらやってるよ。

プロだからね。仕事はできて当たり前。といっても、本当のプロは今、現場に半分ぐらいしかいないけど。ここのところ、みんな頑張ったから、休み無しの予定だったけど一日もらえたよ。

「仕事なんてできてあったりめぇよ。でも今はシロウトみたいなやつが現場に入ってきて、まいっちゃうよ。頭数いればいいってもんじゃねぇんだ」

ビールを片手にべらんめえ口調で勢いよくぽんぽん話す。事故前から長年原発の仕事をしてきた東北出身のキーさん（56歳、仮名）はベテランの配管工で、現場監督や安全管理の仕事もしてきた。キーさんは小学生の頃から魚が好きで、40代半ばまで、ディスカスやレッドロイヤルなどの熱帯魚を飼っていた。スキューバダイビングはインストラクターの資格を持ち、空手は四段。水泳やモトクロスもやり、大学では探検部に所属していたという。二度の結婚で長男と3人の娘、孫がいて、以前は毎年、家族で夏には海、冬はスキーに行っていた。会社を経営して羽振り（はぶ）がよかった頃に、夜の新宿や六本木で豪遊し、社員全員をハワイやグアムなど海外旅行に連れて行った話は、居酒屋で酔うとよくした。だがその後、母親が病気になったため、キーさんは会社をたたみ、故郷に帰って建設業の会社に就職したという。ビールとマグロの赤身が大好きで、「作業後にホテルに帰ってから飲む一杯のビールのうまさは最高なんだよ」と目を細めた。

事故直後は多くの下請け企業が一時現場から撤退した。キーさんも福島第一から離れていたが、3カ月後に会社から「現場に来てくれないか」と電話が掛かってきた。福島第一に行く前に二十歳前の末の娘から泣いて止められたが、「会社から言われて行けませんとは言えないよ。お国のためだし。行かなきゃならない。俺はやるといったらやる」と振り切って福島に来た。キーさんは会社から呼び出された日の9日後には、福島第一に入り、配管設置の作業にあたっていた。

7次請け、8次請け……原発の多重下請け構造

キーさんはその後も「シロウトばかり入ってきて……」とよくこぼしたが、これには原発事故後、さまざまな企業が参入していたことが関係していた。

原発の仕事の受注構造は、もとより複雑に入り組んでいる。東電が、日立や東芝、大手ゼネコンなど元請け企業に仕事を発注し、元請けの下には、1次下請け企業、さらに2次下請け企業と、いくつもの企業が連なる多重下請け構造になっていた。東電が元請けに対して契約上認めているのは2次下請けまでとも、3次下請けまでとも言われていたが、実際には、7次や8次下請けまでぶら下がっていた。下請けの間に、作業員を紹介して紹介料や仲介料を取る仲介業者が入っている場合もあり、何次下請けまでぶら下がっているかわからない場合もあった。

事故直後は人手が足りなくて、元々作業員だった人が「人を連れてきてくれ」と上位の企業に頼まれることも多く、人を集めれば集めるほど、紹介料や仲介料が得られた。自分も作業員をしながら人を集めて下請け企業をつくったり、自分は仕事を辞めて仲介業に徹し、集めた作業員の給料をピンハネするブローカーになったりする作業員もいた。これまでまったく原発の仕事を請け負ったことがない業者も各地から参入し、なかには暴力団関係者が絡(から)んでいる場合もあった。

東電の説明では、「元請けに（工事の諸経費とは別に）工事に必要な作業員の人数分の賃金や手

当の割り増し分をまとめて『労務費』として支払っている」という。同様に元請けもまとめて下請けに支払う。事故後、東電が支払った「労務費」にはいわゆる「危険手当」の名目はなかったため、この割り増し分が、支払われない作業員も少なくなかった。多重構造の下位になればなるほど、また間に入る仲介業者が多いほど、ピンハネが起きた。

全国各地から人が集められた結果、原発作業はもちろん、建設や土木仕事の未経験者が、福島第一に集まっていた。福島第一に来る前の職業は、多岐にわたっていた。なかには日雇い労働者や路上生活者も駆り出されていた。「福島のために何かしたい」という飲食店員や郵便局員、「ちょうど仕事がなくて」という古美術商、「一日短時間で割のいい日当がもらえるから」という派遣労働者など動機はさまざまだった。

福島第一で作業者登録をする際は、東電に提出する手前、7次や8次下請けとは書けないため、作業員たちは所属企業として元請けや1次や2次下請けなど、上位の企業の名前を書かされた。そのため、自分が本当は何次下請けに所属するのか、わかっていない作業員もたくさんいた。また、同じ作業をしていても所属する元請けや下請けによって、日当が大きく違ったため、作業員たちは会社から「お互いに給料の話はするな」と釘を刺されていた。

この年は梅雨明けが早く、全国的に気温が高かった。福島県浪江町の最高気温は5月下旬には30度を超え、9月半ばまで最高気温が35度近い日が記録されることもあった。

「手足がしびれて意識を失いそうになった」「作業が終わる間近に急に気分が悪くなり、目の前が真っ暗になった」「今日も若いやつがぶっ倒れちゃってさ」

7月に入ってからは、毎日のように熱中症の話題が作業員たちの口にのぼった。炎天下、汚染水を貯めるタンクの上で作業をしていた男性は、真夏の日差しのタンクからの照り返しは強烈で、「防護服や全面マスクをつけて感じる温度は40度なんてもんじゃない」と話した。顔全体を覆う全面マスクの中は蒸れる。汗がたれて目に染みても、手でぬぐうことはできない。あごに大量に汗がたまり、口に入ってきてどうしようもなくなったら、「内部被ばくするからやばいとわかっているんだけど」マスクの下を開けてジャーッと流してしまうと語った。

中学生の応援を胸に――2011年9月6日　シンさん（47歳）

作業場に向かう途中、イチエフの敷地内でクレーン車に「日本のためにありがとうございます」って書いた布が張ってあるのを見つけた。中学1年生の女子生徒の名前も書いてあって、感動してしまった。

文字や桜の花の絵が色あせていて、心に響いた。一緒に放射線を浴びているんだなって。「日本のために」って書いてあるのを読んで、「あぁ、俺はそういう仕事をしているんだ」と再認識した。人の役に立ちたいと、イチエフで働こうと決めたときの気持ちを思い出した。

毎日現場に行って、人間関係や仕事に追われていると、その気持ちが薄れ、普通の土木作業に行くのと変わらなくなる。初めの頃の緊張も薄れてきた。そんなとき、あの布を見て、こんなふうに思ってくれるんだと感激した。これは頑張らないといけない。もうひと仕事頑張ろうかと、一緒にいた同僚と話した。

通り掛かるたびに楽しみに見ていたのに、数日前に無くなっていた。クレーン車に跡だけが残っていて、寂(さび)しかった。書いてくれた子に、原発でぼくら闘ってますよ、深く感動したよと伝えられたらなぁ。

「福島のためにありがとう、でも……」

1号機から200メートルほど離れた緊急時対策本部の置かれた免震重要棟には、作業員に向けて全国から集まった、応援や感謝の気持ちが書かれた子どもたちなどの寄せ書きが飾られていた。事故発生直後、東電本店から福島第一に電話をつないでもらい、現場にいる広報担当の社員に直接話を聞いたことがある。この頃、福島第一に詰(つ)めていた東電社員や協力会社の作業員は、食べるのも毛布も足りないなか、免震重要棟の廊下や会議室で仮眠を取り、刻々と悪化する状況を何とか食い止めようと必死だった。広報担当者は次々と襲い掛かる絶望的な状況のなかで、国内外の子どもたちからの激励の手紙をみんなで回し読みして励まされていると、電話口で語った。

事故発生直後の現場の一体感は強かった。地元の若手作業員は、防護服を着用する拠点になっていたサッカー施設「Jヴィレッジ」で作業員を乗せたバスが出るときに、施設に詰めている東電社員たちが並んで「よろしくお願いします」と深々と頭を下げて送り出してくれたと、後に懐(なつ)かしんだ。「事故前は電力様だったが、事故後は向こうから挨拶(あいさつ)してくれたり、ありがとうと感謝をされたりするようになった」

事故前は、東電と元請けや下請けの間には、仕事を発注する側と請け負う側の立場に明らかな差があったという。しかし事故後は、未曾有（みぞう）の危機を前に、これまでの立場の区別が消え、一緒に闘っているという強い連帯感が生まれていた。

地元の人たちとの交流も、作業員たちのモチベーションにつながっていった。シンさんや、県外の作業員たちからよく聞いたのは、買い物に寄った商店や病院で、地元の人たちに「福島のために遠くから来てくれてありがとう」と言われたことだ。この話をするとき、彼らの顔には、少し恥ずかしそうな笑みが浮かんだ。

一方で、作業員が紺の下着（防護服の下に身につける）の上下で街を歩いているとか、酒を飲んで喧嘩（けんか）したりしているなど、いわきの繁華街で悪い評判がたっているという話も耳に入ってきた。

そういった地元住民の複雑な感情の片鱗（へんりん）は、取材中にも感じることがあった。

中高生の娘をもつ、いわき市在住の40代の女性は、「福島をなんとかしようとして来てくれるのはありがたい。でも、作業員たちが集団でいると、独特な雰囲気で怖い」と事故後、街に突然作業員があふれ出したことに戸惑っていた。

また、なかには犯罪行為まで起こっていた。

「被害届は出さなかったみたいだけど、作業員数人に乱暴されて店を辞めたママがいてね……」。

キーさんと一緒に訪れたいわき駅近くにある小さなスナックの70歳前後のママが、カウンター越しに複雑な思いを吐露（とろ）したのは、さんざんカラオケで歌い、ご機嫌のキーさんがトイレに入ったときだった。「その人が、今どうしているのか、心配でね」

キーさんがトイレから戻ってくると、ママは途端(とたん)に普段の毒舌に戻った。「もうあんたの歌はいいよー。耳が腐っちまうよ」。ママは会計をするとき、柔らかい手で、私の手の甲をぽんぽんと優しくたたいてささやいた。「いろいろあるんだよ」。お釣りを渡してくれながら、一瞬表情を曇らせる。だが、キーさんと一緒に店から送り出してくれるときは、またいつもの調子に戻っていた。

「ありがとね、また来てね」

トラブルを起こすのは福島第一に出入りする一日3千人の中のほんの一部だ。だが、元請け企業からは、作業員全員に厳しい注意が言い渡された。

「会社から、地元でトラブルにならないようにと言われたよ」

「下着で街中を歩くなって朝礼で注意された。あれ便利だから、寮に持ち帰って着ている作業員もたくさんいる。そのまま街に出ちゃうんだろうなぁ」

「外で飲むな、寮やホテルで飲めと言われた。まじめにやっている人がほとんどなのに」

作業員たちは悔しがったり、残念がったりした。

「サマータイム」まだ続く——2011年9月15日　キーさん（56歳）

今日も暑かったよ。風がなかったから大変だった。晩飯はカツオの刺し身と焼き鳥と納豆。カツオは半身食べちゃったよ。疲れているからね。ばっちり食って睡眠とって力つけないと。

熱中症対策で、炎天下での作業はできるだけ避けることになってる。作業内容や気候に合わせ、開始時間が変わる。それに合わせ、深夜2時起きだったり、4時起きだったり。こっちは生身の人間。機械じゃないんだからきつい。そろそろサマータイムが終わり、朝が遅くならないかと期待したけど、しばらくはこのまま続きそうだね。

このあいだは、びっくりした。3時半に起きなくちゃいけなかったのに、起きたら4時10分。4時には会社に行こうと思っていたのに。あちゃーっと思って、慌てて跳び起きた。早めに行こうと思っていたから、出社時間には間に合ったけど。

一時期は気温が下がって少し楽になったけど、まだまだ暑いね。一日で一番ほっとするのは、宿舎に帰って缶ビールをぷしゅっと開ける瞬間。泡がきれいにたつようにコップに注いで飲むのが最高。明日も早いからね。今日はもう寝るよ。

熱中症対策で夏は「サマータイム」となり、東電は午後2時から5時までの作業を原則禁止にしていた。元請けによって異なるが、おおかた6、7月ごろから9月ごろまでをサマータイムとしていた。サマータイムになると、作業は明け方や夜中から始まる。ただでさえ、作業員の朝は早く、通常でも午前4時や5時に起きて福島第一に向かっていたところを、さらに前倒しで作業することになる。午前2時や3時に起きるために、夜は早く寝なくてはならないが、生活習慣を急に変えることは難しく、睡眠不足に陥る。夜間に作業をする場合は、完全に昼夜が逆転し、朝方帰ってきて布団に入っても、なかなか眠りにつけない。睡眠不足は体力を奪い、さらに熱中症を起こしやすくする。熱中症対策のサマータイムが、作業員の体力を消耗する原因になるのなら、本末転倒になりかねない事態だった。

「人間は機械じゃないんだからさ。作業に合わせて、時間が早くなったり遅くなったりはつらいよ」「サマータイムになるとかえって体がきつい。しかも体がやっと慣れてきたと思う時期に、また通常の時間に作業が戻る」。一日で最も気温が上がる時間帯の作業は避けられるものの、作業員たちにはサマータイムは不評だった。それに午前中から30度を超す日もあった。

現場では、熱中症対策のための指標「暑さ指数」（WBGT）を使用していた。気温だけでなく、湿度や日射などの周辺の熱環境も計算した指数で、この数値が一定以上高くなると作業時間を制限したり、中止にしたりしていた。また1時間作業をしたら休憩を入れるなど、ルールが細かく決められていた。ただ、休憩してもう一度、重装備をつけ直して現場に入ることも、作業員にとっては煩わしく、きついことだった。一度で終わらせるために、休憩をはさまず一気に作業を終わらせようとする作業班もあった。

だがこれは熱中症のリスクが高まることにもなった。一人でも熱中症が出れば、作業が中断され、作業員らは経緯を細かく東電に聴取されることになる。特に零細の下請け企業は、作業員の健康管理を問題にされ、受注が断たれることを怖れていた。そのため、東電が配布していた塩飴や熱中症

福島第一原発から約20キロの地点にあるサッカー施設「Jヴィレッジ」で事故初期、東電から水やパン、ソーセージなどが支給された＝2011年8月

対策の飲料のほか、自家製の梅干しを準備して作業員に取らせるなど、細心の注意を払っていた。自分でピクルスを作るなど工夫する作業員もいた。

9月に入って、東電がそれまで作業員に無料提供してきたレトルト食品やパンを打ち切るらしいという情報が、作業員から次々入ってきた。

東電が食品の提供を打ち切ったのは9月13日。作業員はこれまで通り支給される塩飴や水やお茶以外は、Jヴィレッジにできた売店で買うか、自前で用意してこなければならなくなった。東電の広報担当者は打ち切りの理由を、「非常災害用の備蓄品を支給してきたが、周辺環境が整備されてきた。作業員への感謝の気持ちは変わらない」と説明した。これまでも、何度か打ち切りの話は出ていたが、作業員の反発があって延期されてきた。打ち切りが決まったとき、作業員からは「まだ厳しい作業が続いているのに……」という不満の声が上がった。

政府が作り出した「冷温停止状態」の意味

この頃から、政府の記者会見の中で、原子炉の安定的な冷却ができるようになる「冷温停止状態」（ステップ2）を何とか年内に達成したいという政府関係者の発言が、頻繁に出るようになる。だが福島第一の状況は、安定とはほど遠い状態だった。

福島第一では、原子炉建屋やタービン建屋の地下で毎日増え続ける高濃度汚染水との闘いが続いていた。原子炉に注水した水が漏れ、建屋地下階に溜まるだけでなく、9月後半に、土中から貫通部などを通って建屋地下階に流れ込む地下水（↓巻頭図参照）が一日最大500トンに及ぶ可能性があることが判明する。建屋地下から汚染水があふれて海に流出しないようにするため、炉を冷却した汚染水を冷却水として再利用する「循環注水冷却システム」が6月末に稼働したが、汚染水浄化設備のトラブルが続き、うまく機能していなかった。

浄化設備で放射性物質を除去した汚染水を入れるタンクも、急ピッチで造られていた。9月に入り1号機では、建屋内からの放射性物質の拡散を防ぐため、完成した鉄骨の骨組みにカバーを取り付ける工事が本格化していた。また、高線量の原子炉建屋内で、作業ができるようにするために鉛板で現場の放射線を遮蔽（しゃへい）するなどの作業が、人海戦術で進められていた。

事故直後、高線量の現場では、作業員は線量計で一日の作業の被ばく線量上限を10ｍＳｖ（ミリシーベルト）に設定していたが、事故から半年が経つこの頃になると3～5ｍＳｖに設定して働いていた。事故直後よりかなり下がったとはいえ、一般の人に許容される3～5年分を一日で被ばくすることになる。それほど高い線量を設定しても、建屋内で一日に作業できる時間は、数分～10分ほどと短かった。「国や東電は会見で、安定してきたとやたら強調するけれど、イチエフでは手探りの作業が続いている。行き当たりばったりの突貫（とっかん）工事で、実際に現場に行ってみると、事前情報にはなかった足場などが邪魔して予定通り作業ができなかったり、初の試みで作った装置や設備が使えなかったりするのはしょっちゅう。そのたびにがっくりくる」と原発経験が長い地元作業員はこぼした。

政府が使い始めた「冷温停止状態」という言葉は、初めて工程を発表した4月には「放射性物質の放出を大幅に抑え、1～3号機の原子炉を100度未満の安定的な状態にする」という意味で使われていたが、工程ステップ1が終わった7月以降、「放射性物質の放出を大幅に抑制し、圧力容器の底部の温度を100度以下に保つこと」だと、記者会見で言葉の定義を変えた説明がなされた。つまり本来の「冷温停止」が不可能なために、「冷温停止状態」という言葉を作り出し、それを達成すれば、あたかも本来の「安定した状態」になったと思わせるような空気が作られていた。9月、細野豪志（ほそのごうし）・原発事故担当相が国際原子力機関（IAEA）の年次総会で「冷温停止状態は年内に達成するよう全力を挙げる」と発言。野田佳彦（のだよしひこ）首相も国連本部で「原子炉の冷温停止状態は、来年1月期限の予定を早め、年内を目処（めど）に達成すべく全力を挙げる」と宣言する。10月半ばに政府と東電が出した工程表には、年内の達成が明記される。これ以後、政府や東電は「冷温停止状態」達成に向けて、頻繁にアピールを繰り返すようになる。

放置された汚染限度1万3千cpm

ある日の夕方、シンさんから弾（はず）んだ声で電話が掛かってきた。「今日、新しい靴もらっちゃったよ。ちょっと得した気分」。作業時に履いていたスニーカーが汚染検査に引っかかって、代わりに新品をもらったという。計器が振り切れたというが、体のほうの汚染や被ばくは大丈夫なのだろうか。道具や車も汚染検査を受け、引っかかれば除染して汚染が基準値以下に下がらないと、敷地の外に出せない。工事車両が汚染していた場合、水の高圧洗浄、また濡れた布（ウェス）でふいて汚染を落とす。そして作業員たちは作業を終えた後や休憩所に入る前、防護服を脱いだ下着姿で必ず全身の汚染検査を受ける。汚染していた場合、その箇所の皮膚をアルコールを含んだ布などでごしごしこすられる。この時期は、「汚染した靴を交換させせられた」「原発を出るときの汚染検査で引っかかった」などという話を作業員からよく聞いた。

原発事故後、福島第一の敷地から物を出せる汚染限度は事故前の300~500cpm（カウント・パー・ミニット＝1分間当たりの放射線計測回数）から、10万cpmまで引き上げられた。その後、9月には基準は1万3千cpmまで下げられたものの、現在に至るまでこの数字はそのまま放置されている。

台風対策に大忙し――2011年9月22日　タケさん（42歳）

今日は台風15号がくるというので、通常の作業の代わりに、台風対策に追われた。

朝からぽつぽつ雨が降ってはいたけど、台風の影響はまだそれほどでもなかった。

自分たちの現場で使う道具とか、外に置いていて水にぬれてはまずい機械を片付け、白いシートを掛けて飛ばないようにひもでしばったり、重しになりそうなものを探して置いたり。仲間と一緒に作業して短時間で終わったから、午後の早い時間に宿舎に帰れた。雨や風が強くなる前でよかったよ。

今夜のうちに台風が通り過ぎてくれれば、明日は台風一過でからっと晴れてくれるんじゃないかな。今日みたいに涼しいと楽なんだけど。

作業員を無料のがん検診へ

9月は、作業員らが台風対策に追われた月でもあった。雨の日は長靴なので地面に鉄板が敷かれている所では足元が滑りやすくなる。薄いビニールの靴カバーが破れ、それを踏んで転倒しそうになった作業員もいた。ゴム手袋をしているため、つかんだ道具も雨で滑るという。全面マスクを装着すると視界が狭くなるが、強い雨の中ではさらに見えづらくなり、作業が困難になった。

厚生労働省の「東電福島第一原発作業員の長期健康管理に関する検討会」が9月21日、報告書をまとめた。これを受け、厚労省は２０１２年度から一定の被ばく線量に達した作業員に向けて、がん検診などを実施する方針を決める。事故後の緊急作業における累積被ばくが50ｍＳｖを超えると白内障（はくないしょう）の検診、１００ｍＳｖを超える場合は、胃や大腸、肺のがん検診、甲状腺（こうじょうせん）検査も対象になる。その翌年、東電はこのがん検診などの検査の実施範囲を50ｍＳｖ以上の人にも広げた。厚労省によると9月15日の時点で、事故後の被ばく線量が50ｍＳｖ超、１００ｍＳｖ以下の作業員は３０9人、１００ｍＳｖ超は99人に上っていた。また緊急作業をした約2万人を対象として、住所、氏名、所属会社、仕事内容と被ばく線量、健康診断の結果などのデータベースを作成。登録証も発行すると決まった。

帰れぬ痛みを共有――2011年9月29日　シンさん（47歳）

携帯電話を新しくしようといわき市の店に入ると、申込書の住所を見た若い女性店員から、「遠くから来てくれているんですね。ありがとうございます」と言われた。

双葉町の女性で、原発の影響で避難生活をしているそうだ。福島のナンバーの車が他県で嫌がらせされたことも話してくれた。

病院に検査を受けに行ったときは、若い看護師さんが血液採取をしながら「遠くからありがとうございます」と言ってくれた。40代前半ぐらいの看護師さんにもお礼を言われた。その人は近くの避難先から通っていて、お母さんが毎日、「家に帰りたい、帰りたいって泣いている」と話していた。

福島に来る前は最悪の事態も考え、墓参りをして、一番楽しい思い出のある高校にも行った。子どものころ遊んだ川べりを歩いて、目に焼き付けた。故郷に帰れないのはつらいだろうなと思う。あらためて自分の故郷のことを考えた。

原発問題は、日本全体で解決していかなければならないこと。原発で苦しむ地域の人たちが嫌がらせをされた話を聞くと、痛みを共有できないのかと悲しくなる。地元の人たちが一日も早く家に帰れるようにしたい。

福島から避難した人が、避難先で車を傷つけられたり、福島ナンバーとわかるとガソリンスタンドで給油を拒否されたり、警戒区域内の住民が避難のため不在にしている家々に泥棒が入って家財道具を根こそぎ持っていかれたり……。避難者が被害に遭ったニュースが報道されるたびに、シンさんは心を痛めていた。「自分の家に帰れないというのは、どんな気持ちなんだろう」といわきで会うたびに口にした。シンさんは事故を収束させるためにと決意して福島に来る前、「もしかしたら死ぬかもしれない」と思い、故郷の思い出の場所を巡り、就職して一人暮らしをしていた一人息子に会ってから福島に向かった。

　福島に来て危険な作業が続く状況でも、役に立ちたいという強い気持ちは変わらなかった。原発事故まで建設現場や原発の仕事の経験がなかったシンさんは、休みを使って特殊車両の免許など現場に必要な資格をそろえていった。

「緊急時避難準備区域」5市町村の解除開始

　9月30日、福島第一から半径20～30キロ圏内の広野町全域や、楢葉町、南相馬市、田村市、川内村の一部の緊急時避難準備区域が解除された。この少し前から、東電が敷地内で作業員に義務づけている全面マスク着用の一部エリアでの緩和を検討しているという情報が、作業員づてに入ってきた。さっそく東電に取材して確認すると、「敷地内の放射性物質の濃度が低下してきた。作業員の心身の負担軽減を考え、検討している」という回答が返ってきた。緩和を検討しているのは、正門から免震重要棟までの約1キロの移動時などで、着用義務を全面マスクから使い捨て防塵マスクに変更するという。

現場では1号機の原子炉建屋を覆うカバーの建設が進められるなど、放射線の飛散防止のための取り組みが進められていた。だが、汚染した場所のほこりを吸えば即、内部被ばくにつながる。移動の時だけとはいえ、使い捨ての防塵マスクで内部被ばくを防げるのか。そんな疑問が作業員たちの間にも広がっているようだった。「まだ早すぎる。飛散防止剤をまいても、車が走れば土ぼこりが舞う」「免震重要棟の辺りの空間線量はまだ高い。外してもいいと言われても怖い」

40代のベテラン作業員は「外していいと言われても自分は外さない。外せば楽だが作業時には装着しなくてはならず、一部の移動だけ緩和されても意味は小さい」と断言。

なかには「今なぜ外すことを検討しているのか。ここまでよくなったとアピールしたいためじゃないか」などと、不信感を露(あら)わにする作業員もいた。

避難区域の一部が解除され、政府が避難した住民を帰そうとし始めた時期でもあった。避難する家族と離れて生活しながら、原発で働く作業員も少なくなかった。「原発事故の収束の見通しもまったく立たない、除染もインフラの復旧もきちんとできていないうちから、住民を帰そうとするなんて……」。地元作業員の表情は険(けわ)しかった。

事故直後、全面マスクに防護服の重装備で働く作業員ら＝2011年3月30日　写真：東京電力

冬前には故郷へ… ――2011年10月3日　キーさん（56歳）

「惜しむらく　夏の名残りの七ッ星　仰ぐ夜空に　狩猟の曠(オリオンこう)」

夏に故郷に戻ったとき、ふと空を見上げたら北斗七星(ほくとしちせい)が輝いていて、こんな短歌をつくった。作業はいつまでかかるんだろう。冬の星座のオリオンが出てくる前に、今の仕事をしっかりおさめて、故郷に帰りてえなぁと思った。いつまでも放射線の中で働いているというのもね……。友達もいるし。

事故現場も、土木系の作業は一段落してきて、作業員が次々と解雇されている。

今回は緊急作業だから、仕事がある間という条件で来ている。何か技術があって他に仕事があるヤツはいいけど、そうじゃないと、いつ仕事が無くなるかと不安さ。みんな戦々恐々としている。

派遣社員はね、雇われるときは明日行ってくれみたいに突然決まって、解雇されるときも急。生活の安定度はないよ。解雇されて故郷に戻っても、またすぐイチエフに呼ばれるような気もするなぁ。

秋、急激に増えた作業員たちの解雇

「職人ってさ、つい仕事に夢中になっちまうんだよな。線量計の警告音(アラーム)が鳴っていても切りのいいところまでやっちゃうんだよ」。10月に入ったある日、キーさんは目の前の作業を何とかやり切ろうとする現場での心情を語った。

作業員はその日の作業の「計画線量（線量上限）」が設定された線量計を携帯。線量計は、上限数値の5分の1ごとに警告音を発する。例えば一日の上限が5mSvだとすると、1mSv上がるごとに警告音が鳴る。上限を超えないために4度目の警告音が鳴ると撤退しなくてはならないが、作業に夢中になって、あと少し、あと少しと作業をしているうちに、上限を超えて5度目の警告音が鳴りっぱなしになってしまうこともあるという。

キーさんはこの時点では、やらなくてはならない仕事がたくさんあるから、当分帰れないと言っていた。ところがキーさんと会った3日後の午後、電話が掛かってきた。

「俺あと10日だってよ。いったん作業を中断して、また始めるんだろうけど。帰れって急すぎる。ふざけんじゃねぇよって話だよ」。キーさんの携わっていた作業が中断したうえ、所属会社が次の仕事を取れるかわからず、同じ作業班のメンバーの大半が退域することになった。勢いよく文句を言った後、声に元気がなくなった。「今日言われてさ。これまでの仕事の打ち上げやって、しゃんしゃんってことなんだけど……。急すぎるよ。打ち上げにはスタンドカラーのワイシャツを着ていくかな。その後は故郷に帰るよ」

キーさんは事故前から福島第一で働いていて、事故直後、多くの下請け企業が一時撤退したのに合わせて現場を離れたが、夏前に急きょ呼び戻された。「いつも呼ばれるのは急。今回も来てくれと言われたのは、作業が始まる1週間ほど前だった。来るまで何の仕事をするのか、いくらもらえるのかもわからなかったし」。さらに今回は緊急作業だったので、雇用期間の契約も保証もなかった。

秋以降、作業員たちから「現場の仕事が減っている。いつ解雇されるかわからない」と頻繁に私の携帯電話に連絡が入ってくるようになった。この頃、事故直後の突貫工事が落ち着き、東電から発注される工事が減少していた。加えて事故直後の高線量下にある時期を避け、夏過ぎから福島第一に参入する企業が増えていた。このため受注をめぐり競争が激化。キーさんの急な解雇も、この影響を受けてのものだった。

下請け同士の仕事の取り合いも激しくなり、元請けや下請けの幹部らを接待したり、競合他社のネガティブな情報を吹き込んだりするなどの足の引っ張り合いも起きた。

またこの時期、被ばく線量が上限に近づき、現場を離れる作業員が加速度的に増えていた。被ばく線量は国が定めた値に沿って、元請けや下請けが作業員の被ばく状況をみながら年度初めに次の1年間の上限を決める。通常時は元請けや下請けが、国の「5年で100mSv」を超えないように、「5年で80mSv」以内に設定していた。1年目の被ばく線量が高ければ、次の年はその分「枠」が減る。上限を超えた作業員は、現場を離れなければならなかった。

事故直後、国が緊急作業の被ばく線量の上限を累積250mSvに引き上げた後も、元請けや下請け企業は、通常時の線量範囲内（1年で50mSv、5年で100mSv）で作業員の被ばく線量を管理しようとしていた。その理由を、下請け幹部は「国がいつ上限を通常に戻すかわからない」と説明。「5年で100mSv」という通常時に戻されたとき、その時点で100mSvを超えている作業員は即、働けなくなる。原発で働けなくなる作業員の続出、ひいては企業の存続に関わると危惧していた。通常時の限度内に抑えるためには、年間20mSvより低い数字に抑えたい。だが、事故発生1年目の作業員の累積被ばく線量は軒並み高く、年間30～40mSv以内に設定するなど枠られなくなった。

を広げて運用していた。それでも被ばく線量の上限を超える作業員が相次ぎ、原発での仕事を続けられなくなった。

原発と暮らしてきた町

「浜通りの人は、家族や親戚の誰かしらが原発で働く作業員だったり、東電社員だったりする。家族にいなくても、地域にはたくさんいる。イチエフやニエフ（福島第二原発）があったから、俺らは地元で働いてこられた」

「家族と故郷に住み、仕事ができたのはイチエフがあったから」。取材した地元作業員らは、口をそろえて原発の存在に感謝した。

大熊(おおくま)町と双葉町にまたがる福島第一は、1971年3月26日に沸騰水型軽水炉（BWR）の1号機が運転を開始した。原発の立地自治体には、国からの交付金や固定資産税など、巨額の原発マネーが入る。役場や体育館といったハコモノが次々と建設され、地元の建設業者などもそれらの公共工事で恩恵を受けた。周辺の市町村の飲食店やホテルなども、原発作業員らで潤った。

震災前、大熊町は一般会計の予算規模約70億円のうち、電源交付金など原発関連の税収は、5割強。双葉町も、予算規模60億円強のうち、原発関連は5割強を占めていた。

福島第一や第二が地域にあることが「小さい頃からあたりまえだった」という下請け作業員はこう語る。「地元では、高収入で安定している東電社員になることは憧れだった」

それが2011年3月11日を境に一変する。

あっ、ダチョウだ——2011年10月13日　シンさん（47歳）

イチエフに同僚と車で向かう途中、道路前方に、ゆっさゆっさ揺れながら走っていくものが見えた。そのうち輪郭が見えてきて、あっ、ダチョウだ、とびっくりした。

2羽仲良く並んでゆっくり走っていた。大きいなぁ、俺より背が高いかもしれない。以前、イチエフで飼っていて、譲り受けた民間のダチョウ園から、震災後に逃げたヤツがいると聞いた。

つがいなのかな。そのうち、側道に入っていってしまった。

翌日は、原発から5キロほど離れた回転ずし店の駐車場でうろうろ。翌々日も同じ駐車場に2羽がいた。怖いから車を降りず、恐る恐る近づいた。1羽と目があった。怖いような、かわいいような。結局、目をそらしちゃったのは、おれのほうだった。「獰猛で車に体当たりしてくるよー」なんて同僚が言うもんだから、また怖くなっちゃって。

だけど、首を動かさず、ひょこひょこ歩く様子は愛嬌がある。いつも一緒に仲良く行動していて、微笑ましかった。それにしても、警戒区域の中は〝動物天国〟みたいになっている。犬、猫、牛にダ

警戒区域内のスーパーの駐車場や国道6号に姿を見せたダチョウたち＝2011年10月

チョウ。次は何が出てくるんだろう。

車と黒毛和牛の衝突事故、多発

「今日ダチョウにあったよ」。シンさんから、警戒区域内にダチョウがうろついていると初めて聞いたときは驚いた。別の地元作業員に聞くと、「昔、イチエフでも敷地内でダチョウを飼っていたよ。その後、民間の施設に移されたんじゃないかな」とあっさり返事が返ってきた。理由を聞き、また驚く。ダチョウはえさが少なくても大きく育ち、足も速い。つまり少しの燃料で大きな電力を得られる原発と一緒だ、というPRのために飼っていたという。調べてみると、警戒区域内にいるダチョウは、大熊町の「ダチョウ園」から事故後に逃げたダチョウらしいとわかった。ダチョウたちは、福島第一に向かう作業員の乗った車と並走したり、沿線の無人になった大型スーパーなどの駐車場で目撃されたりしたが、その後、捕獲・保護された。

事故直後から野良牛になった黒毛和牛と、福島第一や第二に通う作業員の乗った工事車両の衝突事故が、頻繁に起きていた。体長約2メートル、体重が400〜500キロにも及ぶ黒毛和牛とぶつかれば、車も無傷ではいられなかった。夜になると黒毛和牛は、暗闇に溶け込みよく見えない。夜間は他にあまり車が走っていないため、作業員の車もつい飛ばしてしまうようだった。

野生化した黒毛和牛。警戒区域内のひとけのない国道6号を歩いていた＝2011年9月5日

「きのうは、まいっちゃったよ。迎えがなかなか来なくて」。50代作業員から牛と衝突事故のあった翌日、連絡があった。前日の深夜、作業員らを乗せた帰路の乗用車が牛とぶつかって車が横転し、道路脇の畑に落ちて動かなくなったという。彼らは迎えの車が来るまで2～3時間延々と、誰もいない真っ暗な警戒区域で、迎えの車が来るのを待った。

別の日には、家路を急ぐ作業員たちを乗せたワゴン車が牛とぶつかって車が大破し、牛は即死した。牛の死骸（しがい）や大破した車も道路からどけなくてはならず、重機の応援も必要だった。工事車両で死んだ牛を吊（つ）り上げ、道路脇の畑に穴を掘って埋める作業が終わったのは、明け方だった。

福島第一で命を落とす作業員

5月、原発事故後、初めて福島第一でたおれた作業員が死亡した。亡くなったのは前日から働き始めた静岡県御前崎（おまえざき）市の作業員、大角（おおすみ）信勝さん（60歳）で死因は心筋梗塞（しんきんこうそく）だった。大角さんは集中廃棄物処理施設で作業を始めて50分後に体調不良を訴え10分後には医務室に運ばれるが、意識不明で病院に搬送され、その後、死亡が確認された。東電は5月から免震重要棟の医務室に医師を配置していたが、24時間態勢ではなく、大角さんが運ばれたとき医師は不在だった。東電が敷地内に24時間態勢で医師を置くようになったのは、7月に入ってからだった。大角さんの妻が労災申請をし、「短時間の過重業務による過労死」と労災認定されたのは、翌年のことだった。

また東電は8月30日、休憩所でドアの開閉や放射線管理に携わっていた40代の作業員が体調不良を訴え、急性白血病で数日後に亡くなったと発表。8月上旬から福島第一で働き始めて1週間ほどだった。東電はこの男性が浴びた外部被ばく線量が0・5mSvと低いことから、被ばくとの因果関係はないと説明した。

10月6日には、タンクの設置作業をしていた50代の作業員が亡くなった。この作業員は前日朝、敷地外の事務所でラジオ体操中にたおれ、病院に搬送された。8月上旬から働き始めた作業員で、作業日数は46日だった。後日、東電は死因を菌かウイルスが原因の、臓器の膿による敗血症と発表した。外部被ばく線量が2mSv強と低く労働時間が短いとして、東電は「原発作業とは無関係」とコメントした。いずれも働き始めて間もない作業員たちだった。

「他にも亡くなっている人がいるんだよね」。亡くなった作業員の情報を集めているとき、大手ゼネコンの下請け作業員がつぶやいた。「実は発表されてないのだけど、宿舎に戻ってから体調を崩して亡くなった、同じ元請けに所属する下請け作業員がいる。作業中に亡くなっていないので、どうやら元請けが東電に報告していないみたい。この人もイチエフに来たばっかりの人だったんだよね。それにしても、なんで来てすぐの人ばかり……」

作業員が亡くなるたびに、東電は記者会見で「被ばくとは関係ない」「作業とは無関係」との説明を繰り返した。確かに亡くなった作業員の被ばく線量は低く、被ばくとの因果関係は薄いのかもしれない。だが、全面マスクと防護服を着用しての過酷な作業は、彼らの死にまったく無関係なのだろうか。働き始めてしばらくは、重装備に慣れないうえ、放射線を浴びながら作業をしているというう緊張がある。また作業は班態勢で行うため、一人抜けても作業がストップしてしまうというプレッシャーがあった。そんな極度のストレスのなかで、無理をした人もいたのではないか。仮に持病があっても、重装備でこまめに水分も取れない激務が、心身に大きな負担をかけた可能性を考えていた。

汚染まだ不安――2011年10月24日　ケンジさん（40歳）

作業の後、どのくらい放射性物質で汚染されているか検査してもらうために、作業拠点の免震重要棟に並んでいたとき、前が急に騒がしくなって東京電力の職員が飛んできた。

椅子に座らせていたから足の汚染だ。半日で8mSv食った（被ばくした）と話していたから、放射線量も高い場所だ。何の現場だったんだろう。その後、10人ぐらい次々と検査に引っかかっていた。みんな同じ現場だったのかな。俺らも大丈夫なのか、と不安になった。

汚染が確認された人は、足にビニール袋をかぶせられて別室に連れていかれた。除染するといっても、免震重要棟のシャワーは震災後に使えなくなっているから、どう除染したんだろう。靴や通った所も除染するのが普通だけど、やったのかな。

携帯電話を首からかけるひもが検査に引っかかった人もいた。「ひもはいらないから置いてくよ」って言ってたけど、その人の首は大丈夫なのかと思った。

現場はこんな状況だから、移動区間の一部は全面マスクをしなくていいと言われても、まだまだ不安だよ。

頭から汚染水をかぶった作業員

秋も終わりに近づいたこの時期はまだ、作業から戻った後の汚染検査で引っかかったという話をよく聞いた。靴だけでなく、靴下も取り替えられたという話や、持ち物が引っかかったという話もあった。携帯電話やPHSなどは、ビニールで養生して持ち込むが、汚染検査に引っかかり、洗浄されてだめになったという嘆きも聞こえてきた。放射性物質が体や物に付着した「汚染」と、空間を計測する「空間放射線量」は違う値だが、どちらも高い数値を示す現場はまだまだあった。

ある作業員からは、汚染水移送のバルブの切り替えで、バルブを操作した途端に汚染水が噴き出し、20代の若い作業員が頭から汚染水をかぶったという話も耳にした。現場にいる放射線管理員がすぐに汚染を測定。あまりに数値が高く、免震重要棟には使えるシャワーがなかったため、汚染水をかぶった作業員をJヴィレッジまで同僚たちが車で運んだ。髪を洗っても汚染が取れず、汚染した作業員はバリカンで丸坊主にされた。「皮膚に汚染がついて取れないときは、タワシで皮膚を血が出るほどこする。今回は汚染が下がったので東電に報告しなかった」と聞き、ぞっとする。幸い内部被ばくはなかったという。

「昔はずいぶん、やんちゃもしたよ」。ケンジさん（40歳、仮名）は福島の浜通りの相双（そうそう）地方（相馬地方と双葉地方の総称）で生まれ育ち、事故前から福島第一で働いていた。消防団や娘の学校のPTA役員をしていたこともあり、地元の仲間が多く、故郷をこよなく愛していた。高校生のときはバイトに明け暮れ、バイト代はすべてバイクや車につぎ込んだ。バイクを3台持っていて、暴走族仲間と地元の道を流したり、バイク友達と峠やサーキットを走ったりした。ケンジさんは何よりも仲間を大切にしていた。「つきあいが多くて、夜もけっこう飲んでいたから、妻と離婚したのかもしれない」。長男はすでに成人して、子どもがいた。小学生の娘のことを聞くと、「俺の命」と満面の笑みを見せた。

ケンジさんはどこかいたずら坊主のような茶目っ気があり、周りから好かれる人だった。事故後、所属会社の社長が「もう原発に行きたくない」と会社をたたんでしまったとき、仕事を受けていた上位の会社から連絡があって「仕事の話があるけれど、どうする?」と尋ねられた。ケンジさんは悩んだ末、元の会社の仲間と一緒に新会社を立ち上げることにした。「まさか原子炉建屋が爆発するとは思っていなかった。この先どうなるかわからないけど、原発の仕事は無くならないと思っている。いずれ電力を供給するのに、他の原発も動かすだろうし」。地元でチェーン展開をしている居酒屋の個室で、ケンジさんは当時を振り返った。酒は何でもいける口らしく、ビールや焼酎、日本酒などを次々飲み干していった。そして、皿を下げに来た店の人が驚くほど綺麗に魚を食べた。「浜に近いところで育ったからね」。漁師の友達もたくさんいた。事故前は海で獲れた魚を漁師がよくくれたと、半年前までのことを懐かしんだ。

ケンジさんは会社の同僚や、同じ元請けに所属する下請け企業仲間と、旅館の部屋に5～6人が一緒に寝泊まりする男だけの共同生活をしていた。作業を終えた後に、夕方に戻る宿舎は一緒。ケンジさんたちは毎晩のように、刺し身などつまみを買ってきては部屋に持ち寄り飲んでいた。「一緒に働いてきた仲間だけど、こんなに一緒にいたことはない。ボロも出るし、裏も見える。これまで知らなかった面もいっぱいあったよ」

作業員が数える「残りの被ばく線量」

ケンジさんは、自分の被ばく線量を数えるようにしていた。作業員の被ばく線量は事故後、大幅に増えた。ケンジさんも2時間の瓦礫撤去作業で2mSv（一般の人の年間許容限度の2年分）を浴びたこともあった。残りの被ばく線量を気にしていたのは、ケンジさんだけではなかった。被ばく線量が上限に近づけば仕事を失うのは、どの作業員も同じだった。

元請けは事故後も通常時に戻ったときのために「5年で100mSv」の上限を守ろうとしていた。これを超えないために、事故後の累積が80mSvに達した作業員は、福島第一から退域させられていた。1年目の被ばく線量が高ければ、次の年はその分、許容される被ばく線量が減る。作業員にとって、被ばく線量は死活問題だった。また、従業員の被ばく線量が軒並み高くなれば、企業の存続問題につながった。自身も作業員として働く地元の零細企業の社長は「自分たちで線量上限を設定して、仕事が続けられるように自分たちを守るしかない。事故後の被ばく線量は事故前の比較にならない。線量を浴びた作業員のその後を、国も東電も考えてほしい」と訴えた。

作業員が事故後の高い被ばく線量で四苦八苦している一方で、政府や東電は記者会見で福島第一の状況を、「原子炉の冷却がうまくいっている」「安定してきている」などと繰り返し説明していた。確かに事故直後の危機的状況は回避されたものの、日々大量に生まれ続ける高濃度汚染水の処理や、原子炉建屋周辺や敷地に点在する高線量の場所での作業など、現場では被ばくとの厳しい闘いが続いており、作業員から聞く福島第一の様子と、会見での東電や政府の説明には、大きな隔(へだ)たりがあった。

11月2日、東電は計測データから、2号機で核分裂が連続する「臨界(りんかい)」が局所的に起きた可能性が高いと発表。しかし翌日には、検出された放射性キセノンの濃度などを分析し、核燃料内の放射性物質で自然に核分裂が進む「自発核分裂」であり臨界ではなかったと説明した。

現場の情報、ちゃんと教えて——２０１１年11月３日　作業員（40歳）

朝、現場に車で移動するとき、2号機で臨界が起きたかもしれないというラジオのニュースを聞いた。規模が全然わからないから、怖いという実感がわかなかった。今は「大したことない」という話を信じるしかない。不安になり始めたらパニックになる。

原子炉など現場を完全に調べ切れていないから、わからないことは多い。中の状況がだんだんわかってくると、今回みたいに臨界していたということがわかっても不思議じゃない。

それより、構内の一部で全面マスクを外してよくなるという話で持ち切りになっている。みんな、「本当に外して大丈夫なのか」と不安がっている。

その話も噂(うわさ)や報道で知っただけ。先日のクレーン事故もそう。みんな後から聞いて知る。今回の臨界の話だって現場には伝えられなかった。

現場がどうなっているのか、どこが危ないのか知らないと、いざというときに逃げるのが遅れる。命に関わる。現場が知らないのはおかしい。すぐ知らせてほしい。
この先、作業がどうなっていくのか全然見通せない。本当に臨界しちゃったら……。被ばくを覚悟しているとはいえ、不安だよ。

東電は、東京本店と福島で朝や夕方に記者会見をしていた。だが、現場で働く作業員たちは、福島第一で起きたことを、行き帰りの車内のラジオや宿泊先に帰ってからテレビで知ることが多かった。作業員からは、汚染水漏れの現場にそうと知らずに行き、靴が汚染した話や被ばく線量が上がった話がたびたび聞かれた。また10月29日、クレーンで吊り上げた金属製ワイヤーの束が落下し、40代の作業員が全身5カ所を骨折する事故が起きたときも、現場の作業員は「ニュースで聞いて知った」と言う。知っていれば避けられる危険もある。一番に伝えるべきは、現場にいる作業員ではないのか。「何か情報があったら教えてほしい。命に関わる場合はすぐに逃げなくちゃいけない。リアルタイムで知らせて」と作業員たちから、幾度も頼まれた。それ以来、東電の記者会見などで、敷地で事故や作業員が死亡するようなことがあったり、汚染水が漏れたり、高線量の瓦礫が見つかったりとの情報を得ると、逐一、作業員たちに携帯のメールや電話で知らせるようになった。

全面マスク、外せないよ――2011年11月13日　作業員（47歳）

11月8日、着用を義務づけられていた全面マスクが一部緩和された。みんなはどうするのだろうと、その日はドキドキしながら、イチエフに向かった。同僚はみんな原発に入る前に全面マスクをつけた。作業員の安全を守ろうとしたのか、会社からは全面マスク緩和の連絡はなかった。

でも正門前に来て驚いた。マスクをしていない人がいる！　5人のうち3人の守衛さんが外していた。本心はどうなんだろう。本当に大丈夫なのかって思っているんじゃないのかな。会社に外せと言われ、渋々従って（したが）いるのでなければいいけど。翌日の守衛さんたちはマスクをしていた。

やっぱり、作業員はみんなマスクをしていた。自然に発生する自発核分裂とわかったけど、2号機の臨界騒ぎもあったし、ちょっとした風向きの違いで、思わぬ所で線量計のアラームが鳴ることがある。怖くて外せないよ。会社で外していいよと言われても、みんな「外さない」って話していた。東電の社員は外してたっていうけど。本心はどうなんだろう？


全面マスクの着用が緩和されたのは、正門、免震重要棟、5・6号機の休憩所の三つの場所付近の屋外、またこの3点間を移動する車内に限定された。ただし、全面マスクの携行（けいこう）が義務づけられた。下請け作業員の一人は、免震重要棟の前でバスを待つ東電の若手社員が、使い捨て防塵マスクの上を手のひらで押さえるように覆っているのを見た。「社員だから率先（そっせん）して外さなきゃいけなかったんだよね。手で押さえたって放射性物質は防げないのに。気持ちが痛いほどわかって気の毒に思った」

福島第一では1号機の原子炉建屋全体を覆う、放射性物質の飛散防止のための巨大カバーが完成。またこの頃には、敷地や建屋内などに放射性物質の飛散防止剤が散布され、事故直後に比べ敷地内の放射性物質の濃度は低減していた。だが、ベテラン作業員は「車が走れば汚染した土ぼこりも舞う。全面マスクを外していいと言われても自分は外さない。しかも免震重要棟の周りはまだ放射線量が高い」と断言。地元の40代作業員も「全面マスク外していいというけど、だいたい敷地内で使っている車が汚染しているし、線量が高い所は高い。会社も外すなと言っているし」と話した。東電から緩和の発表があった後も、敷地内では全面マスクをつけるように指示している元請けもあった。実際、緩和後も、免震重要棟の近くのダストモニターが警報を発し、東電が周辺にいる作業員全員に全面マスク着用を指示することもあった。

高線量下での作業、日給8千円

1〜4号機の原子炉建屋やタービン建屋内では、放射線との厳しい闘いが続いていた。タービン建屋内で水中ポンプの交換をした7次下請けの30代作業員に話を聞く。この作業員は、建屋内の配電盤の設置など被ばく線量の高い仕事ばかりしていた。

「高線量の現場ではもたもたしていると、すぐその日に予定した被ばく線量上限いっぱいになる。だから、少しでも無駄な被ばくをしないよう事前に念入りに打ち合わせをする」

彼の作業班は事前に、建屋に入ってから現場までの経路や手順を何度も確認した。この日の作業の計画線量は5mSv。現場までの移動経路にも放射線量が高い場所があるため、車を降りると、「走れ!」と号令が掛かり、作業員らは一斉(いっせい)にダッシュして建屋内に入る。走る間にも線量計の数値が上がり、警告音が鳴り始める。建屋内は暗く、足元も悪い。仮設の照明は作業する現場だけに取り付けられていた。暗闇の中、ヘッドランプなどを頼りに現場まで小走りする。階段や踊り場、床がくぼんだり少し低くなったりしている所は、線量が高いので急いで通り過ぎる。建屋内の放射線量は場所によって極端に変わり、数メートルの違いで値が10倍にも跳ね上がる。その間も各作業員の線量計の警告音がピッ、ピッと鳴り続けた。

「車で待機!」。班長が計画線量に近づいた作業員に、屋外に戻るように指示していく。2時間もしないうちに現場の作業員たちの線量計が、ピーッと鳴りっぱなしになった。次々と作業員が退散し、作業が続けられなくなる。最後まで指示を出していた班長も、計画線量を超えていた。

いわきで会ったこの30代の作業員は、興奮ぎみに2時

1号機の原子炉建屋をすっぽり覆うカバーが完成。最後に屋根パネルを設置した=2011年10月14日　写真:東京電力

間あまり一気に話した。「行動は、一班8〜10人ほどの班でまとまってするが、誰か一人がコースを外れると、一人だけ被ばく線量が上がり、班全体の足を引っ張ることになる。配電盤など数百キロの重量がある部材を設置する連携作業では、一つ間違えば大事故になる。だから、同じ班にいたじいさんは、もたもたしていて、足並みを乱すからと班から外された」

高線量の現場を転々としたこの作業員は「あと10mSv食う（被ばくする）と現場にいられなくなる」と危機感を募らせ、毎日、自分の被ばく線量を数えていた。元請けが決めた年間被ばく線量の上限は初め20mSvと言われたが、とても間に合わず、途中で50mSvに変更された。それでも高線量下での作業をいくつも担当して、数カ月で現場を去っていった。彼の日給は8千円だった。

「闘って」息子が後押し——2011年11月20日　カズマさん（35歳）

冬が近いのを感じる。震災前に住んでいた家にはいつ帰れるんだろう。避難が解除されて、「戻っていいよ」って言われたとしても除染がね……。とてもすぐには帰れない。

あの日、大きな揺れがきて、イチエフから逃げた後、避難所や知り合いの家を転々とした。水素爆発が次々と起きた。

もうあんな所で働きたくないと思っていたけど、小学生の息子から「父ちゃん。行って闘って」と言われた。家族のために頑張っているのをわかってくれていた。息子に背中を押されてイチエフに戻った。危険だからもう原発の仕事はやめて、と言っていた妻も、何も言わなくなった。

今は避難する家族と離れて暮らしている。息子の友達の家に遊びに行ったときも、その子から「頑張って」と言われた。

被ばく線量の残りがなくなるまで働こうと思っている。住んでいた家に帰りたいし、家族を一日も早く帰してやりたい。自分の子に限らず、子どもたちのためになるなら、という気持ちもある。働けるまで働いて、子どもたちを早く元の家に帰してやりたい。原子炉の状態は安定してきたけど、作業はまだこれから。正月も仕事で、家族と過ごせないんだろうな。


いわき駅にほど近いチェーンの居酒屋に、地元作業員のカズマさん（35歳、仮名）はTシャツとジーンズのラフな格好で現れた。年齢より若く見える。個室は狭く、店内が酔客でざわざわとうるさいなか、カズマさんは事故当日のことを一気に語った。

3月11日午後2時46分。震災が発生したとき、カズマさんは福島第一で作業をしていた。「タービン建屋から原子炉建屋に入ろうとしたとき、突然、激しい揺れが襲ってきた。上から天井クレーンのフックが落ちてきて、気づいたら床が瓦礫だらけになっていた」。長い揺れが収まってすぐに、カズマさんは、一緒に作業をしていた取引先の人たちをまず建屋の外に出す。原子炉建屋内でちょうど作業を終え交替するところだった。別の班の人たちが、燃料プールの水を胸や脚にかぶってびしょ濡れになっていた。着ていたかっぱを脱がせ、すぐに測定してさほどの汚染でないことを確認し、タオルで体を拭くのを手伝う。建屋の外に出て瓦礫を乗り越えながら、グラウンドに行き、人員確認。会社の車でいったん家に帰った。幸い家族も家も無事だった。

カズマさんは震災当時、相双地方の家に家族と一緒に住んでいた。福島第一から家に戻ったものの、住んでいた地域は避難区域となり、家族と一緒に知り合いの家に身を寄せた。次々入ってくる福島第一の危機的なニュースに、親戚からは口々に「よくあんな所で働いていたな。もう辞めろ」と言われた。1号機や3号機が水素爆発したテレビの映像は衝撃的だった。特に3号機が爆発して空に立ち上ったキノコ雲を見たときには、もうあそこには行きたくないとカズマさん自身も感じた。現場の放射線量もわからないなかで働くのは怖かった。

「人がいないんだ」。会社から電話が掛かってきたのは、事故が起きて2週間ほど経った3月下旬のことだった。その場は「家族と相談します」と電話を切った。だが小学生の息子が「父ちゃんは僕たちのために働いてくれているんだね。父ちゃんやってこー」と言われて、もう一度原発で働こうと決意した。カズマさんは働けるところまで働き、福島の子どもたちを早く故郷に帰してあげたいと思った。2週間後には、避難している家族と離れ、いわき周辺のホテルで同僚4人との共同生活が始まった。

「ゼネコンはいいなぁ。俺らは原発以外仕事がないから、使い捨て」

「今は土日出勤が続き、給料は月10万円近く増えているけど、危険手当は出ていない。ゼネコンの人はいいなぁ。被ばく線量が高くなってイチエフにいられなくなっても、建設現場など他にも仕事がある。でも俺らは原発以外仕事がないから、使い捨てになる」。いわきで初めて会ったこの日、カズマさんはつぶやいた。若いときに工場の仕事で体を壊して地元に帰り、ガソリンスタンドの仕事などを経て、福島第一で働くようになってから10年以上が経っていたが、事故後は、いつ解雇されるかわからない不安定な状態にさらされていた。

「国が被ばく線量上限を２５０ｍＳｖに勝手に引き上げたときも、俺たちは使い捨てだと思った。高線量下で働き、被ばく線量が高くなったら、今度はまた１００ｍＳｖに戻されて、線量上限に達したら仕事ができなくなるって……。使い捨てでしょう」

事故発生から８カ月、11月に体調不良で原発を離れるまで現場の指揮を執ってきた福島第一原発の吉田昌郎所長（56歳）が、病気を理由に12月１日付で退任した。東電は記者会見で当初、吉田所長の病名や被ばく線量を公表しなかった。だが、所長本人は作業員らに食道がんだと明かした。後日、東電も病名を公表し、吉田所長の事故発生以降の被ばく線量は計70ｍＳｖで放射線医学総合研究所（千葉市）の「病気と被ばくの因果関係は極めて低い」という見解を明らかにした。

吉田所長への作業員たちの信頼は厚かった。事故発生直後、１、３、４号機が水素爆発、２号機の燃料棒がすべて露出する「空だき」が２回起きるなど、次々と危機が襲ってくるなか、吉田所長が指揮を執るなら一緒に現場にとどまりたいと志願した東電社員も多かった。

吉田氏は２０１０年６月に福島第一の所長に就任した。

翌11年３月11日に東日本大震災が発生し、その日から福島第一の陣頭指揮にあたった。翌日には炉心溶融（メルトダウン）が進みコントロール不能の危機が迫るなか、真水の切れた１号機に（廃炉の恐れがある）海水注入を始める。この時、東電の武黒一郎副社長から電話で首相官邸の判断を待つために中断を指示されるが、吉田所長が「できませんよ、そんなこと」と拒否。これに武黒副社長は、「四の五の言わずに止めろ」と命じたという。だが吉田所長は中断したと告げながら、現場には続行を指示。当初、虚偽報告との声も上がったが、後に政府はこの対応を評価した。

同年11月の福島第一での記者会見で、吉田所長は「もう死ぬだろうと思ったことが数度あった。これで終わりかなと感じた」と語った。現場にいた東電社員や作業員らは「あの人がいなかったら、イチエフはもっとひどいことになっていた」と口をそろえてその手腕を讃えた。

現場では作業員に、常に感謝の言葉を掛け続けた。どの作業員にも、「現場に行ってくれてありがとう」「イチエフで働いてくれてありがとう」と頭を下げ、「体は大丈夫ですか」「疲れていないですか」「家族は大丈夫ですか」などと気遣った。吉田所長は、しばしば喫煙室に自分のたばこを置いていった。その所長の行動が社員にも伝播し、喫煙室にたばこを置いていったり、協力会社の作業員に声を掛けたりする社員が増えていったという。

「あの状況のなかでよく逃げずに頑張ってくれた。心身ともにきつかったと思う」「俺らのことま

免震重要棟内に設置された緊急時対策本部。奥の壁にテレビ会議画面が並ぶ。吉田昌郎所長は病気で退任するまで詰めていた＝2011年4月1日　写真：東京電力

でいつも気遣ってくれた」「逃げたい気持ちになっても、吉田さんがいるからってとどまった人もたくさんいる」——。

吉田所長が福島第一を離れた後も、作業員たちの彼への感謝の言葉は途切れなかった。

吉田所長お疲れさま——2011年12月5日　ケンジさん（40歳）

退任した東電の吉田昌郎所長に、お疲れさまって言いたい。何度か死ぬかと思ったと所長は言っていたが、事故の時から今まで逃げずに、頑張ってくれたと思う。俺らからみたら、所長なんてすごく上の人なんだけど、よく声を掛けてくれた。

180センチぐらいの大きな人なんだけど、拠点の免震重要棟では上は肌着、下は短パンで歩く姿をよく見かけた。最初の頃、「お疲れさん」「協力してくれてありがとう」と俺たちに声を掛けてくれた。喫煙所では、「合わないたばこかもしれないけれど、みなさんで吸ってください」と言って、自分のたばこをたびたび置いていってくれた。

もっといてほしい存在だった。でも、精神的にも身体的にもきつかったと思う。事故後は、ほとんど家に帰っていないんじゃないか。あの人は「現場」の人だと思う。あの人だからと、東電の人たちもイチエフにたくさんとどまったと聞いた。本当にすごい人。一度も偉そうにしているのを見たことがない。

体は、大丈夫なのかな。被ばく線量も高いんじゃないか。ゆっくり休んでほしい。

12月が近づくにつれ、作業員からいくつか先延ばしになる作業が出ていると、耳にするようになった。単に作業が遅れているだけだと思っていたが、2号機の格納容器の穴開け作業を実施する日も決まっていたのに理由もなく急きょ、翌年1月にずれ込んだという情報が入ってきた。

作業員らに現場の状況を尋ねると、12月に入って会社から「近く冷温停止状態を達成したと国や東電が発表するらしい。この宣言前後に、何か問題が起こるといけないから作業を延期する」と通告され、急に作業が延期になったという。格納容器の穴開け作業は、内視鏡で高線量の内部の様子を知るための重要な作業で、爆発をしないように窒素を送り込みながら行う予定だった。作業員は「準備は万全で現場の士気が高まっていたし、現場はすぐにでもやりたいと訴えたが、『お前ら説明しなきゃわからんのか』と怒鳴られた」と明かした。

2号機の作業延期の理由について後日、国や東電に質問をぶつけてみたが、東電は「冷温停止状態の宣言が作業に影響することはない」と回答。原子力安全・保安院の担当者も「作業の延期は政府の宣言とは関係ないと思う」と答えた。この時、改めて福島第一の取材は特殊だと痛感する。現場に行って確認したくとも、東電の許可がなければ入れない。何が起きているかを知るには、東電や国の発表か、現場の作業員に聞くしかない。東電や国の発表が真実かどうかを確認したくても、事実を知る関係者は限られる。重要な情報ほど知っているのはごく一部の上層部で、多くの現場作業員には知らされていなかった。そのうえ、現場の作業員には厳しい箝口令（かんこうれい）が敷かれていた。「マスコミの取材に応じません」と誓約書を書かせている企業もあった。2号機の格納容器穴開け作業の延期についても、上司に「裏が取れているのか。別のところでも確認しろ」と指示され奔走しても、現場で延期の理由を知っている人はごくわずかで、そこにアクセスするのは難しかった。

また取材を通して事実が確認できたとしても、記事にすれば情報源を特定されてしまう危険があった。

「報道の自由」日本の国際評価、下がる

原発事故後、日本の「報道の自由」の国際評価は大きく下がっていった。国際ジャーナリスト組織「国境なき記者団」のランキングで、日本は震災前年の２０１０年の11位から12年には22位に、13年には53位に急落。原発事故をめぐり、「福島事故に関するメディアの独自取材を当局が禁止した」「情報の透明性に欠ける」などと指摘された。翌13年12月６日に成立した特定秘密保護法も影響して、14年には59位、16、17年にはともに72位まで下がった。

残念ながら、この降下していく国際評価に私は異を唱えられなかった。年ごとに増していく取材の不自由さを感じていた。

12月４日、東電は高濃度汚染水の処理システムのうち、汚染水に含まれる塩分を取り除き淡水（真水）化するための蒸発濃縮装置の建屋内で汚染水45トンの水漏れが見つかったと発表。側溝を通って一部が海に流出していた。汚染水を浄化後に移送するためのホースに、チガヤという雑草のとがった葉先が刺さって水漏れするトラブルも相次いでいた。そんななか、処理済み汚染水を貯めるタンクが満杯に近づき、翌春にも汚染水を浄化して放射性物質を減らし、国の基準を下回った処

理水を海に放出することを東電が検討していることが明らかになった。だが全国漁業協同組合連合会から強い抗議を受け、判断は見送られた。

政府の事故収束宣言に、作業員らの怒り

政府は12月16日、年内を目標にしてきた工程表のステップ2にあたる「冷温停止状態」の達成ばかりか、その先まで踏み込んだ発表をした。野田佳彦首相は政府の原子力災害対策本部の会合で冷温停止状態の達成を宣言。同時に「事故そのものは収束に至った」と言い切った。当日の記者会見で細野豪志・原発事故担当相は「事故収束は極めて難しいと考えていた。日本が瀬戸際でとどまった大きな日だと思う」と述べ、今後は住民帰還に向けた対策に政府をあげて取り組むとした。

この日、私は記者会見の中継をいわきで見ていた。首相の「事故収束宣言」に驚き、すぐに作業員に電話を掛けた。作業員たちの怒りは激しかった。作業を終え、首相の会見を宿泊先のテレビで見ていた作業員は「俺は日本語の意味がわからなくなったのか。言っている意味がわからない。毎日見ている原発の状態からして、事故収束宣言なんてあり得ない。これから作業は何十年かかるかもわからないのに、何を焦(あせ)って年内にこだわったのか」とあきれかえった。

汚染水の浄化システムを担当してきた作業員は「本当かよ。事故収束のわけがない。今は毎日、大量の汚染水を生み出しながら、核燃料を冷やしているから温度が保たれているだけ。安定とは、ほど遠い。(高線量で)ろくに原子炉建屋にも入れず、どう核燃料を取り出すのかわからないのに」と言った後、黙り込んだ。

ベテラン作業員も「どう理解していいのかわからない。収束作業はこれから。今も被ばくと闘いながら作業をしている」と電話口で言葉を失った。原子炉が冷えたとはいえ、そのシステムは応急処置的なものだった。このベテランは「また地震が起きたり、何らかの原因で原子炉を冷やせなくなったりしたら終わり。溶けた核燃料が取り出せる状況でもない。敷地内の大量のゴミはどうするのか。状況を軽く見ているとしか思えない」と憤った。長く福島第一で働く作業員は「政府は嘘ばっかりだ。誰が核燃料を取り出しに行くのか。被害は甚大なのに、たいしたことないように言って。本当の状況をなぜ言わないのか」と吐き捨てた。

　事故収束どころか、そもそも政府が「圧力容器底部の温度を１００度以下に保ち、放射性物質の放出を大幅に抑制すること」と定義した「冷温停止状態」を達成したかも怪しかった。２週間前の12月４日に起きた汚染水の海への流出のほかにも、水素爆発で損傷した建屋からの放射性物質の放出も止まっていなかった。また、土中から建屋の貫通部などを通って入り込んだ地下水が、溶けた核燃料を冷却した高濃度の汚染水と建屋地下で混ざり、大量の汚染水となって溜まっていた（→巻頭図参照）。いつ外部に漏れてもおかしくない危うい状態だった。何をもって「事故収束」だと宣言したのか。現場には強い怒りと不信感が残った。

　厚労省は事故収束宣言を機に、緊急作業時の被ばく線量限度を２５０ｍＳｖから１００ｍＳｖに戻す。ただし、緊急作業で１００ｍＳｖを超えたものの、原子炉まわりの作業などに専門的知識や経験がある一部の作業員には、猶予期間を設けた。また「事故収束宣言」で原子炉冷却など一部を除き、大半の作業が「通常作業」とされ、作業員の被ばく線量上限も通常時の「５年で１００ｍＳ v」「1年で50mSv」に戻る。そしてこの日を境に、福島第一では通常化がアピールされ、コスト削減を優先する競争入札が進められ、賃金や危険手当が下がり、宿泊費や食費など諸経費がカットされるなど、作業員の待遇が急速に悪化し始める。

夜中、娘の枕元に——2011年12月24日　ケンジさん（40歳）

クリスマスイブは、車を飛ばして夜中にこっそり家に帰って、娘の枕元にプレゼントを置いてこようと思う。休めないから、仕事場にすぐ戻らなきゃいけないんだけど。サンタクロースは子どもの夢だからさ。

娘がまだ小さかったときは、仲間とお互いの家をサンタの格好で訪問し、プレゼントを届け合った。そろそろサンタを信じなくなる年齢。でもそっと置いてきたら、やっぱりサンタはいるって思ってくれるかもしれない。

毎年、何を欲しいか知るのが大変。今年は原発事故で娘と離れて暮らしているから、特に大変だった。プレゼントに添える「サンタの手紙」は手書きだとわかっちゃうから、パソコンで打つ。頑張った娘に、いつも見守っているよっていう手紙を贈りたい。

プレゼントは内緒。そばにいてやれないから、その思いも込めて選んだ。娘は俺の命。娘がいるから、頑張れる。

「人の声も、生活の音も、夕飯の香りもしない」

収束宣言後、政府は住民帰還に一丸となって取り組むと発表した。「帰れるなら今すぐ帰りたい」。浪江町に住んでいた40代の作業員は、宣言直前の12月初旬に一時帰宅で撮影した、自宅周辺の写真を並べて、故郷の厳しい現状を語った。「ある日突然、住んでいた町から人が消えた。いったいどこにいったんだろうって、不思議な気持ちになる。人の声も、生活の音も、夕飯の香りもしない」と作業員はため息をついた。「家に帰るときにどこからともなくカレーの香りがしてきて、うちもカレーだといいなぁと思いながら帰ったりした」

海沿いの道路脇に置かれた観音像の前には、津波で亡くなった人を偲ぶ花やお供えものが並んでいた。「その写真はどうしても撮れなかった」と作業員はぽつりとつぶやいた。警戒区域だからと、行方不明の家族を捜してもらえず、役場職員に詰め寄っていた人たちの姿を思い出したという。

「遺体が見つかっても放射線量が高く、警戒区域外に出せないと言われた遺族もいたとも聞いた。悔しいだろうな。家族の元に帰れないなんて、戦争でもないのに。東電は人災じゃない、天災だって言うけど、地震や津波で原発が爆発しちゃダメだろう」

警戒区域内の福島県浪江町。人がいない商店街のメインストリートは原発事故前、毎年11月には十日市が開かれ、にぎわう場所だった＝2011年12月

彼が見せてくれた写真には、津波で海岸や川沿いから家が消え、崩れた家はそのままになっている風景が写っていた。横転したトラックも震災直後から変わらず、畑に船が上がり、家が川の中に立っていた。米の収穫期には黄金色に変わる田んぼは、瓦礫や雑草だらけで跡形もなかった。野球などをして遊ぶ子どもたちの声であふれていた公園に、人の姿はなかった。電車が通らなくなった線路はさび、商店街も無人。周辺市町村の中で最も大きかった飲み屋街も、ゴーストタウンと化していた。彼にとって毎日見ていた当たり前の風景が、全部変わってしまっていた。目にした動物は、放れ牛や犬だけだった。

「町の除染はやりきれないのではないか。何年も何十年も帰れないのではないかと不安に襲われる」と作業員はうつむいた。新築だった家は、閉め切っているせいで空気はよどみ、震災後放置している冷蔵庫は怖くて開けられなかった。

「死の町とは言いたくないけれど。町は人がいるから町になるんだ」

福島第一で作業員として働きながら、故郷に帰れる日を待つ。「何年経っても浪江に帰りたい。俺は逃げるわけにはいかない」と、自分に言い聞かせるように繰り返した。

2章　作業員の被ばく隠し　――2012年

元旦も休めない――２０１１年12月31日　カズマさん（35歳）

正月も家族の元には帰れない。

年末年始もすべての作業を休むわけにはいかないから、最低限の人数は残る。上司に悪いねって言われたけれど、俺は責任がある立場だから。原発で避難生活を続ける家族に、電話で帰れないことを伝えたら、息子からは「お父さんいないんだ」と沈んだ声が返ってきた。でもその後、「頑張って」と言ってくれた。妻は「帰ってこないの……」と少し残念そうだった。

毎年、31日には年越しそばを食べて、家族みんなで除夜の鐘を聞きに行く。近所の神社で、家内安全とか願い事を書いて、お札（ふだ）をもらう。元旦には、家族で雑煮を食べる。

でも、今年は31日も元日も仕事。初日の出も、イチエフに向かう車の中で見ることになる。途中、国道６号から海が見えるところがある。そこで海に向かって手を合わせようと思う。それが初詣（はつもうで）。津波で同級生を10人亡くしたから。

小さな子を残して亡くなった母親もいる。中学の時の同級生だった。彼女の娘は、木の枝に引っかかって助かった。幸い父親も大丈夫だったと聞いた。そんなふうに、他にも家族を残して亡くなった仲間が何人もいる。

元旦、息子には作業に行く途中、メールを送ろうと思う。

2012年の元旦、浜通りは曇っていた。避難している家族と離れ離れに暮らす地元作業員カズマさんの年明けは、静かに始まった。明け方の気温は氷点下まで下がり、重く垂れ込めた雲で初日の出は見えなかった。福島第一の正門の警備員は寒さをしのぐため雨がっぱを着ていたが、吐く息は真っ白だった。敷地内はさすがに人が少なく、汚染水処理の作業者など一部の人がいるだけで、閑散（かんさん）としていた。年末から急に冷え込みが厳しくなり、この日の福島第一の朝方の気温はマイナス3度。作業員たちは防護服を2、3枚重ねるなど工夫して寒さをしのいでいた。カズマさんが免震重要棟の前にいるとき、突然、足元から大きな揺れが襲った。「地震だ！」。途端（とたん）に心拍数が上がる。「大丈夫か！」。元請けの社員が人員確認にとんできた。幸い長くは続かず、みんな無事だった。

カズマさんの仕事が終わった頃を見計らって、携帯電話を鳴らした。カズマさんは普段は同僚と4人ひと部屋で生活しているが、他の3人は正月休み中で帰省しており、元旦は部屋にカズマさん一人だと年末に聞いていた。「東電社員の年越しそばはカップ麺だったみたいだよ。俺は近くにいる親戚の家で食べたよ」。部屋に一人で周りが静かなせいか、電話口から聞こえてくるカズマさんの声はいつもより小さかった。例年は正月に、白味噌に餅、ジャガイモ、人参、タマネギ、ネギ、ゴボウに豚肉を入れる雑煮を家族と食べるが、今年はそれが叶（かな）わない。年男のカズマさんは仕事から部屋に戻って、缶ビールを開けて新年を祝ったという。カズマさんは続けて、息子に電話を掛けたときのことを少し弾（はず）んだ声で話し始めた。

小学校高学年の息子が電話口に出ると、さっそくお年玉の交渉が始まった。今年は5千円にすると伝えたら、息子に「親戚の子は小1で3千円もらっている。おんちゃん、けちくそー」と叫ばれ、

「おんちゃんも一生懸命頑張っているんだから、けちくそーって言うな」と言い返した。ひとしきり言い合って、電話を切る前に息子に言われた一言、「早く帰って来てね」がカズマさんの胸に染みた。

年明けから福島では、地震が頻発していた。1月12日にも震度4の地震があった。敷地にいた作業員に電話を掛けると、「ドスン」と大きく揺れた後、20〜30秒間揺れが続いたという。津波警報が出た後は、作業員たちは身の縮む思いをした。この瞬間、海沿いでの作業のほか、海の中に入って震災時に大量に漏れた重油タンクの油の回収作業をしていた作業員もいて、一斉に高台に逃げる騒ぎになった。

後の取材でわかったことだが、油の回収作業は重労働だった。全面マスク、防護服などを着た上にゴムの胴長を穿いて海の中へ入り、油をちりとりですくってバケツに入れる。重油の強烈な臭いは、全面マスクが遮断してくれるものの、夏は猛暑の中、冬は極寒の海に腰ぐらいまでつかりながらの作業となる。この作業には長期間にわたって、かなりの人数が投入されていた。そして、たびたび起きる地震に「今、大きな地震がきたらイチエフはもたない」と作業員たちは口をそろえた。

津波きたら、イチエフはもたない――2012年1月14日　作業員（40歳）

今年になってから地震が多い。1月12日に震度4の地震があったときは、イチエフで作業をしていた。近くにあったタンクがガタガタ鳴るから、風がすごく強いなって思っていたら、一緒にいた仲間が地震だと気づいた。

慣れは怖い。「また来た」とは思ったけれど、津波のことは考えなかった。仲間もみんな落ち着いていた。だけど、高台のほうで他の作業員たちが騒ぎ始めた。建屋内に放送が入って、休憩所にいた同僚が「津波がくるから安全なところに逃げろー」と、慌てて知らせてくれた。「そうだ津波だ」と思ってから慌てた。すぐに道具を回収して高台に。今考えると、道具を回収している場合じゃないんだけど。イチエフは海のすぐそばにあるから。実際には津波がこなくて良かった。ほんと怖かった。

元日にも地震があったけど、最近また地震が増えていて気になる。大小はあるけど、毎日のようにきている気がする。防波堤も高くはなったけど、海が荒れているときは波が越えたりしている。今の状態で大地震や津波がきたら——。イチエフはとても、もたない。

続々と起こる仮設ホースの汚染水漏れ

前年12月16日に政府は事故収束を宣言したが、福島第一で収束したものは何ひとつなかった。東電は1月6日、高濃度の汚染水を浄化した処理水を移送するホースに、雑草のチガヤの葉先が刺さって穴が開いたことによる水漏れが昨年7～12月末で22件起き

フランジ型タンクから延びている汚染水移送用の配管。敷地内では、これらから漏洩が相次いだ＝2012年6月25日

たと発表した。東電は「水漏れはごく少量」と説明したものの、チガヤによる処理済み汚染水の漏出はその後も頻繁（ひんぱん）に起きた。さらに凍結で配管やホースに亀裂（きれつ）が入ったり、破裂したりしたことによる汚染水漏れが、たびたび見つかった。福島第一のある浜通りは、雪はあまり降らないが風が強い。朝や夜の冷え込みは厳しく、特に明け方は氷点下まで下がった。免震重要棟前の休憩所のトイレの水が凍って使えなくなる日もあった。作業員たちは夏とは打って変わって、寒さに凍えながら作業をしていた。

東電は前年夏には、現場の作業員らから配管の凍結防止のため保温材を巻くことや、ヒーターを設置すべきだという提案を受けていたが、水処理設備の安定化などの対策を優先し、この問題を先送りにしていた。事故後、敷地内には無数の配管やホースが張り巡らされたが、大半が野ざらしのままだった。東電は前年末からやっと、原子炉に冷却水を送る主要な配管や高濃度汚染水を流すホースの保温対策を始めたが、敷地内のあちこちで仮設の配管が悲鳴を上げていた。作業員らは敷地内の汚染水漏れのパトロールや保温材の設置作業に追われた。

水漏れが続くなか、配管工事に携わった作業員の一人に電話をすると、「配管はむき出しだからね。最初から凍結してこうなることは予想できていた。これは想定内だよ」と深いため息が聞こえた。配管の凍結対策以外にも、作業員らから「東電に提案したことが放置されたままになっている」という話をいくつも聞いていた。

年度末を越えれば被ばく線量は「リセット」

現場が「緊急作業」でなくなり、被ばく線量上限も「通常」に戻る一方で、作業員らは年間被ばく線量の上限ぎりぎりで働いていた。元請けや下請け企業は、作業員の年間被ばく線量限度を事故前は15〜20mSv（ミリシーベルト）で管理していたが、事故後は30〜50mSvなど大幅に枠を緩めてしのごうとしていた。だが、それでも現場を去らざるを得ない作業員が後を絶たなかった。

作業員の被ばく線量は年度ごとに管理されており、国の定める「5年で100mSv」の起算日は、ちょうど事故直後の2011年4月1日だった。2010年度末までの被ばく線量は「初期化」され、ゼロからのスタートになる。つまり11年4月から16年3月末まで5年間の被ばく線量を、100mSv内に収めなくてはならなかった。

元請けや下請け企業は事故後、作業員たちの被ばく状況や5年間の配分を考えながら、次の年度の被ばく線量上限を決めていた。年度末まで乗り切れば、作業員たちは企業から新しい被ばく線量枠が伝えられて一息つける。年度末になり次の年の線量枠が「もらえる」ことを、作業員たちは「線量がリセットされる」と表現した。確かに年度が変われば、新たな線量の枠を得て原発での作業が続けられる。だが、作業員が被ばくした事実が「リセット」されるわけでも、体への影響がなくなるわけでもなかった。

この頃、作業員たちは何とか年度末まで、仕事の効率化で作業を短時間にするなど工夫して、自分の被ばく線量をもたせようと苦心していた。作業員は会うたびに「年度末までもたないかもしれない。今は1ミリでも減らしたい」と、被ばく線量が上限に達して仕事を失う不安を口にした。

格納容器内を初めて撮影、毎時7万mSv超

大量の放射線と冷却水から立ち上る湯気でぼんやりした画像の中に、格子状の足場や、配管のようなものが浮かび上がる。溶け落ちた核燃料は見えなかった。1月19日、東電が公開した2号機の原子炉格納容器内を写した7枚の画像は、非常に高い放射線量の影響と水蒸気でノイズが多く、どれも不鮮明だった。この7枚は格納容器の貫通部から工業用内視鏡を入れて撮影した、約30分の映像から抜き出したもので、事故後に1〜3号機で格納容器内の様子を撮影できたのは初めてだった。調査は同日、1〜4号機の中で、ただ一つ水素爆発が起きなかった2号機で先行して行われた。

工業用内視鏡の先端に付けられた温度計で、測定した格納容器内の温度は44・7度。この数値は、格納容器内に設置されていた近くの温度計が示す温度と、誤差が2度ほどしかないとわかった。東電は映像で見える範囲では、格納容器の内壁や配管に大きな損傷がないとしたものの、画像を見たベテラン作業員は「一部の配管や内壁などの腐食が進んでいる。この先どこまでもつか」と心配した。

この格納容器に穴を開ける準備作業は、高線量との闘いだった。作業員たちから聞いた話では、現場の空間線量が毎時約60mSvと非常に高かったため、何枚もの鉛の板で作業現場を囲み遮蔽し、放射線量を10分の1ほどに低減した。それでも格納容器の穴開け作業は、重さ十数キロのタングステンベストを着て行われたという。一人が現場で作業できるのはわずか5分前後。3人1班態勢で

10班が代わる代わる作業をする人海戦術だった。格納容器内部が超高線量の放射線や水蒸気で満ちていたため、調査のために入れたロボットが内部で動かなくなったり、計器が壊れたりするなど、数値の測定や撮影は困難を極めた。

この「格納容器の穴開け」作業は1章で述べた通り、前年12月に行われる予定だったが「政府の冷温停止状態の宣言の影響」（作業員）で1月に延期された。なぜ作業が延期されたのか説明されず、理由をまったく知らない作業員が多かった。

3月26日から行われた2度目の調査で、2号機の格納容器内は最大で毎時7万2900mSvと、6分程度いれば人間が死に至る、極めて高い放射線量が計測されることになる。1月に実施されたのは、そんな格納容器に穴を開ける作業で、内部のガスの逆流や汚染水漏れなどの危険があり、爆発しないように窒素（ちっそ）を送り込みながら、慎重に作業が進められた。作業員の一人は「いつ爆発してもおかしくない状態だった。心臓部に穴を開けるのだが、中がどういう状態かわからなかった。最悪の事態を想定し、本番前の2カ月間、実際と同型の模型で何度も訓練した」と厳しい表情で振り返った。

この困難を極める作業を成功させたという達成感に、どの作業員も胸を張った。「結果は大成功だった。いつ爆発するかわからないなか原発の心臓部に穴を開ける作業だった、誰も逃げなかった。この成功は誇りに思う」

「脱原発依存」と「再稼働」の矛盾

福島第一の外でも、原発をめぐる動きが進んでいた。

全国各地の原発の再稼働に向けた国の審査が進むほか、原発を海外へ輸出する動きも始まっていた。前年10月末には野田佳彦首相がベトナムの首相と会談し、日本からの原発輸出を進めることを確認。この他にもヨルダンなどとの原子力協定が進められていく。国内で新しい原発の建設ができないなか、原発メーカーや大手ゼネコンの目も海外に向けられていた。政府の動きには、原発メーカーや大手ゼネコンに原発事業から撤退されないための、原発関連企業の不満解消の意味もあったのではないか。しかし、「脱原発依存」を掲げた菅直人前首相の後を2011年9月から引き継いだ野田首相は、所信表明などで原発を「新たに造ることは困難」とし「中長期的には原発の依存度を限りなく引き下げていく」と脱原発依存を掲げながら、同時に「安全性を徹底的に検証・確認された原発は定期検査後の再稼働を進める」という方針を示していた。そのうえ、海外への原発輸出を進める政府の姿勢に、原発メーカーの社員は「国内では原発を造れないので、海外に目を向けろと言われている。でも、あんな原発事故が起きたのに、海外ならいいのか……」。その矛盾に戸惑

原子炉建屋上部の瓦礫撤去作業が進められる4号機=2012年1月5日　写真：東京電力

っているようだった。

福島第一では、水素爆発で吹き飛んだ3、4号機の建屋上部の瓦礫（がれき）撤去作業が進められていた。東電は1月20日、3、4号機について、「使用済み核燃料プールからの燃料取り出しに向け、夏までに瓦礫の撤去を終えたい」と発表した。

冷たい手　排気で暖（だん）――2012年1月20日　キーさん（56歳）

朝は氷点下になる日が多く、とにかく寒い。夏は防護服であれほど暑かったのに、冬は本当に寒い。下着を2枚重ねて、つなぎを着る。薄手のダウンジャケットも着るから、防護服はひと回り大きいものにしている。その上に雨がっぱを着るとまた少し違う。冬用の下着を配った会社もあったけど、ほとんどの会社では「防寒対策は各自でしろ」と言われた。

イチエフの辺りは、雪はあまり降らないけど、風が強くて冷たい。日中、日が差しているときはまだいいけど、朝や夜はぐんと冷え込む。綿手袋の上にゴム手袋を2枚重ねても、手がしんしんと冷えてくる。かじかんで、ゴム手袋に手がうまく入らないときがある。

夜の作業は緊張度が増す。発電機がついた水銀灯の投光器をつけて、手元は懐中電灯で照らす。発電機の排気するところが暖かいので、時々手を近づけて温める。それでも、指先がすぐ冷たくなる。それに鉄筋を組んだばかりのところは、足元がぐらつく。

イチエフの周辺は暗いから、星がきれいに見えるのだろうけど、見上げたことはない。そんな余

裕はないよ。
政府は去年、「事故収束」とか言ったけど、とんでもない。作業はこれから。気持ちを引き締めていかないと。

配管工のキーさんは、前年秋に配管やタンク設置などをしていた現場をいったん去り、別の元請けに所属する下請け企業に入り直して、再び福島第一で仕事をしていた。

2カ月ぶりに、いわきの県道沿いにあるチェーンのステーキ店で会ったキーさんは、いつものようにべらんめえ調で話し出した。

「現場にある水たまりなんて、昼過ぎまで凍っているよ。このあいだなんてマイナス7度！ 寒いからおしっこ溜(た)まってしょうがないから、水はあまり飲まないようにしているよ」と首をすくめた。

キーさんは福島第一のどこでどんな作業をするのか、また宿泊先も知らされないまま福島に来ていた。日当の額も、実際に賃金が支払われるまでわからなかった。相変わらず、会社の都合に振り回されていた。

事故収束宣言後……作業員の待遇、急激に悪化

2011年12月の事故収束宣言を境に、作業員の労働環境や待遇の悪化がより顕著(けんちょ)になっていく。現場の作業が緊急作業ではなく、通常作業になったとされたことでコスト削減が進められ、工事契約も競争入札が進む。そして作業員の危険手当が打ち切られたり、給料も減額されたりしていた。

事故前は、東電は原発の専門知識や経験が豊かな企業に、随意契約で仕事を発注していた。事故発生直後も原発の状況をよく知り、放射線の知識や技術のある作業員が不可欠だったため、東電は対応できる企業に作業を委託していた。ところが、原子炉や使用済み核燃料プールが比較的安定的に冷やされるようになるなど、事故発生直後より現場が落ち着いてきた頃からコスト削減が重視されるようになり、大半の発注が競争入札で決まるようになっていく。その影響もあって、現場をよく知るベテラン作業員らが次々現場を離れていった。

また東電は社員にできることは社員でしようと、これまで委託していた作業の一部を自分たちで行うようになった。福島第一で20年近く働く作業員は、いわきで会ったときに「昨年10月ごろからそういう動きがあった。現場を東電社員が見に来て、その後、その仕事が発注されなくなった。しょうがねぇっちゃあ、しょうがねぇんだけど。俺らがやっているやり方を見に来て、仕事を取られてしまうのでは……」と肩を落とした。廃炉にかかる莫大な費用を考えると、コスト削減は必要なことではあった。しかし工事の発注の減少と競争入札への方式変更で、仕事が取れなくなるとなれば、特に長年原発で受注してきた中小下請け企業にとっては存続に関わる問題だった。

長年原発で働く50代のベテラン現場監督は、いわき駅の隣の温泉宿が並ぶ湯本駅近くの居酒屋で「原発でやってきた社には〝原発価格〟というものがある。塗装にしても配管にしても、放射線に強い特別仕様のものを使ってきた。（被ばくの心配のない）土木工事の価格で入札されたらかなわない」と苦いもののように焼酎を飲みくだした。

東電から元請けに入る受注額が減り、それは、多重に連なる下請け企業を玉突きで苦しめた。元請けも下請けも徹底的な経費削減を余儀なくされ、企業のなかには苦しまぎれに専門外の仕事を入札したり、赤字金額で入札したりする社もあった。そしてそれは作業員の労働環境や待遇に大きく影響していく。結果、それまで出ていた危険手当が出なくなったり、日当そのものが下がったりし始める。給料や手当が減るだけではなく、これまで企業が負担していたホテル代や食費が作業員の負担になったり、通勤用の車のガソリン代が減らされたり、なかには高速道路の使用を禁止する社まであった。

氷点下の朝が続く――２０１２年２月28日　ケンジさん（41歳）

氷点下の朝が続いている。イチエフの辺りは、雪はなかなか降らないけど、風が強い日は外での作業は大変。

免震重要棟の前のプレハブのトイレも、タンクの水が凍って水が流れないことがあった。凍結による水漏れが多発したけれど、そりゃあ凍結するだろうなと思う。配管はホースなどを使って突貫（とっかん）工事でやった仮設にすぎない。保温材は巻いたはずだけど、野ざらしなら、凍結することは予測できたはず。

水漏れがないか見回りを強化しているというけれど、どうやって水漏れを見つけているんだろう。敷地内はタンクや配管だらけ。どこがどうつながっているのか、ぱっと見ただけじゃわからない。見回りで、また線量を浴びたりするだろうし。

みんな会社の決めた年間被ばく線量まで、ぱんぱんになってきている。だから除染に回る同僚も多い。4月に次の1年分の線量をもらえるまで持たせないと、仕事ができなくなる。

進む軽装化と作業員たちの不安

作業員たちは、年度末を前に被ばく線量が上限に近づき切迫するなかで働いていた。「仕事を続けるために1ミリでも被ばくを減らしたい」と作業員たちが線量を数えながら仕事をしていた2月半ば、作業員の一人から「3月1日からマスクが変わりますっていう内容が貼(は)り出されている。防護服も着なくていいってどうなんだろうか」と連絡が入った。所属する元請けなどからの説明は何もないという。

実際、3月1日から装備の一部が緩和され、全面マスクに付けるフィルターについては原子炉建屋内の作業などを除き、放射性ヨウ素も除去できる厚手のチャコールフィルターから薄い防塵(ぼうじん)フィルターに変わった。また、一部の低線量の敷地では移動する車内に限って防護服の着用も緩和された。東電の広報担当者は「放射性ヨウ素が検出されなくなったことを受けた作業員の負担軽減。防塵フィルターで十分だが、どうしてもチャコールフィルターがいい人は、着用不可ということではない。もし再臨界や核燃料の損傷が起きた場合は、すぐに免震重要棟に戻ってもらう」と説明。さらに4月には防護服省略エリアを広げるとした。

軽装化への変更を当日まで知らなかった作業員は「また会社から説明がなかった」と憤(いきどお)った。東電は、全面マスクのフィルターは2種類から選択可能と説明していたが、複数の作業員によると、チャコールフィルターは申請が必要で、会社名や作業内容、名前を書かなければ使用できなくなった。「逆らって目を付けられ、仕事を失うのが怖いから『防塵マスクでは不安だ』とは強く言えない。やれと言われたら俺らは従うしかない」と原発で長く働く地元作業員は胸の内を吐露した。

　また、さまざまなコスト削減が進められるなかで、フィルターが薄くなると大幅な経費削減になることから「本当に自分たちのことを思ってのことなのか」といぶかる作業員の声もあった。

　フィルターについてメーカーに取材すると、「防塵フィルターはチャコールフィルターに比べ、価格が3分の1程度になるが、呼吸は若干楽になる程度」という。ベテラン作業員は「コスト削減が大きいのだろう。現場の放射線量や汚染は変わっていないのに、どんどん装備の緩和が進むのではないか。地震も多いし、いつまた危険な状態になるかわからない。何かあってからでは遅い」と安全への配慮を訴えた。

　一部の敷地で車内に限り防護服の着用が緩和されたことについても、「東電のバスの中は養生されているからいいけど、作業車は、事故発生直後よりずっと敷地内で使っているから汚染されている。作業が終わった後、汚染した防護服でも乗っている。作業服だけというのはあり得ない」と地元作業員は不安を口にした。

　この話には続きがある。東電はマスクのフィルターを「選択できる」と説明するが、現場からは「選択できない」と声が上がっている実態をすぐ記事にした（東京新聞朝刊3月14日）。すると後日、作業員の一人から「チェックされなくなって、マスクの配布場所に『調査にご協力ありがとうございました』みたいな張り紙がしてあったよ」と笑いながら電話が掛かってきた。

会見の説明から消えた「炉心溶融」

原子力安全・保安院は２０１２年３月５日、東日本大震災の１週間後には、保安院内の分析チームが1～3号機の炉心溶融を認識していたことを示す文書を公表した。さらに、3月9日には、政府の原子力災害対策本部の会議で、震災当日に炉心溶融の可能性が指摘されていたことが判明する。政府が公表した同本部の議事概要によると、震災当日の初会合で「8時間を超え、炉心の温度が上がるようなことになると、メルトダウン（炉心溶融）に至る可能性もあり」と報告されていた。翌日の会合では、その時10キロ圏内だった避難区域を拡大する必要性を訴える意見も出ていた。

議事概要を読み、事故発生当初のことを思い出した。２０１１年3月12日午後の原子力安全・保安院の会見で広報担当の中村幸一郎審議官（当時）が、「（1号機は）炉心溶融の可能性がある。炉心溶融がほぼ進んでいるのではないか」と説明した。ところが、その日の夕方の会見を最後に、中村審議官は記者会見に出てこなくなる。同年末の政府事故調査・検証委員会の中間報告などで判明するが、このとき官邸から炉心溶融という言葉を使った保安院の説明に横槍が入った。

その後、「炉心溶融」という言葉が会見の説明から消え、「炉心損傷」という言葉に変わる。東電の記者会見でも「炉心損傷」と説明し、何度、炉心溶融の真偽について問いただしても認めなかった。だが２０１６年6月16日、事故直後に清水正孝東電社長（当時）が「炉心溶融という言葉を使うな」と社内に指示していたことが明らかになる。そして同年6月21日、これを「隠蔽だった」と12年に就任した廣瀬直己東電社長が記者会見で謝罪する。

「事故」→「事象」、「汚染水」→「滞留水」。
東電、原発用語に言い換え

この「炉心損傷」もそうだが、政府や東電の記者会見では違和感を覚える言葉が多々あった。事故後、本来の冷温停止が不可能な状態のなか、政府は「冷温停止状態」という言葉を作り出し、２０１１年12月にその達成を宣言した。だが、溶けた核燃料は冷却されつつあるものの、原子炉の密閉性が失われ、建屋内では毎日大量の高濃度汚染水が生み出されていた。密閉された原子炉の中で冷却水が沸騰していない状態を指す「冷温停止」の安全な状態とはかけ離れていた。また、汚染水漏れはまさしく「事故」だが、東電の会見では、必ず原子力用語である「事象」と言い換えられた。建屋地下に溜まった高濃度汚染水も「滞留水」と、汚染されていない水かのように表現された。

この恣意的な政府や東電の言葉の言い換えについて、原発取材班では何度も問題点を問いただしたが、その後もこれらの言葉は使われ続けた。

4号機原子炉建屋では、使用済み核燃料プールから燃料を取り出すための準備が進んでいた。２

4号機原子炉建屋の天井部に設置されていたクレーンの撤去作業
=2012年２月24日　写真：東京電力

012年3月4〜9日、原子炉建屋の天井部に設置されていた橋型クレーンが事故発生直後の水素爆発で使えなくなったため、撤去された。プールからの核燃料の取り出しに翌年秋ごろから着手するための準備だった。

震災当時、4号機は定期検査中で、1535体の核燃料はすべて5階にあるプールに移され、1〜3号機と違って、原子炉内には核燃料がなかった。また、すべての核燃料が建屋上部のプールにある4号機については、プールが傾いていて倒壊するのではないか、爆発するのではないか、さらに大きな地震が起きたら核燃料が露出して人が近づけなくなるのではないか、などと噂が広まっていた。東電は記者会見などでその質問が出るたびに、事故後、使用済み核燃料プールの補強工事をしていると、繰り返し説明していた。

東日本大震災から1年、足りなくなる技術者

東日本大震災から1年を迎えた3月11日、カズマさんは釣り仲間や同級生ら6人で浜通りの海に船を出した。東日本大震災が起きた午後2時46分の直前に、陸から5キロ離れた地点で、津波で亡くなった同級生らが好きだった日本酒やビール、花を海に供えた。幸い晴天だったという。

亡くなった同級生の一人は、高校卒業後すぐに大工になった。「腕のいい大工だった。すけべで面白くて……。釣りが好きで海が大好きだった。まだ結婚してなかった。船を持っていてよく海に出ていたよ」とカズマさんは、いわきの居酒屋で友人を懐かしんだ。釣り仲間でもある大工の同級生は、震災の時、船を船着き場に上げようとしていて津波に巻き込まれた。震災から2日後、カズ

マさんは区役所に貼り出された死亡者の一覧の中に、彼の名前を見つけて落胆したことを淡々と語った。カズマさんはこの日は特に飲むピッチが早く、チェーンの居酒屋の薄いジントニックを次々と体に収めていった。

福島第一では、敷地内の瓦礫撤去作業などが終わりに近づき、今後は、高線量下の作業が増えていくことが予測された。東電は会見で、「数年で（作業員が）足りなくなることはないし、将来的にも心配していない」と言い切っていた。だが、すでにいくつかの現場の作業員たちから、技術者やベテラン作業員が足りないという悲鳴が上がってきていた。

配管工のキーさんは、3月にいったん福島を離れた後、再び戻ってきて得意な配管工事の作業についていた。技術者は足りているかと電話で尋ねると、「現場は技術者が全然足りない。重装備だし、被ばくはするし、他に仕事があれば、わざわざ来ない。溶接工とか、配管工とか、電気屋が足りない。今の段階で足りないとなると、被ばく線量の上限との関係があるから、今後ますます足りなくなるだろうな」と返ってきた。

福島第一で働いている技術系の作業員は、比較的年齢層が高く、後継者の育成も大きな課題だった。だが事故後、将来を見据えて人材を育成する余裕はどの社にもなかった。大手ゼネコンのベテランは、「高線量の作業が増えていくなかで、作業をどこまで機械化できるかが鍵になる」という。だが遠隔操作のロボットを使うにしても、ロボットを高線量の現場まで持っていくのは人間の手だった。「どんな作業も必ず最後は人の手が必要になる」。原発一筋のベテランの表情は険しかった。

仲間と進むしかない――2012年3月14日　ノブさん（41歳）

家族と離れ、旅館で仲間と共同生活しながらの事故収束に向けた作業も、1年が経った。みんなよく我慢していると思う。

俺の場合、イチエフから命からがら逃げ、家族と避難所を転々としていたとき「人が足りない」と要請がきた。放射線量もまったくわからない時期で怖かったが、原発で働いてきた俺が逃げるわけにはいかなかった。家族には、「俺行くからな」とだけ言った。

来ると言って、来なかった仲間もいる。避難している家族の元に帰り、そのまま戻ってこなかった人、結婚を約束した彼女の母親に反対された若い衆、頼りにしていた相棒も辞めた。会社の仲間は3分の1が辞めた。

悔しい思いはいっぱいあるけど、辞めていくのはしょうがない。「またいつか一緒にやろう。そっちで頑張れよ」と送り出した。

警戒区域内の故郷に帰りたいという思いは強い。飯を食っていかなくてはならないという現実もある。でも、自分や家族のためだけでなく、何よりも一緒に働く仲間がいるから、この仕事を頑張れる。立ち止まっていてもしょうがない。前に進むしかない。

地元の小さな下請けに所属するノブさん（41歳、仮名）は、待ち合わせの居酒屋に青色の鯉（こい）柄の刺繍(ししゅう)が施された上着を着てきた。鯉が好きで、初めて会った日も鯉が刺繍されたジーンズを穿いていた。少し背中を丸めて座敷に座る。眼鏡の奥からは、人のよさそうな目がのぞいていた。酒を飲むとノブさんはあまり箸(はし)がすすまなくなる。話をしては、ひたすら焼酎の水割りの杯を重ねていった。

「誰でも怖くて逃げたい気持ちはある。一緒に働いていたやつが辞めていけば、つらいし、悲しい。でも何も言えない。この思いは言葉にできないよ。若い衆でこいつこれから伸びるなって思っていたのに、辞めてしまったやつもいる。一人前にしてやれなかったのが一番やるせない」

東日本大震災が起きたとき、ノブさんは福島第一の構内で働いていた。海側エリアで屋外作業をしていたとき、経験したことのない激しい縦揺れが起きた。続いて立っていることもできないぐらいの横揺れが、延々と続いた。敷地に散らばる瓦礫を乗り越え、何とか門までたどり着く。一人が通れるぐらいの隙間(すきま)を警備員が開けていて、そこから敷地を出た。「もし開いていなかったらと思うと、今でもぞっとする。一歩間違えば津波にやられていた」。ノブさんは話しながら当時を思い出したのか身震いした。

ノブさんは急いで車に乗り、家を目指した。午後3時半くらいになっていたという。国道6号は家路を急ぐ作業員や避難する人たちで渋滞していた。走り始めてしばらくして、「津波が来たぞー」と叫ぶ声が聞こえた。家には小学生の娘と息子、妻がいた。それに妻の母親は海から1キロも離れていない所に住んでいた。

ようやく家に着いた頃には日が暮れていたが、家族と自宅の無事を確認できた。妻の母親の安否がわからず、夜中になって家がある海のほうに向かった。周辺は街灯もなく、暗闇が広がっていた。道路は瓦礫とヘドロで埋まり、ひっくり返った車のクラクションが鳴りっぱなしになっていた。闇の中、必死で目をこらすが点在していたはずの家々も見えない。初めてノブさんが、津波の爪痕（つめあと）を目にした瞬間だった。ノブさんは、たった一人で取り残されたような気がした。

幸い避難所で妻の母親に再会。親戚で亡くなった人はいなかった。翌朝、避難指示が出され、ノブさんは家族と一緒に、着の身着のままで避難先を転々とした。

「気持ちは明日にでも帰りたい」

事故発生から1週間ほどして、避難しているノブさんに会社から呼び出しの電話が掛かってきた。その頃は、まだ現場では放射線量も、人がどれだけ被ばくするかもわからなかった。しかし、ノブさんに迷いはなかった。「俺行くからな。逃げるわけにはいかない。若い衆も来る」と家族に告げて、福島に向かった。

福島第一では、作業員たちは電源復旧のためのケーブル敷設（ふせつ）作業などに追われていた。だが消防隊員や自衛隊などが、核燃料冷却のために放水作業をしている昼間は原子炉建屋周辺の作業はできず、暗くなってからやるしかなかった。夜の闇のなか、重いケーブルを8の字に巻き、ユニック（クレーン付きトラック）に載せて運ぶ。寒いのか暑いのかもわからなかった。重いケーブルを扱ううちに手が動かなくなった。この作業を終えなくてはと、ノブさんはただただ必死だった。この頃はまだ線量計が作業班に一つしか与えられていなかった。班長や現場監督が持ったが、現場でずっと近くにいるわけではないうえ、敷地の場所によって放射線量が違ったため、作業員がいた場所と班長らがいた場所が同じ線量とは限らなかった。ノブさんはこの時期、実際にどのくらい被ばくしたかはわからないという。

不眠不休の作業が続いた。夕方から朝まで「ぶっ通し」で作業し、免震重要棟に上がって、やっと食事にありついている最中や、仮眠したのかしなかったのかわからないうちに「時間がない。すぐ行ってくれ」と指示され、また作業に出ていく。「このままでは自分も部下も体がもたない」。ノブさんはこの先、福島第一で働き続けるためにも、いったん現場を離れることを決心する。正確な被ばく線量はわからなかったが、班に一つの線量計で記録された被ばく線量は、一日当たり2〜3mSvと高かった。被ばく線量が嵩(かさ)み、働けなくなることを懸念したノブさんが、この数日間の被ばく線量の扱いはどうなるのかと上の会社に聞いた。「これは特例だから、カウントしないから心配しなくていいよ」と返事をもらったが、後日確認すると、このとき被ばくした分も記録されていた。

被ばく線量の記録は、後に病気になった場合の労災申請時に作業員を守る大事な証拠となるもの

2号機取水口付近での汚染水流出防止策。事故直後は瓦礫だらけの敷地の中で作業員たちは線量もわからないなか、作業にあたった＝2011年4月　写真：東京電力

だが、同時に作業員にとって現場で働ける「命の長さ」のようなものだった。それはノブさんにとっても同じだった。

震災から1年が経ち、年度末を前にノブさんも被ばく線量が会社の決めた上限に近くなり、週に何回か低線量の作業で原発の仕事をつなぎながら、周辺の町の除染の作業に出ていた。ノブさんは福島で生まれ育ったわけではない。大人になってから福島に来て結婚し、それ以降、福島第一から数キロの双葉(ふたば)郡の街に住んでいた。ノブさんにとって、今では故郷は福島の街だった。

「特に何があるわけじゃない。海や山があって田んぼが広がっていて。一緒に働いたり、飲んだりする仲間がいた。俺にとってはこの双葉郡が故郷。自宅周辺は放射線量がまだ高くて、子どもたちのことを考えると、とても戻れない。でも、気持ちは明日にでも帰りたい」

「昔と違って、今は幸せな時代じゃあないんだ」。少し酔いがまわっていたのか、ノブさんはこの日、いつもの口癖を何度も繰り返した。

春——「チャッカ」のない海——2012年3月29日　ケンジさん（41歳）

例年なら、今ごろはコウナゴ漁の最盛期。地元で「チャッカ」と呼ばれる小さな舟2漕で網を引く。福島のコウナゴ漁は有名で、コウナゴだけで生計が立つと言われた。この時期は海にすごい数の2漕引きの舟が出ていた。

刺し身で食べたり、甘露煮にしたり、乾燥させてつまみにする。浜辺には、コウナゴを天日干しするせいろがずらりと並んだ。天日干ししたものは、機械で乾燥させたものと甘みが違う。食卓には毎日、地元の魚が並んでいた。

このあいだも高濃度ストロンチウムを含む汚染水が海に流出したが、事故後、汚染水の漏洩(ろうえい)や海洋放出で海の汚染が止まらない。汚染水のタンクもいっぱい。処理した低濃度の汚染水を海洋放出するという話もあったが、どうなったのか。

漁師の友達は漁ができないので、海の瓦礫撤去をしている。それもそろそろ終わり。この先どうしようと不安がっていた。釣り舟をしていた友達も、火力発電で働き始めた。

漁ができるようになるのは、まだまだ先。港に活気がないのは寂(さび)しい。

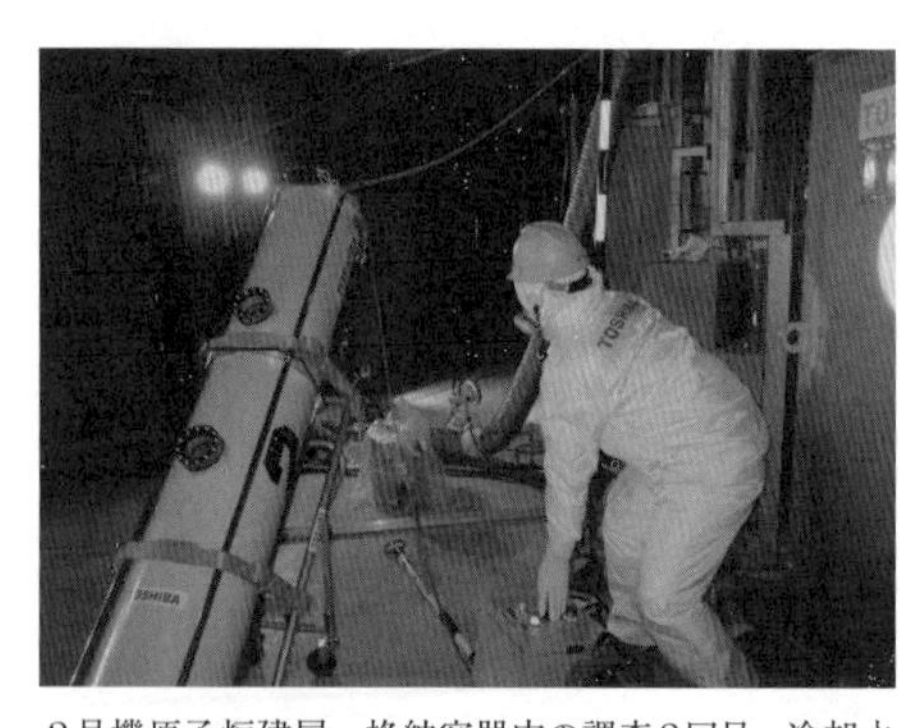

2号機原子炉建屋、格納容器内の調査2回目。冷却水の水位がわずか60センチと判明する=2012年3月26日
写真：東京電力

福島の浜通りの浜辺で育ったケンジさんは、漁師の仲間が多かった。事故前は、ケンジさんの家の食卓には、毎日のようにお裾(すそ)分けされた、地元で揚がった魚が並んだ。事故後、津波で海辺の風景が変わった。コウナゴは2月後半から4月中旬が漁の季節。地元ではのんびり動く大型船を「ウダセ」と呼ぶのに対し、チャカチャカする小さい舟を「チャッカ」と呼び、季節になると圧倒されるほどの数の2艚引きの舟が、海に出るという。

「いつあの風景をまた見られるのか。まだまだ先だろうな……」。地元の居酒屋でケンジさんは、メヒカリの唐揚げを食べながらつぶやいた。メニューにメヒカリがあると、ケンジさんはいつも注文した。だがそのメヒカリも、事故後は他県で獲れたものにかわった。ケンジさんは原発の作業の説明をするときとは打って変わり、故郷の失われた風景の話をするときは元気がなくなった。

3月26日、1月の調査に続いて、2号機の格納容器内に工業用内視鏡を入れる調査が行われた。この調査では、東電が4メートルと見ていた格納容器内の冷却水の水位がわずか60センチしかないことが判明。溶けた核燃料の冷却のため、毎日注入されている9トン近い水ほとんどすべてが、漏れ出していることになり、格納容器下部の圧力抑制室周辺が損傷していると推測された。その翌日には2号機の格納容器内で、最大で毎時7万2900mSvが計測される。そこに6分いるだけで人は100%死亡する値で、ロボット調査も困難であるほどの超高線量だった。

高線量恐れず2号機格納容器に穴開け――2012年4月3日　セイさん（55歳）

2号機の原子炉の格納容器内の水位が、60センチと聞いてがっくりきた。東電は4メートルと見込んでいたが、差がありすぎる。内部の放射線量は高いとは思っていたけれど、毎時7万2900mSvとは。こんな線量浴びたら死んでしまう。頼みのロボットにも支障が出るという話だから、作業はかなり遅れそうだ。

俺は、格納容器に内視鏡を入れるための穴開け作業に携わった。心臓部に穴を開けるから危険を伴う。最悪の事態を考え、実物大の模型で2カ月練習をした。

水素爆発を防ぐため、窒素を送り込みながらの作業。現場の線量は、最高で毎時60ｍＳｖと高かった。３人１組で10班ほど作り、監督がモニターを見ながら交代の合図を次々に出した。

作業場所の周囲を鉛の板で囲んで線量を10分の１ぐらいに下げ、作業員は十数キロのタングステンベストを着た。それでも現場にいられるのは５分。危険だが誰かがやらなくてはならない。誰も怖がったりしなかった。誇りをもって作業した。

現場で安全な場所はどこにもない。２号機以外は未知数。やっと少しわかり始めたばかり。現場はこんな状態なのに「事故収束」なんてあり得ない。

「日本の電気のための仕事を、長年誇りをもってやってきた」。いわき駅から少し距離がある魚料理にこだわる居酒屋で、地元企業の幹部のセイさん（55歳、仮名）は胸を張った。原発に最初に関わったのは、高校生だった16歳の時。アルバイトをしたのがスタートだった。以降40年近く、原発の仕事に携わってきた。「原発の仕事が長いから……。今回の事故は複雑です」

震災の時、原発から30キロ前後の家に、セイさんは成人した長男と長女、妻、母親と一緒に５人で住んでいた。事故発生から３日後の３号機爆発の後、セイさんは家族と郡山市などに避難したが、４カ月後に故郷に戻った。「避難している間も原発の状況が気になって、何度も上司に連絡をした。生活のための収入が必要だったし、原発で働いてきたものとして、元の生活に戻りたいという地元の人たちのためにも、何とかしたいと思った」。所属していた企業は、社員がみな避難などでバラバラになってしまい解散したため、以前、傘下だった地元の下請けに移った。

原発は絶対安全なはずだった

水素爆発で破壊され、飴(あめ)のように曲がった鉄骨が剥(む)き出しの3号機、瓦礫だらけの敷地……。事故後初めて福島第一に入ったときの光景は忘れられない。分厚いコンクリートや鉄骨でびくともしないはずの原発が無残だった。核燃料は放射性物質が外に漏れないための堅牢(けんろう)な〝五重の壁〟で守られ、原発は絶対安全なはずだった。セイさんもそれを信じてきた。だが、目の前に広がっているのは、事故前は想像もできなかった光景だった。「チェルノブイリがあってもスリーマイルがあっても、他国のこととして対策をとらなかった、国や電力会社に傲慢(ごうまん)さがあったのだろう。絶対に安全だと信じていたから、裏切られたような気持ちになった」。誇りをもって働いてきたがゆえに、衝撃は大きかった。だが、セイさんは気持ちを切り替えようとしていた。「起きてしまったことは元に戻せない。これからのことを考えなければ未来はない。原発でやってきた技術者のプライドがある。家族は心配し、そんな危険な場所に行くなと周りにも言われたが、何十年も原発でやってきたからこそ、たとえ犠牲になるとしても行くべきだと思った」

故郷は田んぼが広がり、農家が多い地域で、セイさんも農家に生まれた。農閑期(のうかんき)に出稼ぎに行く家も多かった。セイさんは父親が亡くなった後は兼業農家になり、週末以外は原発で働いてきた。

事故後、原発から20キロ圏内、30キロ圏内と線が引かれ、賠償される家、されない家に分かれたことで、仲が良かった隣近所の行き来がなくなり、小学校の子どもたちの間にもいじめが起きた。

福島第一では少し前から、装備の素材が悪化したといぅ話が作業員から次々聞こえてきた。「全面マスクをつける前にかぶる帽子が布製から紙になった」「足カバーのビニールが、紙みたいに薄くなってすぐ破れる」「防護服も通気性を良くしたとか東電社員が言っていたが、ごわごわしていて、放射性物質をこれで防いでくれるのか不安。一着の価格が5分の1になったって聞いたよ。まあ装備代は相当かかっているだろうけど……」

作業員たちはそれまで、原発から約20キロ離れたJヴィレッジから福島第一まで、バスや車で移動する際は車内で防護服を着ていたが、それも青いカバーオール（つなぎ）に変わる。東電の広報担当者はカバーオールについて、「作業に耐えられるものではない。移動中のバスの中で着用するもの。本来は必要がないが念のため」と説明した。

娘の入学式　家族一緒――２０１２年４月８日　リョウさん（32歳）

娘の小学校の入学式に、妻と行ってきた。新しいランドセルを背負ってうれしそうだった。この春、家を借りて、やっと家族が一緒に暮らせるようになった。警戒区域内にある家から避難して1年。本当に長かった。

家族7人で住んでいたが、避難してバラバラに。面倒をみてくれていた祖母と離れ、子どもたちは毎日泣いた。その祖母も避難先で体調を崩し、今年に入って亡くなった。「帰りたい、帰りたい」とずっと言っていた。

子どもが幼いことを考えると、元の家には戻れない。どこで生活をしていくのか。家を買うのか。難題は多く、東京電力に出す賠償の請求にも追われた。

なるべく家族と過ごそうと、毎日のように往復3時間、車で家族が暮らす避難先に通った。疲れて余裕がなくなり、子どもたちをしょっちゅう怒鳴ってしまった。それでも幼いなりに父親を心配して「パパ」って寄ってきてくれる。泣けた。家族が別々に暮らすのは、どんなに大変なことか。事故で何もかもが変わってしまった。

まだまだ大変なことは山積み。でも、一緒に暮らすようになって、子どもたちに笑顔が戻ってきた。もう二度と家族と離れない。

リョウさん（32歳、仮名）に初めて会ったのは、2012年1月末のまだ寒さの厳しいときだった。いわき駅前のチェーンの居酒屋に現れたリョウさんは、高校生のときにバイトしていたコンビニエンスストアで、女性のストーカーにつきまとわれたことがあるというが、なるほど切れ長の大きな目に通った鼻筋と、綺麗（きれい）な顔立ちをしていた。

リョウさんは勤めていた工場が倒産した後、30歳を過ぎてから福島第一の下請け企業に転職した。リョウさんの家は原発から10キロ超。地元で知り合った同じ年の女性と結婚して、震災当時には小学校に上がる前の娘と保育園に通う息子がいた。

震災が起きたのは、妻と「3人目の子が欲しいね」と話していた頃だったという。震災の起きた日、リョウさんはたまたま東京に出張していた。地震の揺れがおさまった後、すぐに妻に電話したが、連絡が取れなかった。福島に帰ろうとしたが、電車が止まっていて帰れなかった。翌日、上野駅にいるときに、福島第一で1号機が爆発したと知り、リョウさんはパニックになる。「福島は終わるのか」。体がけいれんしたように、ガタガタ震えたという。

「なんでこんな日に俺は東京にいるんだ。なんで震災が起きたのが今日なんだ。福島はチェルノブイリみたいに汚染されるのか。もしかしてみんな死んでしまうのかもしれない」。リョウさんの頭の中に最悪の事態が巡った。翌日、ようやく妻からの電話で連絡が取れ、関東にある親戚の家で落ち合うことになった。一緒に住んでいた祖母らも含め大人数で身を寄せた親戚の家では、肩身が狭かった。

幼い子どもたちと原発近くには住めない

震災当初、福島第一の仕事に戻るか、リョウさんは迷った。幼い2人の子を連れて放射線量が高いままの福島に戻れないという思いと、故郷に帰りたいと願う気持ちの間で揺れた。

震災発生から2週間後、リョウさんの勤める企業の社長と社員の3分の1が、避難先から福島に集まった。小さな企業で社員は地元の人間ばかりだった。社長は「もう少し放射線量が落ち着いてから戻ろう」と、すぐに福島第一の仕事に戻ることには反対だった。

リョウさんは関東の親戚の家に戻り、今後について妻と相談。妻は「いずれ家族で福島に戻りたい。その時に仕事が必要でしょう」と福島第一の仕事に戻ることに賛成だった。結局リョウさんは、震災から半年後の2011年9月に福島第一の仕事に戻った。

仕事のためといっても、幼い子どもを連れていきなり福島に住むことには抵抗があった。初めは自分だけ福島に行き、週末に妻と子どもたちのいる関東の親戚の家に通った。その後、妻と2人の子は福島県内で比較的低線量の場所で避難生活を続け、リョウさんはいわきにある避難者用借り上げアパートで生活し始めた。それでもリョウさんは、家族に少しでも会いたくて、結局、毎日のように仕事後、車を1時間半走らせ家族の元に通った。仕事後に家族の元に行き、夜、子どもたちが寝てからアパートに戻る。睡眠不足がたたって居眠り運転をしてしまい、車をガードレールにぶつけたことも一度ではなかった。リョウさんはしだいに疲労が溜まり、些細なことでイライラするようになった。さらに東電への賠償請求が始まると、夫婦ともに心身にゆとりがなくなり、以前のように子どもたちに添い寝したり、一緒にゆっくり遊んだりすることがなくなっていった。

リョウさんにとって、子どもたちは何にも代えがたい宝ものだった。小さい頃、父親にあまり構ってもらえなかった自分の生い立ちもあり、子どもたちには絶対に寂しい思いをさせないと心に決めていた。子どもを一番大切にするという夫婦の考えも一致していた。だが福島第一で再び働くようになって家族と離れた生活が始まると、精神的余裕を失っていたリョウさんは、子どもたちを怒鳴るようになった。その後、激しく後悔するが自分をコントロールできなかった。妻にも「子どもたちにあまり当たらないで」と言われた。保育園に通う長男が赤ちゃん返りし、わがままになったり甘えたりするようになり、おむつが取れなくなった。長女は常に親の顔色をうかがい怯え、いつも緊張するようになった。

居酒屋の個室で、リョウさんは体の中に溜まった事故後の苦しさを吐き出し続けた。「本当に子どもたちに申し訳ない。子どもたちに会いたくて毎日通っているのに。俺は狂っている。もう限界なのかもしれない。苦しい、苦しいよ……」。リョウさんは座敷の床の上で体をよじり、涙を流した。「息子は『ジュースが飲みたい』と言っただけなのに、『そんなこと言ってるんじゃねー』みたいな感じで怒鳴りつけちゃって。『バナナが食べたい』と言っただけなのに、怒鳴って外に出して……。あんなにかわいがっていたのに」。リョウさんの目から止めどもなく涙が落ちる。「それなのに、パパって寄ってきてくれる。幼いなりにね、お父さんが困っているって気をつかってくれて。すっごくつらいよ」。リョウさんは号泣した。

リョウさんは原発事故後、「フクシマ」という言葉が悪い意味でのブランドになってしまったと感じていた。県外に避難していたとき、ガソリンスタンドに「福島県民は並ぶな」と張り紙がされていたり、福島ナンバーの車が傷つけられたりしたのを見た。

「2人の子が福島の子だということで、いじめや差別を受けるのではないか」「長女が大きくなったときに、『フクシマの女は嫁にはもらわない』と言われるのではないか」。子どもたちの将来を考えると不安も尽きなかった。

家族と離れた暮らしは、震災から1年が限界だった。「原発の近くに子どもを呼ぶなんて僕のエゴかもしれない。でも家族がずっとバラバラなんて、考えられなかった」。長女が小学校に上がる前の2012年3月末、ようやく家族が一緒の生活が始まった。「人間は結局、自分が中心。余裕があるから人を愛せるってわかった。なんぼ嫁さんのことが好きで、子どもたちのことが好きで、家族のために死んでもいいって思っていたって、余裕がなくなってしまったらどうしようもない」

リョウさんと初めて会ったこの日、一緒にいた居酒屋の個室の電気が、妙に明るかったのを覚えている。吐き出すように話し続けるリョウさんの言葉が途切れたとき、テーブルの上の料理は冷めてかたまり、グラスの氷はすっかり溶けていた。

「とにかく誰かに話したかった。苦しくて、誰かに聞いてほしかった。話を聞いてもらって元気になってきました。もう少し話したいので、カラオケでも行きましょうか」とリョウさんに言われて気がついた。いつのまにか時計の針は、深夜2時を回っていた。会ってから6時間以上、話を聞き続けたことになる。「すみません。今日はもう……」。うまく口が回らないほど、全身が消耗していた。

退社する東電社員、とどまる東電社員

事故後、東電の退職者は前年の3倍以上のペースで増えていた。特に若手社員の退職者が後を絶たなかった。東電関係者によると、社員数3万9千人弱のうち、事故前の依願退職者は例年、年間120〜130人だったのが、2011年4月〜12年3月末では460人に上った。そのうち29歳以下が4割を超えた。心労のほか、家族や親戚に心配されて辞めた社員もいた。この頃、取材で知り合った東電社員の一人は「会社の将来を悲観したのだろうけど、何十年もかかる収束作業には後進の育成も必要なのに……」と顔を曇らせた。

「誰もが逃げ出したい瞬間があったのではないか」。事故前から福島第一で働き続ける別の東電社員は、避難する妻や幼い子どもたちと離れ離れの生活が続いていた。事故後、何度も退職しようと

思ったという。彼の被ばく線量は事故後、すでに80mSvを超えていた。事故発生当初は、東電社員が中心になって福島第一にとどまり作業をしていた。震災当日から続いた泊まり込みの作業で、福島第一の緊急時対策本部が置かれた免震重要棟は「野戦病院のようだった。着替えもないなか、みんな汚れて真っ黒なシャツを着て疲れて死んだような目をしていた」と当時を思い出す。この社員は辞めたいと思うたびに、初期の絶望的な状況のなかで、踏ん張ってきた仲間たちのことを思い起こしてきた。避難する家族と一緒に暮らしたい、幼い子どもたちの成長をそばで見守りたい、そう思いながらも懸命に現場で作業をした。「福島の人間という思いもあるし、自分が関わったプラントということもある。何よりも事故後のあの時を、一緒に踏ん張った仲間がいるのが支えになっている」

事故数日後に福島第一に駆けつけた社員は、「全交流電源喪失（そうしつ）した瞬間や、次々起こる絶望的な状況のなか、みんなどんな気持ちで対応していたのかと思うと涙が出る」と事故時にいた同僚の苦労を思いやった。この社員も辞めたくなるたびに、事故発生直後に、何とか襲い掛かる危機を回避しようと、同僚らが死に物狂いであの手この手を試みたことを思い出すという。

別の社員は事故後、数週間ぶりにやっと休みが取れて家族のいる避難所に行っても、肩身の狭い思いをした。住民対応の担当社員の心労は特に大きかった。鬱（うつ）になったり体調を崩したりして、何人かの社員が辞めていった。地元の下請け作業員は、避難所で昔同級生だった東電社員が、仲が良かった同じ地域の人たちに、原発事故を起こした東電の社員として責められているのを見た。それでも、その社員は休みの日に黙って津波で行方不明になった人たちを捜し続けた。「責められてもの作業員は涙ぐんだ。

黙々と行方不明者を捜す彼の姿を見て、地域の人たちの彼に対する態度が変わっていった」と、そ
の作業員は涙ぐんだ。
東電は100mSvを超えた社員は低線量の場所で作業をさせ、170mSvを超えると、本店などに異動させた。事故後、福島第一の現場を離れ本店に異動した技術者の社員は「現場を離れて申し訳ない。一日も早く福島第一に戻りたい」と会社に繰り返し訴えていた。本店や違う現場に行ったことで、かえって鬱状態になる社員もいた。辞めていく社員が後を絶たないなかで、必死で東電にとどまろうとする社員たちがいた。

1～4号機が廃止に

東電は1～4号機を、4月19日付で電気事業法上、廃止すると発表した。事故後、発電の機能は失っていたが、これで法的にも発電所ではなくなった。国内の原発は54基から50基になる。一方で野田佳彦首相が関西電力大飯(おおい)原発3、4号機（福井県）の再稼働方針を決定。着々と再稼働への動きが進んでいた。

だが福島第一では4月5日に、汚染水処理システムの配管から高濃度のストロンチウムなどを含む汚染水12トンが流出し、150ミリリットルが海に流れ出た。そして5月24日、東電が事故後、大気や海へ放出された放射性物質の推計値は、90万テラベクレル（テラは1兆）と発表する。これは、旧ソ連のチェルノブイリ原発事故（520万テラベクレル）の約5分の1に迫る数字だった。

「津波への備えが不十分なことは知っていた」

「イチエフの桜並木はすごいよ。毎年お弁当付きの見学会みたいなのがあって、観光バスが来ていた」。いわきの居酒屋で地元作業員のケンジさんは、事故前ののどかな風景を懐かしんだ。福島第一の正門から入って道沿いに、ソメイヨシノの桜並木が続く。免震重要棟までの道も、見事な桜の古木が並んでいた。東電主催のサクラ開花予想会は毎年恒例で、基準木の開花時期が当たると、1等は黒毛和牛肉が1万円分ぐらい出たという。「他はカップラーメン1ケースとか、ティッシュとかね。昔は平和だったな。今年は3月末になっても咲く気配がなかったから心配したよ」

福島第一原発の建設当初から、米国ゼネラル・エレクトリック（GE）社の技術者として関わってきた沖縄・伊是名島出身の名嘉幸照さん（70歳）に初めて取材したのは、ちょうど桜が開花する直前だった。震災の時、名嘉さんは福島県富岡町で東電の下請け会社でもある「東北エンタープライズ」の社長をしていた。この日、国道6号で福島第一の方面に向かいながら、事故前にあった名嘉さんの事務所や自宅を案内してもらった。途中で、桜並木で有名な富岡町の夜ノ森公園を通る。小雨の中、つぼみは膨らんでいるものの、まだ咲いていなかった。「震災の年の4月12日。夜ノ森公園は満開だった。いい天気で。人ひとりいなくてね。涙そうそうだったよ……」。震災の起きた年、いつもは人で賑わう満開の桜のトンネルの中、名嘉さんは防護服を着て夢中でビデオを回した。周りには誰もいなかった。「誰も見ていないのにね。桜は本当に美しかったよ」

名嘉さんから、車の中で震災当時のことを聞く。東日本大震災の時、名嘉さんは海近くの高台に立つ富岡町の自宅にいて、立てないほどの揺れに襲われた。地震から40分後、水平線から黒い水の塊（かたまり）が押し寄せてくるのが見えた。福島第一の津波への備えが不十分なことは知っていた。名嘉さんは東電に対策を訴えてきたが、先送りにされてきた。

地震発生直後、福島第一の中央制御室にいるはずの社員に電話を掛け続けた。ようやくつながった携帯電話の向こうから「海水ポンプ全滅！」と絶望的な声が聞こえた。「あぁダメだ」と名嘉さんの全身から力が抜けた。原発が緊急停止しても、核燃料は高熱を出し続けるから、熱を逃がす必要がある。その冷却に必要な海水をくみ上げるポンプが全滅していた。

名嘉さんの会社の社員は地元の人間ばかりで、みんな被災していた。だが事故後も社員15～16人が福島第一で作業を続けた。名嘉さんが福島第一に送るために車で社員の避難先に行くと、「無事帰ってきてね」と涙ぐみながら、車が見えなくなるまで家族は社員を見送った。その姿に名嘉さんは、必死で涙をこらえたという。

名嘉さんが大事にしている一枚の写真がある。福島第一に入る前に防護服に着替えたとき、誰からともなく「記念撮影をしよう」ということになり、防護服の社員らと一緒に撮った写真だ。「皆の胸中には、これで生き別れになるんじゃないか、という思いがあった」と名嘉さんは写真をなでた。

福島第一の様子は社員から聞いた。余震が続くなか、現場はどこも放射線量が高く、作業は困難を極めた。過酷な作業の合間に、社員らは免震重要棟の床で座ったまま眠った。食事は缶詰やパンだけ。6日働き2日休みというサイクルだったが、名嘉さんが車で仕事を終えた社員を迎えに行くと、体力ある若手がげっそりし、声を掛けても、うなずくのが精いっぱいだった。帰宅した社員の疲弊ぶりに、家族は心配を募らせた。名嘉さんは放射線量もわからない福島第一に、若手を行かせたくなかったが、若手はみな行くと譲らなかった。「不安はあったはずだが、社員たちはみな『自分たちが故郷を守らなければ』という思いが強かった」。名嘉さんは、当時を思い起こして声を詰まらせた。

「震災が起きなければ、息子に会社を任せて悠々自適の引退生活をするはずだった」。名嘉さんは人生の予定が狂ったと苦笑する。事故後、社員や家族のことを考え、福島第一の仕事から撤退しようと考えたこともあるという。でも、技術者として原発を守れなかった自責の念や、住民に二度とあんな思いをさせたくないという気持ちが強かった。「逃げることはできない。故郷の一部を失うにしても、福島を見捨てられた土地にしてはいけない」

泊原発3号機が停止、原発ゼロに

5月5日、北海道電力泊原発3号機が定期検査のために停止し、国内で稼働している原発がゼロになった。このことをどう思うのか。避難する家族と離れて暮らす地元の作業員たちの思いは、複雑だった。

家族と離れ、単身で避難生活を送る作業員は、「地元で仕事をするには原発しかなかった。でも、もう再稼働には反対」と迷いがなかった。この作業員は、これまで原発は安全なものだと信じてきた。「だまされていたという思いもある。ありとあらゆる努力をすれば、原発以外にも電力を得る何らかの方法もあるのではないか。原発が全部止まる今、考えるべきだ」。一方で、気持ちが揺れたのは、幼い子2人がいる若い作業員だった。先行きの見えない避難生活の中で消耗し切っていた。「原発にまるっきり反対とは言えない。仕事を考えると原発がないと困る。でも福島みたいな事故がまた起きたらどうすればいいのか」。この作業員は原発事故後、これまでの生活も故郷もすべて失ったと感じていた。「福島の状況が何も解決していないなかで、再稼働は早すぎる。福島が取り残されたように感じる。二度と原発事故が起きないようにするには止めるしかない。だけど雇用を考えると……」。彼の思いは千々に乱れ、結局、結論は出なかった。

作業員たちはこれまで誇りをもって原発で働き、電気を作ってきたと仕事への矜持をもっていた。何十年も原発一筋で働いてきた現場監督や、家族と社員の生活を原発で支えてきた地元の零細企業の社長も、事故後も「原発は必要だ」と迷いはなかった。

「原発が無くなれば生活できなくなる。福島だけじゃない。全国で何十万人という作業員が仕事を失う。安全確認はきちんとしてほしいが、稼働してほしい」「反対する人の気持ちもわかるが、原発は必要。地元も原発で支えられてきたし、仕事が無くなるのも困る」。技術者のベテランも「今の時代、リスクがないことはない。日本の電気を作ってきた誇りもある。日本経済を考えても必要。ただ安全対策をきちんとし、地元の理解を求めてやらないと」と主張した。

原発に反対でも賛成でも、作業員らに共通していたのは、今後日本がどの道を選ぶのか、考えなくてはならないということだった。

4号機について、原子炉建屋全体や最上階にある使用済み核燃料プールが傾いているのではないかという不安が、福島の住民の間で広がっていた。記者会見でも折に触れて、これに対する質問が投げかけられた。広報担当者に確認すると、「使用済み核燃料プールが大きく傾いていることはないし、原子炉建屋の耐震性の評価は問題ない。念のために昨年5月から7月末までにプールの底を鋼鉄の支柱やコンクリートで補強した」と回答が返ってきた。

そんな矢先、作業員から、東電が図解つきで4号機の状況を解説したお知らせが原発の掲示板に貼り出されているという情報が入ってきた。

大丈夫と言われても――2012年5月17日　作業員（32歳）

何日かぶりに免震重要棟前の休憩所に行ったら、いたるところに4号機は大丈夫だとアピールする東電からのお知らせが貼ってあった。壁とか通路の行き止まりとか、目につくところに。勤務先に戻ると、同じ内容の紙を配られた。

「4号機原子炉建屋は傾いておらず、燃料プールを含め地震で壊れることはありません」と書かれ、震度6強でも大丈夫だと図解されていた。ネットやツイッター

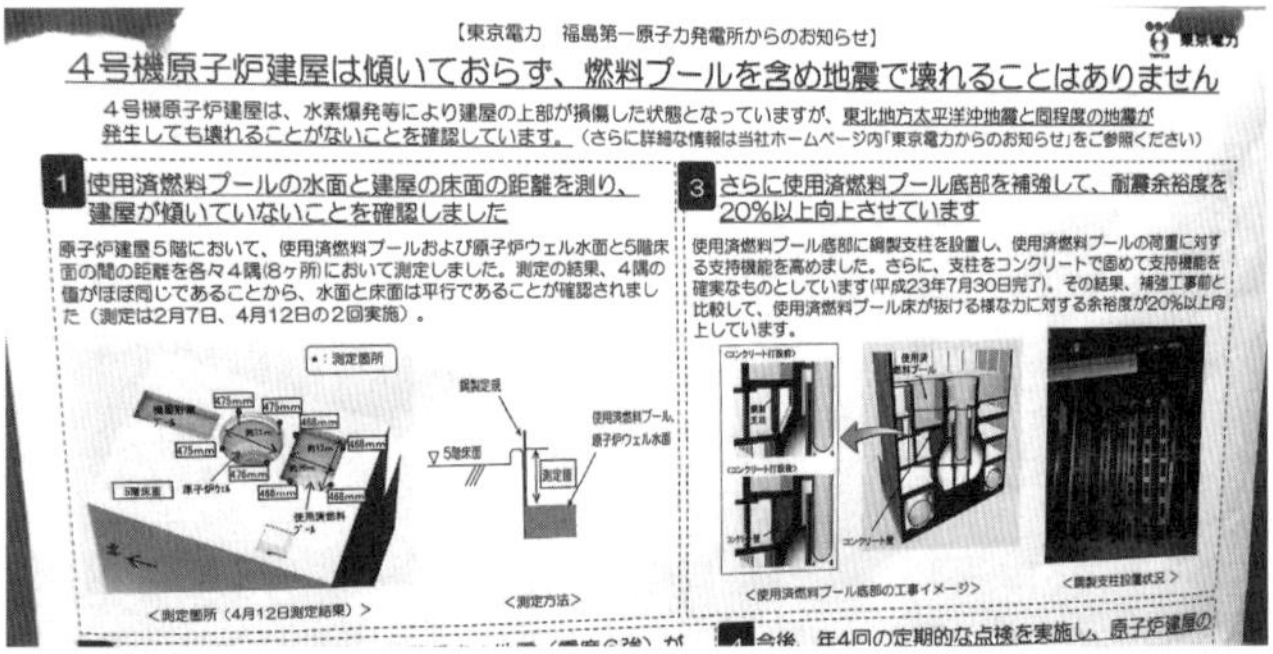
【東京電力　福島第一原子力発電所からのお知らせ】

東京電力

4号機原子炉建屋は傾いておらず、燃料プールを含め地震で壊れることはありません

4号機原子炉建屋は、水素爆発等により建屋の上部が損傷した状態となっていますが、東北地方太平洋沖地震と同程度の地震が発生しても壊れることがないことを確認しています。（さらに詳細な情報は当社ホームページ内「東京電力からのお知らせ」をご参照ください）

1 使用済燃料プールの水面と建屋の床面の距離を測り、建屋が傾いていないことを確認しました

原子炉建屋5階において、使用済燃料プールおよび原子炉ウェル水面と5階床面の間の距離を各々4隅(8ヶ所)において測定しました。測定の結果、4隅の値がほぼ同じであることから、水面と床面は平行であることが確認されました（測定は2月7日、4月12日の2回実施）。

3 さらに使用済燃料プール底部を補強して、耐震余裕度を20%以上向上させています

使用済燃料プール底部に鋼製支柱を設置し、使用済燃料プールの荷重に対する支持機能を高めました。さらに、支柱をコンクリートで固めて支持機能を確実なものとしています(平成23年7月30日完了)。その結果、補強工事前と比較して、使用済燃料プール床が抜ける様な力に対する余裕度が20%以上向上しています。

「4号機原子炉建屋は傾いていません」と図解する、免震重要棟前の休憩所に貼り出された東電のお知らせ＝2012年5月

で、４号機の原子炉建屋が傾いているとか、燃料プールが危ないとか騒がれていたけど、海外でも問題になっているみたいだから。それで今アピールしているのかな。

大丈夫と言われても信頼できない。これまでいろいろ隠されてきたから。都合のいいことしか発表されないという思いもある。

床からプールの水面までの距離を測って傾きを確かめたというけど、正確なのか。底部を補強しても、地震や津波でプールに亀裂が入って冷却水が漏れ、核燃料が剝き出しになったら、もう人は近づけない。次に大地震や津波がきたら、俺は逃げる。

「娘の担任の先生が、不安定な娘を毎日抱っこして授業してくれている」

いつものいわきの居酒屋で、リョウさんは個室に入って座るなり、家族の話から始めた。なかなか学校生活になじまない長女の担任は、「困ったことがあったら、夜中でも掛けてきてください」とリョウさんに自分の携帯の番号を渡してくれた。

事故から1年経ってようやく家族が一緒に暮らせるようになっても、地元作業員のリョウさんの苦悩は続いていた。入学式の前には真新しいランドセルをしょってうれしそうだった長女も、入学式では友達の輪に入っていけなかった。地元の幼稚園や保育園などで一緒だった子どもたち同士が、あちこちで集まって話をするなか、長女は誰とも会話できずにポツンと佇んでいた。長女だけじゃなかった。リョウさんと妻も、親たちの輪に入っていけなかった。みんなが入学式を祝うなか、リョウさん家族だけが孤立していた。ここは地元じゃないんだと、痛感したという。「みじめだった」

とリョウさんは目を伏せた。

ただ、家族が一緒に暮らすようになって、家の中では長女にも笑顔が戻った。これまで避難先が変わるたびに子どもたちは、不安定になった。お風呂に入ったとき、リョウさんが長女に「また転校することになったらどうする?」と尋ねると、長女からは「もう転校は嫌。お友達ができてもまた別れるのは嫌」と強い言葉が返ってきた。リョウさんは一緒に住み始めたいわき周辺のこの土地で、家族一緒に生きていこうと思っていた。

だが子どもたちがなじまないようなら、また引っ越すしかない。長女が無理につくる笑顔も気になっていた。長女は事故後、すっかり人の顔色を見るようになった。こうしたら怒られないか、嫌われないかと常に人の目を気にしていた。毎朝、学校に行きたくない、おなかが痛いと泣く長女を、リョウさんや妻がなだめながら小学校まで連れて行った。リョウさんは毎日、めいっぱい子どもたちを抱きしめ続けるしかできなかった。「ここを子どもたちの故郷にすることができるのだろうか」。この日、リョウさんの表情はずっと晴れなかった。

渋滞ひどい汚染検査――2012年6月1日　作業員（32歳）

工事車両の汚染検査の渋滞が、毎日ひどい。警戒区域見直しに合わせ、イチエフで敷地から出る全車両を検査するようになって1カ月。検査場は2カ所から、日によって1～2カ所増やしているが、渋滞は解消されない。これまで最高で1時間半待った。

運転席で寝てしまって、気づいたら前に車がいなかったことも。後ろの車も寝ていたみたいで、クラクションは鳴らされなかったけど。ここで時間を食うせいで休憩時間が減ったりして、作業員からは不満続出。自分も朝早く現場に入り、仕事を終えてから外で昼食をとるので、食事が午後3時とか4時にずれ込み、空腹でくらくらするときがある。

汚染検査の順番を待つ間、トイレを我慢するのも大変。作業中は水を飲めないし熱中症が怖いので、帰る前にも休憩所で水分をとってしまう。あまりに待ち時間が長いので、車で並ぶ担当を一人決めて先に車両検査を受けさせておき、後で検査が終わった車でみんなを迎えに戻り、今度は検査を受けずにうまく敷地の外へ出るなど、いろいろずるもあったみたい。

これから暑くなる。車内は冷房を利かせているけど、防護服を着ているから暑い。検査場は鉄板が敷いてある。その上で検査している作業員はもっと心配。

原発から約20キロ離れた楢葉（なら は）町などの避難解除に向けて、同町と広野（ひろ の）町にまたがるJヴィレッジに置いていた機能を、徐々に原発敷地内に移し始めていた。4月24日には、福島第一で作業した車両の検査場と除染場を、Jヴィレッジから原発敷地内に移した。工事車両よりも、作業員らが乗るバスの汚染検査が優先されたた

福島第一から出る前に汚染検査を受けようとする工事車両の列＝2012年5月16日

め、工事車両の渋滞の列は時間帯によってはひどいことになっていた。

作業員は福島第一に行く前や帰ってきたときに、Jヴィレッジで装備の着脱をしていたが、年度内には装備の受け取りや着替えをする場所も、原発内に移すことになった。

7月に入ってから、車の汚染検査をする作業員に取材をする機会があった。「渋滞になるから、15～30分おきに出る東電の通勤バスなんか、タイヤだけ測るだけで、ほとんど汚染検査なんかしない。東電のバス以外は全部検査しているけれど」。敷地内に移した汚染検査も、厳密に行われているわけではなさそうだった。事故発生直後などに使用し、ひどい汚染で原発の外に出せない消防車両や重機、作業車両は敷地内の駐車場などに置かれたままになっていた。敷地内で使っているうちに車検が切れてしまったものもあった。

緊急時対策本部が置かれた免震重要棟の「(放射線の)非管理区域化」も進められていた。これは、作業の中枢を担う東電社員や協力会社の作業員が、国の定めた被ばく線量上限を超えても働けるようにするためだった。通常の原発では、原子炉建屋内など一定以上の放射線量がある場所を「放射線管理区域」として立ち入りを制限している。ところが福島第一は事故後、敷地全体が「放射線管理区域」になった。被ばく線量上限を超えると管理区域内では働けなくなるが、免震重要棟を非管理区域にすれば、上限を超えても、福島第一で働けるようになる。免震重要棟を「非管理区域化」するために、急ピッチで、窓や壁を鉛板で遮蔽(しゃへい)する作業などが進められた。

国内で稼働している原発がゼロになって約1カ月が経った6月8日、野田首相は関西電力大飯原発3、4号機（福井県）について、「再稼働すべきだというのが私の判断だ」と表明。政府は16日に再稼働を決めた。この決定以降、東京・首相官邸前は、毎週金曜日に行われていた再稼働に反対するデモに参加する市民が膨れあがっていった。

原発再稼働、まだ早い——2012年6月9日　作業員（47歳）

仕事から帰って部屋でほっとしたときに、テレビで野田首相の演説を聞いた。やっぱりね、と思った。出来レースのように感じた。

原発の再稼働はまだ早い。イチエフ構内はずいぶん片付いたけど、根本的なことは何も終わっていない。避難している人たちもたくさんいる。国民生活を守るためというが、福島の今の状況を忘れている。

首相は、大飯原発に福島を襲ったのと同じような津波や地震が起きても、大丈夫だと話した。でも震災前も原発は大丈夫だと言って、イチエフであんな事故が起きた。安全と言われても信用できる人はいないのではないか。原発を動かさないと、日本の社会は立ちゆかないというけれど、もう一度原発事故が起きたら、それこそ、日本は立ちゆかなくなる。

そもそも原発がないと、電力が足りなくなるというのは本当か。ひとたび原発事故が起これば、立地自治体の問題だけではない。それこそ、原発再稼働を争点に、総選挙をして国民の真意を問うてほしい。

福島第一では着々と、「通常化」が進められていた。5月末からは、それまでは赤か黄色に点滅していた敷地内の信号も、普通に動き始めたという。50代のベテラン作業員は「要するに普通の工事現場になったってことだよ。通常、通常ってうるさいほど強調される。手続きや報告書類も増えた」とぼやく。

だが6月27日には、高濃度汚染水が溜まる1号機の原子炉建屋地下階で、最大毎時1万3００ｍSｖが検出される。格納容器外で計測された放射線量としては最大で、人が浴びれば40分ほどで死亡すると言われる数字だった。地元作業員は「もう緊急作業じゃない、通常作業だというけど、今のイチエフはまだ全然普通じゃない。無理に普通だ、普通だとしなくてもいいのに」と電話口で深いため息をついた。

4号機では、使用済み核燃料プールから燃料を取り出す作業に向けて、原子炉建屋上部の解体工事が急ピッチで進んでいた。プールのある最上階に残っていた柱や梁(はり)が取り除かれ、外観が大きく様変わりした。そして、6月末に開かれた東電株主総会では、政府から1兆円の出資を受け実質国有化して経営再建することが承認される。

避難者であると言えない

5月29日、いわき駅から少し離れた地元の居酒屋で、リョウさんに会った。ちょうどその前日、警戒区域内の浪江(なみえ)町の倉庫で、消防団員が、自営業男性（62歳）が首を吊(つ)っているのを発見したことが報道されていた。座敷に座るなり、その話になった。

「テレビでニュースを見たとき、頭の中が真っ白になった。死ぬなら故郷でと思ったんだろうな……」。リョウさんは事故後に亡くなった祖母のことを考え、苦しくなったという。さらにリョウさんは前年6月下旬、ネットで見た「老人はあしでまといになる」「私はお墓にひなんします」と書き残して自殺した南相馬（みなみそうま）市の93歳女性のニュースを思い出していた。

「無念でしょうがない。冥福（めいふく）を祈るしかない。今まで頑張って生きてきた人たちが自殺するほど、追い込まれている。どうしてそこまで追い込まれなくちゃいけないんだろう」

　事故前、リョウさん家族と同居していた祖母は、夫婦が働いている間、2人の子の面倒を見てくれていた。ところが事故後、離れ離れに避難するようになり、祖母は一気に衰弱した。避難先では近所との交流もなく、好きな畑仕事もできなかった。祖母は避難先で「子どもたちに会いたい」と泣いた。子どもたちも「ばあちゃんに会いたい」と毎日泣いた。「故郷に帰りたい」と繰り返す祖母を、次の一時帰宅の時に連れて行こうと妻と話していた矢先、震災後一度も故郷に帰れないまま亡くなった。リョウさんは、祖母の遺骨だけでも故郷に戻し、祖父と一緒の墓に入れてあげたいと思ったが、避難区域の故郷では墓参りもなかなかできない。原発事故後に亡くなった祖母の遺骨と一緒に、避難生活を続けていた。

　長女はまだ小学校に行く前に毎朝泣いていたが、幸い長男は保育園に楽しそうに通うようになった。近所の人たちは避難者とわかっても受け入れてくれた。賠償金をもらっていることが原因で、周辺の人たちと軋轢（あつれき）ができて、家を建てたものの一日も入居せずに引っ越していった避難者もいた。

失ったものへの賠償だったが、急に金持ちになったように周りから見られた。福島第一でも、賠償金がもらえる避難者とわかれば「賠償金たくさん出たんだろう。働かなくてもいいじゃないか」と言われ、リョウさんは何度も悔しい思いをした。「確かに賠償金をもらって働かなくなった人や、高額な車やブランド品を買い始める人もいる。でも、まじめに働いている人だっている。俺らは避難先を転々とし、一緒に暮らしていた祖母など家族がバラバラになって、家も故郷も失った。賠償金をそんなに羨(うらや)むんだったら、全部あげるから代わってほしい」。リョウさんは珍しく声を荒らげた。リョウさんは子どもたちがいじめられるのを心配して、2人の子の入った小学校と保育園には、避難者であることは絶対に言わないでほしいと、学校や園側に強く要望した。なるべく地味な服を着せて、目立たせないようにした。「原発事故後、家族が以前にも増して大切になった。二度と離れない」とリョウさんは心に誓った。

だが周りでは、家族の崩壊がたくさん起こっていた。離婚が増え、避難生活で妻がノイローゼになり、実家に戻ってしまったり、息子や娘の家族と一緒に暮らしていた高齢者が、家族と離れて暮らす避難先で、生きる希望を失い衰弱して亡くなったり、自殺するケースもあった。

暑い！　また夏がきた――2012年7月22日　シンさん（47歳）

サマータイムで作業開始が2時間早まり、まだ暗いうちにイチエフに向かう。毎日とにかく眠い。暑い時間帯の作業を避けるためだけど、睡眠のサイクルをなかなか変えられず、体がつらい。

作業を始めると、途端に汗が噴き出してくる。全面マスクの中に熱がこもって、顔が一瞬で熱くなる。滴ってきた汗が目に染みるけど、拭けないので何度も瞬きをする。あっという間に防護服の中は、汗でびしょびしょになる。

東電社員が「涼しいですよー」と配っている通気性がよくなった防護服は、若干涼しいようにも感じるが、こう暑いと同じだ。

それより、よく破れるので困る。相棒は3日連続で破れて、作業中に着替えに戻るわけにもいかず、テープで補修していた。放射性物質の付着を防ぐための防護服が、破れちゃったら意味がない。

朝暑いと、昨年熱中症になって意識を失いそうになったときの苦しさを思い出す。あのときは命の危険を感じた。今でも帰ったらぐったりしているけど、夏本番はこれからだ。

2度目の夏がきた。作業員たちは再び熱中症と闘っていた。7月1日には熱中症防止のために、「通気性が1・5倍になった」と東電が説明する防護服に変わった。メーカーに聞くと、東電の特注品だった。さっそく、いわきで会ったシンさんに新しい防護服の着心地を聞く。「チャックが上からも下からも開くようになって便利だけど、とにかくもろい。チャックが壊れて、ぱかっと前が開いちゃったり、作業中に破れちゃったりして、そのたびに着替えに休憩所まで戻るわけにいかないから、みんなガムテープで貼っているよ」

地元作業員のカズマさんにも電話を掛ける。「熱中症防止のためにやってくれたのだろうけど、防護服が破れちゃね。汚染の高い所で作業しているから、通気性がよくても、放射性物質をこれまでのように防いでくれるか不安。通気性はなくて暑いけど、初期の頃の放射性物質からの防護力が優れた防護服のほうが安心だよ」。カズマさんはこれまで支給されていた防護服を選んでいた。

敷地内は、汚染水を処理した水を入れるタンクだらけになっていた。「野鳥の森」と呼ばれていた場所の木々も次々伐採(ばっさい)され、「タンクの森」に変わっていた。敷地内の木々が減り、現場の暑さが増していた。野鳥の森に棲(す)んでいたキジやタヌキやキツネはどこにいったのか、作業員の前にあまり姿を見せなくなっていた。正門から続く桜並木は、この時はまだかろうじて残っていたが、福島第一は事故前と、すっかり様変わりしていた。この頃には4号機の原子炉建屋上部の瓦礫が取り除かれ、使用済み核燃料プールから核燃料を取り出す作業の準備も、急ピッチで進んでいた。

熱中症の発表はまとめて

7月に入って、熱中症や脱水症状になる作業員が出始めた。全国でも熱中症での搬送が相次いだ17日、4号機のプールから未使用の核燃料取り出しの準備作業をしていた作業員2人が、熱中症のような症状になって作業が中断したと、現場にいた作業員から電話が掛かってきた。他の現場でも3人が脱水症状や熱中症になったという。この日、東電から熱中症の発表はなかった。ただ、作業員たちからは、現場で熱中症を出して東電に報告すると、詳細に状況を聞かれることや、作業が止められてしまうこともあるので、下請けや元請けが東電に報告しないまま作業を続けるという話も聞こえてきていた。なので、東電が把握していた熱中症の発生件数と、現場で起きている数が必ずしも一致していたとは考えられない。さらに、2011年は作業員が熱中症になるたびに東電から発表されていたが、この年から「まとまったら発表」に変わっていく。この後、現場で起きた事故やけがなど、事故直後は発表されていたことがどんどん発表されなくなっていく。

地元作業員のカズマさんは、家族と一緒に暮らせないまま福島第一に通い続けていた。「福島を活気づけたい。でもね、『がんばっぺ福島』って言葉はもう聞きたくない。そんなこと言われなくても、福島人には頑張る気持ちがいっぱいあるんだよ」。いわきで仕事帰りのカズマさんと待ち合わせたチェーンの居酒屋で、少し酔ったカズマさんは繰り返した。「がんばっぺ福島」という標語はこの頃、駅や町中のあちこちにポスターや横断幕で掲げられていたり、いろいろなイベントなどで頻繁に使われたりしていた。

家族と離れて暮らすカズマさんの心を支えたのは、いわきにいる友達の存在だった。仕事の後、仲間の飲食店に行って飲んだり、話したりするのがカズマさんの気分転換であり、心の拠（よ）りどころだった。

またカズマさんもホテルから退出するよう指示され、少し前からいわき市内の避難者用の借り上げ住宅で一人暮らしを始めていた。「きのうはピーマンの肉詰めにチーズをのせて、ソースやケチャップをつけて食べたよ」。簡単な料理ばかりだと笑うが、毎日きちんと自炊しているようだった。

4号機5階（オペレーティングフロア＝オペフロ）で使用済み核燃料プールから未使用の核燃料を取り出す作業員ら＝2012年7月18日　写真：東京電力

事故後、カズマさんは福島第一でも宿泊先のホテルでもいつも同僚と一緒で、一人になれる時間はほとんどなかった。一人暮らしになって、食事の準備をしたり、洗濯をしたりと、1年ぶりに自分の時間ができた、と心底うれしそうな顔をした。

その日、話は事故直後、カズマさんが家族と避難所に身を寄せていたときのことに及んだ。カズマさんはそこにいた避難者たちから、「原発で働いていたんだろ、おめーらが原発やっていたんだろ。それなら、うちらのこと守れよ」などと非難の言葉を浴びせられた。

「俺は家族を守るために原発で働いてきた。小学生の息子がね、電話でいつも『パパがんばってる？』って聞く。そして、『みんなのためにがんばってね。パパお休み』って言って電話を切る。もう無理して闘うしかないでしょ。（他の作業員も）みんな頑張っているんだから。国がどう見てくれているのかは知らないけど」。カズマさんは早いピッチで、一杯数百円のジントニックを飲み干しながら言葉をつなぐ。「国の定めた被ばく線量上限は『5年で100mSv』だから、5年経てば、また新しい枠を次の5年でもらえる。5年経って線量がリセットされるとかクリアとか言われるけど、体が被ばくした分はクリアされるわけじゃない。浴びた分は体に蓄積されていくんだよね」。カズマさんは日ごろ、被ばくの話をあまりしない。これまで、被ばくの健康被害を心配する話もしたことがなかった。でもこの日は違った。

「将来病気になったら……。国は補償してくれるのだろうか」。そう言った後、しばらくカズマさんは黙っていた。

四つの事故調査委員会、事故は「人災」か「天災」か

東京では国会前の道路が、関西電力の大飯原発再稼働に反対する市民で埋め尽くされるなか、1カ月前に野田首相が表明した通りの7月1日、原発事故後初めて大飯原発3号機が再稼働に向け、燃料の核分裂を抑えていた制御棒を引き抜き原子炉を起動する。続いて4号機も起動し、8月には3、4号機ともに営業運転を開始した。

また福島第二原発では、津波などで故障した箇所の修理が進んでいた。

「まさか今、再稼働とは言えないだろうけど、東電はニエフを動かしたいだろうね。再稼働が前提じゃないと、工事をする現場の士気も下がるだろうし」。福島第二に通う地元のベテランから率直な意見が返ってきた。また福島第一で東電から予算が出ずに作業が進まない障害も口にしていた。

この話は、前年秋ごろから他の作業員からも聞いていた。

「何カ月も前から工事の計画はあるのに始まらない。みんなイライラしている。福島第二とか柏崎(かしわざき)刈羽(かりわ)とか東電の他の原発動かさないと、どうしようもないのではないか。それに競争入札で安いほうに決まる。安けりゃいいみたいになっていて、もともと専門ではない業者が工事を取っていく。こんな状態だといつか事故が起きる」

政府から独立した「国会事故調査委員会」は2012年7月5日、先に発表した「東京電力事故調査委員会」や「民間事故独立検証委員会」が福島第一原発の事故原因は津波にあるとした見解とは違い、主因を津波に限るべきではないとし、地震で安全上重要な機器が壊れた可能性を指摘した。

さらに今回の事故は、安全対策の先送りを繰り返してきたことによる「人災」だと断じた。また同報告書には、「(原子力安全・保安院など)規制する立場と、される立場(東京電力)の『逆転関係』で規制当局が事業者の『虜(とりこ)』になり、安全の監視・監督機能は崩壊していた」と記載された。

23日には「政府事故調査・検証委員会」が最終報告で、事故の直接的な原因は津波としながらも、「東電も国も安全神話にとらわれ、危険を身近で起こりうる現実のものと捉えられなくなっていた」と、直接の文言こそ盛り込まなかったが、人災による事故との見方をにじませた。

国会、政府、東電、民間と四つの事故調の調査結果が出そろったことで、作業員たちからは「何となく事故も終わったようになってしまうのではないか」と心配する声が出ていた。だが、各号機の原子炉建屋、特に格納容器内が高線量のため調査が困難で、徹底的な解明が行われたとは言い難く、事故の原因や責任の所在など、多くの根本的な疑問が残った。

地方から福島第一に来たシンさんに、仕事の終わった頃を見計らい電話を掛ける。「水素爆発、放射性物質の大量放出、海への汚染水漏洩……。あれほどの事故が起き、現場では今も被ばくと闘いながらの作業が続いているのに、忘れ去られるのではないかと怖い」

地元企業の現場監督のセイさんも、「事故がなぜ起きたのかもわかってないし、事故の責任の所在もわかっていない」と電話口でいつもより低い声だった。四つの調査報告書が出そろったといっても、原発事故の原因が判明したわけではない。溶け落ちた核燃料の状態もわかっていなかった。事故の調査は、何も終わっていなかった。

追いつめられた作業員らが「被ばく隠し」

7月21日には、下請けである福島県の建設会社の役員が前年12月、記録上の被ばく線量を低く見せるために、作業時に身につける線量計を鉛カバーで覆（おお）うよう作業員らに指示していたことが朝日新聞で報じられた。これまでも作業員たちから、「高線量下の作業で線量計が鳴りっぱなしで作業にならないから、現場に線量計を持っていかなかった」という話は聞いていた。だが、役員が被ばく線量を下げるために、鉛カバーをつけるよう強要したという事実に衝撃が走る。取材している作業員らに改めてこれまでの状況を尋ねてみると、直接、言葉で指示されたり強要されたりはしていないものの、「班長自ら線量計を外して現場に行くので、部下やその下請け企業の作業員はそれに従（したが）うしかなかった」という証言が出てくる。下請け企業は、雇用する作業員らが被ばく線量上限に達して、原発で仕事の受注を失うことを怖（おそ）れていた。

他にも、ある若手作業員は、「事故が発生してしばらくは、現場の放射線量が高くて線量計を持っていくと鳴りっぱなしで仕事にならなかった。高線量の現場には持っていかなかったよ。俺の被ばく線量は放射線管理手帳に記録されたより、もっともっと高いだろうな」と言う。彼の被ばく線量は記録上の数値だけでも事故直後から1カ月で40mSvを超え、事故1年目で80mSv近くになり、現場を離れることになった。

また、ある地元の下請け企業幹部は「被ばく隠し」に陥（おちい）る生々しい心情を話してくれた。

前年秋、この男性幹部は所属する元請けが定めた年間の上限に、自分の被ばく線量が急速に近づいていることに強い危機感を覚えた。「この調子で被ばく線量が増えていくと、仕事ができない」。自分だけではなく、部下の被ばく線量も限度に近づいていた。このまま自分も部下も働けなくなれば、福島第一での仕事ができなくなり、従業員みんなの生活が危(あや)うくなる。男性が所属するのは、地元の小さな企業だった。従業員全員が働けなくなれば、福島第一での仕事をもらえなくなり、企業の存続にも関わった。

男性は、福島第一の敷地から、配管を覆うために使う厚さ5ミリほどの鉛板を拾ってきて、カッターやハンマーで、線量計がすっぽり入るような箱形のカバーに成形。着替えのとき隠しておいたカバーの中に線量計を入れ、下着の胸ポケットに入れた。上から防護服を着るとわからなくなった。効果があればと思ってやってみたが、同じ現場で働く他の作業員と比べて、一日0・01〜0・02mSvの差しかなく、効果はほとんどなかった。作ったカバーは、鉛で前面と左右側面と底の4方を覆う形になっていて、上は鉛で覆われていなかった。ちょうど、たばこの箱を少し薄くしたぐらいの大きさだった。

「鉛は軟らかいからカッターで切れる。本当は、線量計を完全に鉛で覆わないとダメ。でも、少しでも被ばく線量を下げたかった」と男性は私の取材ノートに鉛カバーの絵を描いた。何回かは、休憩所などのロッカーや車の中に、線量計を置きっぱなしにしたという。だがロッカーや車の中も、放射線量がゼロではなかった。「あまり効果がなかったし、見つかれば仕事を失うことになる。それに鉛は重い。何より、従業員全員に鉛カバーをつけさせるわけにはいかなかった」。結局、男性はこれを半年続けてやめた。それでも前年度末には、企業が決めた上限の20mSvを大きく超えた。

限度を超えた作業員が続出し、元請けが上限を引き上げたため、男性は仕事を辞めさせられることはなかったが、２０ｍＳｖを超えた分は、２０１２年度に与えられる線量の枠から差し引かれた。

男性は地元で生まれ育ち、ずっと福島第一で働いてきた。「原発で長く働いてきた人ほど、仕事を失う不安は強い。国は被ばくをしない火力発電所など他の仕事も確保して、福島第一で働く作業員が安心して事故収束作業を続けられるようにしてほしい」。男性の願いは切実だった。

そんななか、7月25日には、原発事故が起きた２０１１年3月～12年2月末に福島第一で働いた作業員の被ばく線量の総計「集団被ばく線量」が、事故前の通常年の約16倍にのぼったと、東電が発表する。

線量隠しが報道された後、線量計の携帯状況の検査が厳しくなる。作業現場に行く前にチェックされたり、下着の胸ポケットに入れた線量計が防護服の上から見えるように、胸のあたりを透明ビニール素材にする特注品が作られたりした。

だが、作業員らが将来病気になったときに、業務との関連性を示すために重要な数字となる被ばく線量を自らごまかすことになった、その根本的な理由を考えたうえでの改善の兆(きざ)しは見えなかった。

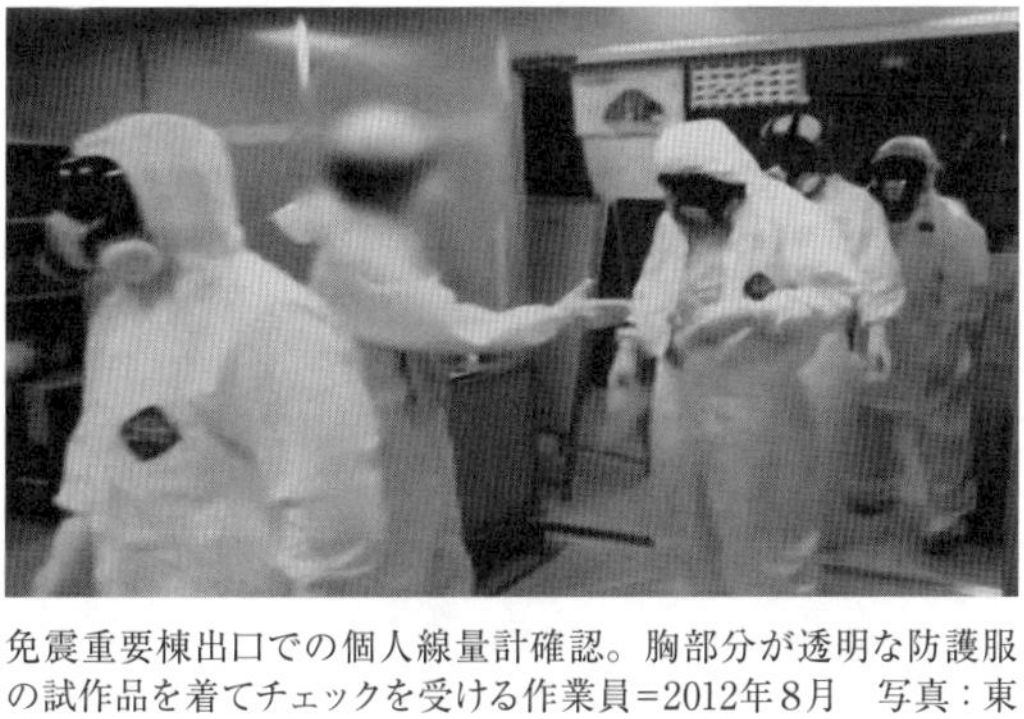

免震重要棟出口での個人線量計確認。胸部分が透明な防護服の試作品を着てチェックを受ける作業員=2012年8月　写真：東京電力

「賃金、手当ピンハネ」労働局に訴え

7月26日、福島第一原発の緊急作業に携わった長崎県出身の元下請け作業員（45歳）が、下請け上位の企業「日栄動力工業」（東京都港区）が違法な多重派遣をしていたとして、東京労働局に告発した。翌日には違法な多重派遣、また賃金の未払いに関して、長崎県の下請け企業4社についても長崎労働局に訴える。男性は２０１１年7月1日～8月9日に福島第一で作業。賃金の未払いなどについて、いわき市の渡辺博之市議に相談していた。

弁護団によると、男性に給料を支払っていたのは、長崎県松浦市の小さな土木工事の業者だったが、男性の放射線管理手帳には所属会社として、三つ上位の佐世保市の企業が記載されていた。多重下請け構造は間にいくつもの会社が入ることで、賃金や手当の中間搾取が発生する可能性があるほか、作業員の所属会社が不明瞭になり、事故時などに責任の所在が曖昧になるなど、さまざまな問題点が指摘されてきた。

この男性の所属企業は、５次下請け以下になるが、男性は自分が何次下請けに所属しているのか把握していなかった。男性の所属会社として記載された佐世保市の企業は、手当込みの日当で一人2万4千～2万5千円を下請けに支払っていたが、間に二つの企業をはさんで、男性の受け取り分は1万1千円にまで減っていた。男性は「すぐ上の会社が日当1万6千円のうち、５千円を『紹介料』としてもらっていると聞いた。何重もの下請け構造は不当。約束された賃金１万４千円も支払われず、危険手当もピンハネされた」と訴えた。

佐世保市の企業は「請負契約であり、多重派遣ではない。下請けには危険手当を含めた金額を支払った」と説明。男性の所属企業の社長は「本人が仕事ないけん、福島に行きたいっていうから仕事探してやった。上にたくさん会社があることも知らんばってん。上にいくつ（会社が）あるとか、間にいくつあるとか。みんなわからんですよ。危険手当なんて知らんて。上が出せば出す。利益なんて上げようとしていない。こんな報道されたら、うちはやっていけない」と電話口で悲痛な声を出した。

男性は福島に来る前は、上位の会社の社長に「敷地内に入るけれど、簡単な仕事で建屋内に入る仕事はないよ」と説明されていた。だが実際は、1号機や4号機の原子炉建屋内での作業など、高線量の作業ばかりを担当した。

高濃度汚染水を処理する設備の作業では、汚染水を浴びたこともある。男性が担当したのは、汚染水を吸い上げる吸引口のヘッド交換作業だった。ベテランから作業前に、「今日ちょっと危ないぞ。30分しか（線量が）もたないからな」と注意された。

周辺の放射線量も高いのか、作業を始めてすぐに線量計が鳴りっぱなしになった。男性が配管に取り付けられた吸引口のヘッドを交換しようとして、配管の口を上げた瞬間、はね上がってきた汚染水を体中に浴びたが、作業は続行せざるをえなかった。朝から35度を超える日だった。真夏の炎天下で全面マスクに防護服、その上にかっぱを着用。呼吸が苦しくて、男性は作業中、意識がもうろうとしていた。我慢の限界だった。全面マスクを外したい、顔からむしり取ってしまいたいという衝動に駆られた。結局、40分ほどの作業となり、男性の被ばく線量は2mSvを超えた。

１号機の原子炉建屋で、高線量の場所の線量を下げるために、鉛の遮蔽板を置いてくる作業はさらに過酷だった。防護服二枚重ねに全面マスクをつけ、20キロの鉛板を入れた長めのリュックサックを背負い、原子炉建屋の急階段をビル６階の高さまで駆け上がる。一つの班が駆け上がっている間、別の班は階段脇で待機。「いくぞ」と合図が出ると、作業員たちが鉛板を持って駆け上がり、壁のＳ字フックに鉛板を引っ掛けるという作業をリレー方式で繰り返した。壁に鉛板が掛けられ、放射線が遮蔽されることによって、１号機の建屋内で作業ができるようにするための準備だった。

建屋内は高線量の瓦礫が散乱しており、もたもたしていると、被ばく線量がどんどん上がる。暗い中、ヘッドランプの光だけが頼りだが、数が足りず、つけるのは先頭の人だけだった。男性は、両手で階段の手すりを触って確かめながら必死で走った。線量計の警告音（アラーム）は鳴りっぱなし。緊張と息苦しさで心臓が破裂しそうになり、パニックに襲われる。「早く終われ、早く終われ」。呼吸がどんどん苦しくなるなかで、男性は心の中でつぶやき続けた。駆け上がった先で倒れた60代の男性作業員もいた。

このとき男性が建屋内にいた時間は10分弱だったが、２・４ｍＳｖ被ばくした。なかには３ｍＳｖを超えた人もいた。一チーム10人。男性のチームだけで約４００枚の鉛板を運んだ。

男性が福島第一にいたのは１カ月あまりだったが、計12・８ｍＳｖを被ばくする。作業員の被ばく線量が「５年で１００ｍＳｖ」と考えると、半年分以上をわずか１カ月で使い切ったことになる。

「自分は〝高線量要員〟だった」

「あといくつ?」。福島第一での1カ月余の作業期間が後半に近づいたとき、男性は作業班長に被ばく線量を聞かれた。男性が答えると、「まだ大丈夫だね」と言って班長は去った。ある日、男性は班長たちが作業員たちの被ばく線量を見ながら、話しているのを聞いてしまう。「こいつは、あとこれだけ(余裕が)あるから、まだ(放射線を)浴びさせても大丈夫だな」。陰(かげ)で聞いていた男性は衝撃を受ける。班長らは日常会話をするように、作業員たちに年間被ばく限度の20mSvぎりぎりまで作業させる算段をしていた。男性は「この時、自分が『高線量要員』だったということを知った」とつぶやいた。「高線量要員」とは、放射線量が高い場所ばかりを短期で担う作業員のことだった。元請けも下請けも社員が被ばく線量を使い切ってしまうと、次の仕事が取りにくい。だから、高線量の作業ばかり担う短期雇用の臨時作業員を雇っていた。「現場監督もベテラン作業員も残りの線量がほとんどなかった。だから『高線量要員』が必要だった。自分は線量を浴びさせるためだけの人員だった。せめて約束した賃金は払ってほしい」。男性は黒いキャップをかぶり、硬い表情で声を絞った。

この男性の訴えを受け、2013年4月、厚労省の長崎労働局は佐世保市の企業など下請け3社に、延べ510人を福島第一の収束作業に違法に派遣をしていたとして事業改善命令を出した。

除染が終わってなくても自由に出入り

8月に入り、処理した汚染水を貯蔵するタンクの、残り容量が1万トンほどしかなく、あと1カ月ほどで満杯になることが判明。東電は一時的に、緊急時のための空の中・高濃度用汚染水タンクも利用する計画を立てる。

6日には、東電が社員のプライバシーを理由に公開を拒(こば)んでいた、事故直後の社内テレビ会議の映像を報道陣に向けて公開。当時の福島第一や東電本店、政府のやりとりの一部が明らかになった。テレビ会議の映像の視聴は厳しい制約付きだった。録音、録画、撮影は禁止。東電が映像のやりとりを記録したファイルは持ち出しやコピーが禁止。約150時間の記録はパソコンなどでメモを取るしかなかった。そのうえ公開は当初一日6時間、期間は1カ月と限られていた。この後、東電は作業員らが事故発生直後に撮った約600枚の写真も公開、ネット上にもアップされた。少しずつだが事故直後のことが明らかにされ始めていた。

そして、お盆前の10日に楢葉町が住民帰還に向けて準備する「避難指示解除準備区域」となり、宿泊はできないが自由に出入りできるようになる。解除前に町から住民に化学雑巾が配られたが、除染もしていない家に入って掃除をしろというのかと住民らは怒り、戸惑った。お盆に納骨に帰ってくる住民のために、寺や墓地を自力で除染した楢葉町の宝鏡寺(ほうきょうじ)の住職早川篤雄さん(72歳)は取材に、「『福島の復興なくして日本の復興なし』とか政治家は言うが、どこまでバカにすれば済むのか。人の痛みがまったくわかっていない」と憤った。

またこの8月から、東電が社員や協力会社の作業員らのために無料で出していた東京行きのバスに、協力会社の社員が乗車できなくなった。作業員によると、「東京行きのバスは協力企業の方はご利用できなくなります」という東電の張り紙が7月末に掲示されたという。東京や千葉に家族がいる作業員からは、「自腹だと往復1万2千円。いろいろなサービスがなくなっていく。もう週末ごとには家に帰れないな……」と寂しそうに電話が掛かってきた。

配管工のキーさんから、1カ月ぶりに電話が掛かってきた。電話をとった途端、「会社に連絡したら、俺の自己都合で退職したことになっていた。そんなこと知らないって言ったら、俺が退職届出したことになっているんだってよ。職安で必要だからと、離職証明を送ってくれと言っても送ってくれない。失業保険もらえなかったら、今月末に、家賃が払えるかわからない。生活できなくなっちゃうよー」と悲鳴が聞こえてきた。キーさんは6月末、会社が次の福島第一の仕事が取れなくて仕事が無くなったと現場を去っていた。それから1カ月が過ぎても、次の仕事がもらえないばかりか、知らないうちに会社も辞めさせられていた。

契約書をきちんと交わさずに福島第一で働いているのは、キーさんだけではなかった。特に事故発生直後は「緊急時だから」と、雇用条件も示されずに福島に来た作業員も少なくなかった。危険手当が出ないだけでなく、なかには企業が負担すべき、健康診断の費用を払わされている作業員もいた。

迷惑考え無理重ねる――２０１２年８月25日　作業員（48歳）

８月22日、汚染水タンクの増設をしていた作業員が亡くなった。持病があったんだろうか。熱中症だったんだろうか。

最近、朝早い段階で気温が30度を軽く超える。炎天下、風を通さない防護服に全面マスクでの作業。あっという間に汗だくになる。昨年は熱中症の人が出ても、水分や塩分を取れよと言われるだけだったが、今年は慎重。作業効率より、体調に不安があったら休んでくれと言われている。

でも、みんなに迷惑を掛けたくないと、つい頑張ってしまう。意識がもうろうとしたり、手足がしびれてきたりしても、あと少しで終わると自分に言い聞かせて、作業を続けてしまうこともある。

給料が減るとか、次の仕事をもらえないのでは、という不安もある。具合が悪い人を出すと、会社全体で仕事を干されてしまうのではないかという意識も働く。

雇用が安定したら、みんな無理しなくなるのに。

「熱中症や労災を出せば会社にバツがつく」

「今日、ちょっと重大なことが起きました」。８月22日午後、東京本社で原稿を書いていると、作業員の一人から電話が掛かってきた。タンク増設現場で作業をしていた57歳の男性が亡くなったという。東電のその日の夕方の記者会見によると、男性は午前９時過ぎから作業に従事。50分後に体調不良を訴え休憩所で休んでいたが、男性が「だいぶよくなった」と言ったため、同じ班の作業員らは男性を残して現場に戻った。10時半ごろ、男性が休憩所で倒れているのを他の作業員が見つけ、心肺停止状態で救急搬送されたが亡くなった。

東電は「元請けから報告を得ていないので、（死因は）確認が取れていない」と繰り返した。連絡をくれた作業員は「休憩所で見つかった段階でもうダメだった。持病もあったようだが、熱中症だろう。昨日も今日も暑さが厳しかった。朝9時半の時点で36度を超え、体調が悪い人が多かったので作業を切り上げた。タンクエリアでは炎天下でタンクの照り返しもあるし、地面に鉄板を敷いているから40度を超える。体感的には50度なんてものではない。上は無理するなと言うけど、それがかえってプレッシャーになる」。電話口で小声で話してくれた。作業から戻り、休憩した後にもう一度現場に入るのは、特にきついという。炎天下の作業で体が熱を持ち、エアコンのある休憩所で30分や1時間の休憩を取ってもなかなか体温が下がらない。「体温が下がり切らないうちに、また炎天下の現場に出ると、すぐに心臓がばくばくして頭もわーんとなる。体もだるい。2度目は体の負担が大きい」

後日、その作業員から、倒れた男性の死因は急性心筋梗塞（こうそく）だったと教えられた。「昨年8月からイチエフで作業はしていたけど、全面マスクに防護服とフル装備での作業は慣れてなかったんだって。休憩室に一人で残さずに、作業班長などがついていたら……」。電話から流れてくる男性の声は悔しそうだった。東電が把握しているだけで、事故収束作業にあたった作業員の死亡は5人目だった。

「病院に搬送されて死亡が確認された」と発表された作業員の中で、後で取材をすると、病院に搬送された時点ですでに亡くなっている作業員もいた。事故の状況から即死としか考えられないケースもあった。ただ、敷地内で死亡が確認されると、救急車では運んでもらえなくなる。そのせいか、福島第一の敷地内で亡くなったという発表は一つもなかった。

「熱中症になっても上に言えない」と話した作業員は、他にもいた。「実は同じ元請けで熱中症が2人出て、その翌日は作業が中止になった。翌々日から作業は再開されたけど」。タンクの増設現場で働く作業員が、8月の暑い日の作業後、電話を掛けてきた。増え続ける汚染水を処理した水を入れるタンクの増設は、急ピッチで進められていた。

現場が一日でも止まれば、作業工程に影響が出る。「とにかく造れ、造れ」と急がされるなか、作業員たちは必死に作業をしていた。熱中症の作業員が一人でも出ればその作業が止められるため、現場の作業員は「朝の段階で体調に不安があれば休んでくれ」と言われるようになる。

地元作業員の一人は、炎天下の作業中、同僚が倒れて慌てて駆け寄った。手足の筋肉が張って震

4号機プールから取り出した未使用の核燃料を調べる作業員ら＝2012年8月28日　写真：東京電力

えていて、滝のように汗が流れ、顔が真っ青だった。嘔吐(おうと)して泡を噴き始めたので、マスクを外したが、息をしているのかわからなかった。同僚はぎりぎりまで作業をしていた。幸い大事には至らなかった。「みんなに迷惑掛けたくないし、給料は日給だから、休めばその分給料は減る。それに何とか目の前の作業を終えようと頑張ってしまう」。具合が悪くなっても言い出せない現場で、作業員たちは働いていた。

隠蔽される事故「上に報告しないでくれ」

作業員たちが報告できないのは、熱中症だけではなかった。事故が起きていても、東電まで報告されずに処理され、労災になっていないケースがあった。

原発事故直後、建屋地下で緊急作業をしていた下請けの男性は、突然、足場の上にいた同僚が床に倒れ込むのを見て驚いた。顔が真っ青で、名前を呼んでも背中をはたいても反応がない。「これはまずい」。男性は同僚を背負ってすぐに外に運んだ。外にいた作業員に同僚を頼み、地下に戻ると、他の作業員たちも頭を抱えたり座り込んだりしていた。同僚らが次々倒れるのを見て、男性はパニックになった。何とか自力で歩ける人は、すぐに外に出るように指示。一人は名前を呼んでも反応がなく、このままでは死んでしまうと背中を思いっきりはたいた。意識がもうろうとした同僚を、男性が背負ってロープで体に固定し、上に運んだ。

医務室の医師は「軽い熱中症」と診断したが、酸欠や一酸化炭素中毒の症状を示していた。一番症状の重い作業員は、数日間起き上がれなかった。しかし、「上位の会社から給料を補償するから上に報告しないでくれ」と頼まれた。元請け企業には「熱中症」と報告され、労災にもならなかった。それで企業ごと仕事を失うことはなかったが、後日、元請け企業の社員から「健康管理ができないようでは困る」と苦言を呈された。男性は「熱中症なら、現場にいた作業員全員が急にばたばたとは倒れない。倒れたうちの一人は怖くなってその日以来、現場に来なくなった。東電はもちろん、元請けまで報告していないケースはかなりある」と明かした。

別の作業員は「汚染水をかぶった同僚がいたが、会社は東電に報告しなかった。報告すれば、東電から経緯や事情を根掘り葉掘り聞かれて、数日間は仕事にならない。それに次に仕事がもらえなくなる不安もあった」と語った。

9月14日、政府が2030年代に原発ゼロを目指すと発表。しかし、再稼働を進め、核燃料サイクルは見通しのないまま現状維持する方針で、原発ゼロという目標までの道筋はまったく見えなかった。そして19日には、原子力安全・保安院の後を継ぐ、原子力規制委員会が発足した。

「絆」って何だろう　事故後に増えた離婚――2012年10月4日　カズマさん（36歳）

震災後、「絆」とよく言われるけど、周りで離婚が多い。作業員仲間も、警戒区域内に家がある同級生でも。家は無事でも、原発事故で避難しなくてはならなくなり、仕事のために家族と離ればなれに暮らしているやつに多い。俺もそうだけど、以前は家族から原発の仕事について聞かれることはなかった。事故後は作業内容をしつこく聞かれたり、「危ないからやめて」と言われたりして夫婦でもめた同僚は少なくない。ふだんはイチエフに通える旅館やホテルで同僚と共同生活し、休みに何時間もかけて家族に会いに帰っても、けんかしてばかりという人もいた。

補償金や避難先でもめ、子どもがいるのにどうしようもなくなった同僚も。高齢者施設で働く同級生の女性は、福島からもう出ようという夫と意見が分かれた。狭い仮設住宅で、ぎすぎすしてしまった家族もある。

一度、溝ができるとなかなか戻らない。そんなとき、飲み会やインターネットのゲームで、女性と知り合い、再婚したやつも。「絆」って何だろう。原発事故で家族がバラバラになっている。

東日本大震災の後、「絆」という言葉が飛び交っていた。家族や恋人、友人など、人の「絆」が見直され、全国で結婚する人が増え「絆婚（きずなこん）」と報道された。その一方で、福島では原発事故後、離婚が増えていた。

息子の「パパ闘って」の言葉を胸に、避難する家族と離れて原発で働くカズマさんの周りでも、離婚が多いという。「仕事のために避難する家族と離れて、単身で生活しているやつに多い。会社の同僚で3、4人。同級生でも5、6人離婚してるよ」。久々にいわきで会ったカズマさんは、いつもの元気がなかった。「今はとにかくこの事故を終わらせたくてやっている。家族は避難が解除されたら故郷に戻ると言っているけど、俺はここで頑張るしかないでしょう……」

事故前は、仕事の話を家族に聞かれることはなかったという。だが、原発の危機的な状況が報道されるほど、週末に家族の元に行くと、福島第一の状況や作業の内容を聞かれた。そうでなくても、カズマさんは賠償金のことや避難先のことなどで、家族ともめて疲れていた。

「俺がいない間に勝手に何でも決めちゃうんだよね。最近、けんかばかりしている。息子は大好きだけど……。でもいろいろなことの気持ちが整理できていない」。そう言った後、しばらくカズマさんは考え込んだ。一時は、離婚を真剣に考え、悩んだという。

「絆って言うけれど、何が絆なのか。絆なんて嘘っぱち。もう聞きたくない。絆って何だ？　いい加減にしてほしい」。その日、酒に強いはずのカズマさんのろれつは、帰る頃にはすっかり怪しくなっていた。世間では「絆」という言葉が流行るなかで、福島ではたくさんの家族が壊れていた。

子どものことを考え、避難しようとする妻と、仕事があるから福島を離れられないという夫との意見の違いは、これまで仲の良かった夫婦間に大きな溝を作った。逆に福島に親や親戚がいるから残ろうとする妻と、福島から避難しようとする夫で意見が分かれた家もあった。原発近くの双葉郡の一軒家は、東京のアパートなどと違って広い。もとは広い一軒家に住んでいたのに、狭い仮設住宅で暮らすうちに、避難のストレスと相まってうまくいかなくなった家族もあった。賠償金のことでもめた夫婦もいた。避難生活の中でノイローゼになり、実家に戻ってしまった妻もいた。

単身赴任の作業員は、また事情が違った。離れて暮らす家族とうまくいかなくなる人がいる一方で、仲間と飲みに行った先で出会ったり、合コンやスマホのゲームを通じて知り合ったりした女性とつき合う作業員もいた。

事故直後、「息子が命」と言っていた作業員は、賠償金や避難先のことなどで家族ともめて息子と離れ離れの生活を送るうちに、単身で暮らすいわきで、スマホのゲームを通じて知り合った女性と親しくなっていた。その女性にも子どもがいたが、頻繁に会ううちに子どもたちも作業員にすっかり懐き、結婚を真剣に考えるようになっていた。「震災で家族とできた溝は深い。けんかも増えて、我慢を重ねてきたけれど……。子どもがいてもどうしようもない」

賠償金を「もらえる人」、「もらえない人」

家族だけでなく、地域も原発事故によって亀裂が生じていた。いわき市には原発事故後、避難区域となった双葉郡からたくさんの人が避難していた。2万人を超える避難者の受け入れは容易ではなかった。いわきでは、ひどい交通渋滞が起こり、病院が混雑し、土地や不動産価格が急上昇した。

賠償金の問題も、人々に大きな影を落としていた。「よく一緒にお茶飲みしていた仲のいい隣人同士が、道一つ隔てて賠償金が出るかどうかで、話もしなくなった」「スーパーで大量に買い物をしているのは避難者だってわかる」「賠償金もらった途端、昼から酒を飲み、働かずにパチンコばかりしている」「いわきの店で高級車やブランド時計が売れている」。取材をしていると、街の至るところでそんな話を聞いた。そして、仮設住宅に駐車してある車のガラスが割られたりペンキをかけられたり、ロケット花火が仮設住宅に打ち込まれたりする事件も起きていた。

精神的な賠償だけで一人月10万円出るため、4人家族で40万円が入ることになり、賠償金がそれまでの月収を超える家もあった。賠償金が出始めた当初、いわきの外食産業が潤ったというのも事実だ。だが、震災で仕事を失い、働きたくとも働けない人たちもいた。米作地帯に住む地元作業員のセイさんは、事故前を懐かしむ。「山があって田んぼがあって、食べる人たちの顔思い浮かべて米を作るという生活が、原発事故で奪われた。避難は解除されても米は作れない。米を作ったとしても売れない。避難で息子や娘夫婦と離れて暮らすようになって日々の会話が無くなり、殻に閉じこもってしまった人もいる。故郷に戻るたびにそういう話を聞き、悲しくなる。みんな自分のことしか考えられなくなって、バラバラになっている」。セイさんは情けないと、膝の上で拳を握った。

スーパーでの買い物にしても、原発避難者のなかには「金を持っているという目で見られるので、近くでは買い物ができない」とわざわざ毎日遠方のスーパーに行く人もいた。また毎年山菜採りを楽しみにしていた楢葉町の70代の女性は「事故前は、野菜は自分で作っていたし、山菜は山で採れた。魚も漁師の人からのお裾分けがあったりして、以前はスーパーではそれほど買い物をしなかった。何をどのくらい買っていいのかわからないし、震災の後、食べ物がないのが不安で……」と困ったように打ち明けた。

ある作業員は生活に余裕はないなかでも、子どもが結婚して独立するときのために、妻と将来貯めたいねと話していた金額があったという。それが賠償金をもらったことで、あっという間に実現してしまった。この作業員は「これまでお金にこだわることなんてなかったのに。昔は10年後までに夫婦でここまで頑張ろう、定年までにここまで貯めようねと話していた。それなのに、今は（賠償金をもらって）家を建てるお金だけじゃなくて老後のお金も貯めることができたら……と考えている自分がいるのに気づき、愕然とする」とうなだれた。震災後、また何か起きるかもしれないと思うと、お金がないと不安を感じるようになったという。

別の作業員は、「心は逆に行く。いかに金をもらうかと。今の自分は異常。金のことばかり考える自分が、金の亡者(もうじゃ)になったように感じて苦しい。自分が壊れているように感じる」と苦しそうに吐露した。

東電から支給された賠償金は、同じ地域内の「もらう人」「もらえない人」の間に大きな分断を生んでいた。地域民それぞれがこの賠償金の存在に振り回されていた。賠償金との距離感に戸惑う人たちが願うのは、事故前にあった当たり前の暮らしだった。

「警戒区域」解除もまだ安全じゃない――2012年10月16日　ノブさん（42歳）

イチエフにバスで向かう途中、警戒区域が解除された楢葉町に、住民が普段着で来ているのが気になる。

除染もほとんど進んでいない状態だから、解除前と何も変わっていない。それなのに、マスクもせず草むしりをしている人もいる。窓を開けっぱなしで走っている車も。そのまま帰れば、汚染を持ち帰ることにもつながる。

警戒区域が解除されただけで、安全になったわけじゃない。たとえ空間放射線量が低くても、あちこちに付着している汚染も低いとは限らない。雨どいや側溝、草むらや土は汚染も高い。口からホコリなどを吸えば内部被ばくもする。発表されている空間線量だって、少し場所が違うだけで数値はかなり変わる。マスクも防護服も自分を守るためのもの。装備はきちんとしたほうがいい。

８月の楢葉町の警戒区域解除の後、作業員も移動中の車内で、防護服を着ないように言われた。「住民が怖がるから」というのが理由だった。本当の解除はまだまだ先。それなのに、安全より解除に向けた体裁ばかり整えられている。

「気になっていることがあるんだよね」。湯本の駅近くの居酒屋の2階で、地元作業員のノブさんが浮かない顔で話を切り出した。

「警戒区域が解除された楢葉町の人たちが、除染も終わっていないのにマスクもしないで庭の手入れをしたりしている。まだ安全じゃないのに」。ノブさんは原発の行き帰り、国道6号を通るたびに、楢葉町の様子が気になってしょうがないという。「除染も終わっていないのに、帰れって言われてもなぁ。国は安全よりも解除が優先。賠償金を早く打ち切りたいのか。まだ線量が高い所は高い。それに線量と汚染は違う。線量は低くても汚染が高い所がある。きちんと除染してから、住民を帰すべき。順番が逆でしょう。それにマスクもしていないのに、窓を開けて走っている他県ナンバーの車も見る。何を考えているんだか。解除された警戒区域を見学に来ているのかね」。ノブさんは深いため息をついた。前年9月末に解除された広野町は、解除から1年経っても、約５３００人の住民のうち、戻ったのは５００人ほどと、汚染を不安に思う住民たちの帰還は進んでいなかった。原発に近いノブさんの街はまだ避難解除されず、いつ解除されるかもわからなかった。

10月10日、１号機の格納容器内の調査で、水位が２８０センチあると判明。溶け落ちた核燃料は完全に水に浸かっている状態だと推測された。放射線量は最大毎時９８００ｍＳｖと、人間が40分間浴びると確実に死亡すると言われる極めて高い数値が計測された。いずれにしても2号機と同様、毎日大量に注水している冷却水がどこから建屋地下に流れ出しているのか、格納容器の損傷箇所はわからないままだった。

「今年もセイタカアワダチソウが咲いたよ」。秋になると、警戒区域内に黄色い花畑が一面に広がった。事故後、地方から来た作業員のシンさんは、前年も一面に広がるセイタカアワダチソウを見て「土中に何十年も何百年も残る放射性物質を吸い取ってくれたらいいのに」とおどけたが、本気でそうなればいいと願っている表情だった。シンさんから教えられて私も、福島第一に向かう国道6号を車で走ってみた。道の両側に広がっているはずの田んぼや畑に、黄色い海が広がっていた。見えている風景は美しかったが周辺には人影はなく、寂寥（せきりょう）としていた。

「ちりとりで汚染水をすくう」記事に厚労省の圧力？

この頃、事故発生間もない11年4月から福島第一で働いたいわき市の20代の元作業員が取材に応じてくれた。男性は事故発生直後、3号機のタービン建屋内で、放射性物質の濃度がわからない汚染水を手作業で捨てたり、大型の工作機を分解したり、海側で配管の作業をしたりした。被ばく線量が高い現場が多く、一日2～5mSv浴びる日が続いた。男性の所属する下請け企業は年間20mSvを上限としていたが、男性を含む従業員らの被ばく線量は上限をあっという間に超え、所属企業は年間上限を、30mSv、そして途中から40mSvまで引き上げた。

男性の担当した作業は過酷だった。3号機のタービン建屋1階の床に点在する汚染水の水たまりを、プラスチック製のちりとりですくっては大型バケツにためる。バケツがいっぱいになると階段入り口の鉄の扉を開け、地下階に汚染水を投げ捨て素早く扉を閉める。タービン建屋1階の汚染水処理作業は、すべて手作業で、5～6時間で3mSvを被ばくした。他の作業も被ばく線量が高かった。「このままでは被ばく限度をあっという間に使い果たして、働けなくなる」。男性は危機感を覚え、低線量の場所での作業に変えてほしいと会社に訴えたが、聞き入れられなかった。

しかたなく、男性は原発敷地内の所属会社の倉庫に置かれた空き缶の中に、線量計を置いたまま作業に行くようになった。同じことをしていた同僚もいた。男性はノートに自分の被ばく線量の記録をしており、線量計を置いていった日は「一」印をつけた。男性のノートには前年4月からの5カ月間で、線量計を持たずに作業をしたのが約20回と記録されていた。高線量下での作業の日に線量計を持っていかないと、一緒に働いた同僚との被ばく線量の差が大きくなって目立つため、低線量の作業の日を狙って線量計を置いていった。それでも男性の被ばく線量は、5カ月で40mSvを超えた。そして男性は、社長に「被ばく線量限度を超えたから、他県の仕事に行ってくれ」と言い渡された。男性は家族がいるので、他県での仕事は困ると拒否すると、即解雇された。

原発事故直後の、高線量の建屋内での作業。鉛板をリレー式で運ぶ作業員ら＝2011年9月

男性の記事を10月31日付東京新聞朝刊の一面にした日、厚労省の担当記者から電話が掛かってきた。

「厚労省の担当者が『この記事の男性は法律違反をしたのだから、男性の身元や会社を教えろ』と言っている。大手新聞社は、（他の被ばく隠しをした作業員の）名前や会社名を教えてくれた。もし教えないと、書いた記者も問題になると言っている」。どうやら厚労省の担当者が「犯人隠避（いんぴ）になるので通報しろ」と言っているようなのだ。おどしのような言いように、私も原発取材班の山川（やまかわ）剛史（たけし）キャップも驚いたが、記者にとって取材源を守るのは絶対義務。言えるはずがなかった。山川キャップも「逮捕されるなら、されてこい。そうなったら、いい記事書いてやる。厚労省が正式に要求してきたら、記事にしよう。どうせ要求するなら文書でしてくれればいいけど」と笑った。その後、結局、厚労省から連絡がくることはなかった。

湯気上がる高濃度汚染水に、じかに足を入れた恐怖

10月30日、いわき市の元作業員男性（46歳）が東電と元請けの関電工（かんでんこう）（東京都港区）を相手に、高線量下で被ばく線量を最小限に抑えるための必要な措置をせず、作業を続けさせたのは労働安全衛生法に違反するとして、福島県の富岡労働基準監督署に申し立てた。男性が訴えたのは、２０１１年3月24日、事故発生直後の3号機タービン建屋内で、電源ケーブルを敷設する作業だった。その日、地下には水が溜まっており、その中に足をつけて作業をした同僚の作業員らは、非常に高い被ばくをして病院に搬送された。震災直後はまだ、地下に溜まった大量の高濃度汚染水の

存在は認識されていなかった。取材を受けてくれたその男性は、厳しい現場の様子を克明に語り始めた。

作業をしたのは6人チームで、3号機タービン建屋地下で電源ケーブルの敷設作業に当たった。事前説明では、放射線量は高いが作業に差し支えない程度だと聞かされ、上限を20mSvに設定した線量計を持っていった。暗闇の中、ヘッドライトだけを頼りに1階を進み、手探りで配電盤にケーブルを結線した。「(配電)盤を見てくる」と関電工のチームリーダーら3人が地下に降りていった。3人が降りていった階段近くに寄ると、途端に男性の線量計が鳴りっぱなしになった。男性は、咄嗟(とっさ)に体を柱の陰に少しでも隠すようにした。地下に降りてケーブルを結束するように指示されるが、男性は命の危険を感じて拒否した。地下をのぞき込むと、事前に説明のなかった黒い水が広がっていた。湯気がぼわーっと立ち上がるのが見えた。「これは危ない」。恐怖がせり上がってきた。

原発内では水は「危険」を意味するが、全面マスクでは声も通らなかった。3人が足首まで溜まった水にジャブジャブ入っていくのが見えた。「やばい」と思ったが、1人は長靴だったが、2人は短靴で足がじかに高濃度汚染水に触れた。これが後に大量被ばくになる。線量計の数値がぐんぐん上がっていった。地下に降りた3人の線量計は20mSvを超え、パンクしていた。別の作業員から、「まずいんじゃないか。中止にしたほうがいいんじゃないですか」という声も上がったが、リーダー格の男性から「(線量計は)誤作動することもある」「あと作業はいくらもないから、やるしかない」と言われ、作業は続行された。地下の水が生ぬるかったと聞き、男性は「炉心の水じゃないのか」と生きた心地もしなかった。原子炉のどこかが壊れ、汚染水が噴き出しているのではないか。男性の脳裏に家族の顔が次々浮かんだ。その頃、東電社員らの別のチームが来て、階段下で溜まった水が表面線量で毎時４００ｍＳｖあるのを計測してすぐに撤退。それでも男性のチームは作業を続行した。

当初の東電の記者会見では、この地下での作業を1回と発表したが、実際は計5回に及んでいた。1時間ほどの作業後、男性たちは地下の高濃度汚染水に入った作業員の足をゴミ袋で何重にも巻いて、車に乗せて連れて行った。東電は前日の放射線量は低く、水たまりは少なかったと説明したが、作業直前の状況は調べていなかった。後日、地下の水たまりは男性の直感した通り、原子炉に注がれた水が流れ出したものと判明する。この作業で足を水たまりにつけた3人は、１７３～１８０ｍＳｖを被ばく。男性もこの作業で11ｍＳｖ被ばくした。男性はその後、累積被ばく線量が高くなったため、翌月から他県の発電所を転々とさせられた。家族のことを考え、地元の仕事を希望したが「仕事はない」と言われ、事実上解雇されたと憤った。さらに男性は後日開いた記者会見で、「一つ間違えば命に関わった。多重下請け構造で、労働者の安全を守る責任の所在が曖昧になっている。発注者である電力会社にも責任を負わせるべきだ」と訴えた。

２０１４年5月、男性は、無用な被ばくをしたとして東京電力と元請けなどに１１００万円の損害賠償を求め、福島地裁いわき支部に提訴。２０１９年6月、判決で「ＡＤＰの警報音が鳴り、退避が求められる状況下」とし、建屋にとどまることを余儀なくされ、不安や恐怖で精神的苦痛を受けたと、原子力損害賠償法に基づき東電のみに33万円の支払いを命じた。

８月、福島第一近海の魚の汚染調査が始められ、原発から20キロ圏内の南相馬沖のアイナメから

1キログラム当たり2万5800ベクレル（国の基準は同100ベクレル）の放射性セシウムが検出された。加えて10月に採取した福島第一の専用港湾内のマアナゴから同1万5500ベクレルが検出され、依然深刻な汚染が続いていることが明らかになった。

そして前年12月16日の政府の「事故収束宣言」からちょうど1年後の2012年12月16日、衆議院議員総選挙で自民党が大勝し、政権交代が決まった。

東電社員の賠償打ち切り、「避難」は「転勤」？

12月に入って、原発から20キロ圏内の警戒区域内に住んでいた東電社員への精神的苦痛に対する損害賠償が打ち切られるらしいという情報が入ってきた。その後間もなく、東電社員が勤務先に集められ、2回に分けて説明会が開かれた。

東電は文科省の「原子力損害賠償紛争審査会」がまとめた賠償の中間指針に基づき、避難者に一人当たり月10万円を目安に、精神的苦痛への損害賠償を支払っている。警戒区域内に持ち家があり、福島第一に勤務していた社員には、一般の被災者と同様の賠償を続けると説明。しかし、警戒区域内に持ち家がない社員は、通勤可能な社宅や避難者用借り上げ住宅などに入居した時点で、社員もその家族も精神的苦痛に対する損害賠償を打ち切る、という内容だった。これに対し、避難生活をしながら、事故収束に当たる社員らからは「会社に切り捨てられた」と失望や怒りの声が上がった。

会社の説明が進むにつれ、会場の空気が殺気立っていったという。社員らが腹を立てたのは、何よりも、原発事故による避難と転勤が同列だとみなされたことだった。東電本店の広報担当者は取材に、「示したのは基本的な考え方。社員も被災者で、一般の人と同じ基準で賠償する。避難を余儀なくされているかどうかで、個別の事情も考慮して決める」と回答した。

東電社員も、家族とともに仮設住宅などで避難生活をしたり、幼い子どもを連れて避難する家族と離れた生活を送ったりしながら、福島第一にとどまって収束作業に尽くしていた。事故後、社員の配偶者は転居することでそれまでの仕事を失ったり、子どもも転校などを強いられたりするケースが多かった。区域内の実家から通っていた社員も、故郷を追われる苦しみは同じだが、自分名義の持ち家ではないという理由で、その家族とともに賠償がストップされる。説明を受けた社員は、「社員である自分はともかく、家族に東電社員がいるからと、配偶者や子どもまで補償されなくなってしまうのは家族に申し訳なくて……」とうなだれた。その同僚は「実家に同居していた人もアパートに住んでいた人も、生まれ故郷や長年住んでいた土地を離れざるを得ないのは同じなのに」と言葉を失った。別の社員は「避難する家族と離れて、事故収束のためにとどまっている人もいる。避難を転勤と同じように会社にみなされたのは、忘れられない」と声を震わせた。

社員らは、会社から「避難を余儀なくされているかが、精神的苦痛の賠償の対象になるかの境目。社員と一般の被災者との違いは、社員は転勤が前提で、福島第一に通える社宅やアパートに入った時点で、避難を余儀なくされている状態ではなくなる。社員の避難は転勤と同じ」と説明を受けたという。ある社員は「この説明を受けた瞬間、会社を辞めてやろうかと思った」と憤った。別の社員は「会社は本気で言っているのか。本気ならこの会社は終わりだと思った」と言ったきり黙った。

「もし会社を辞めれば一般避難者（と同じ扱い）になり賠償が出続けるというのなら、今すぐ辞めようか、と話す若手もいた」と複雑な心中の中堅社員もいた。

父ちゃんサンタ頑張る――2012年12月24日　ノブさん（42歳）

クリスマスの朝は毎年、子どもたちがプレゼントを抱えてすっ飛んでくる。「来た、来た！」って。お姉ちゃんは、サンタは父ちゃんと母ちゃんだと思っているけど、長男坊はまだ半信半疑。だから、「枕元に靴下を置いておかないとサンタは来ないぞ」と念を押しておいた。

警戒区域内から避難した後、イチエフに通うために家族と離れて暮らしている。一人でいると、どうしてっかなーと、子どもたちのことばかり考える。

週末に家族のいる仮設住宅に帰り、一緒にお風呂に入ると、大きくなったなと思う。別々に暮らすのがずいぶん長くなってしまった。

家族と離れているのは寂しい。でも、子どもたちの声を聞くだけで頑張れる。キッズ携帯を渡して、電話をしてきたときはうれしかった。喜んだのは数日で、すぐに掛かってこなくなったけれど。

今年のクリスマスは仕事で帰れない。でもプレゼントを見つけて喜ぶ姿を想像するだけでうれしくなる。そばにはいてやれないけど、一日も早く、家族みんなで故郷に帰れるように、父ちゃん頑張るからな。

3章　途方もない汚染水――2013年

「みんな突貫工事で造っ

いるからね」

「原発で働いていると言えない」

「使うだけ使ってクビです」

「イチエフの作業は誰かがやらなきゃならない」

ずげー頭にきてるんですけど。ポイポイ人のこ

捨てて」

「汚染水はいずれ基準値以下に浄化して海に流さないと」

「ここで生きていこう」

「危険手当も時間外手当も減っ

積雪これほどとは――2013年1月16日　シンさん（48歳）

けさイチエフに行くと、30～40センチの雪が積もっていた。昨夜はふぶいていたけれど、これほど積もるとは。浜通りの冬は、風は冷たいが雪は珍しい。

明け方の冷え込みは厳しく、車の温度計を見ると外はマイナス3度。みんな早めに出たのか、いつもはすいている時間帯なのに、渋滞がひどかった！

白い雪に覆われた敷地はいつもにも増して、しんとしていた。わだちのない道も多く、溝にはまったら怖いと、ドキドキしながら車を進めた。現場近くは雪に埋まりながら歩いて進んだ。

体は寒くないが、手足があっという間にかじかむ。指先を脇の下に挟んだり、足の指を動かしたりしながら作業した。いつもの倍ぐらい体力を使った。

明日以降の作業に向け、重機やシャベルで雪かきする作業員も。昼からは、太陽が見えてだいぶ解けた。明日の作業は通常通りだろうな。

自民党、原発ゼロ見直し　「事故収束宣言」に答えぬ旧政権

２０１２年12月の衆議院議員総選挙で、民主党から政権を奪還した自民党の安倍晋三首相は、民主党の原発ゼロを目指すエネルギー戦略の見直しや、原発の再稼働を明言する。福島の原発事故は、あっという間に忘れ去られたかのようだった。国の政策が明確に原発推進へと舵が切られるなかで、

ずっと気になっていたことを取材しようと思い立つ。

民主党政権が行った2011年12月16日の「事故収束宣言」は、なぜあのタイミングで行われたのか。今もって明確な理由は説明されていなかった。正月休みが明けてすぐ、当時の民主党の野田（のだ）佳彦（よしひこ）首相、枝野幸男（えだのゆきお）経済産業相、細野豪志（ほそのごうし）原発事故担当相の3人にインタビューを申し込んだ。事故収束を宣言するまでにどのような議論があったのか、当時の決断や苦悩、あの事故収束宣言を振り返ってどう評価するかを聞きたいと、各事務所に電話をした。

結局、インタビューは実現しなかった。野田元首相の事務所からは「今、取材は全部お断りしている。一連の政治決断に関することはすべて、時期をおきたいというか、あまりにも今、発言することは影響が出やすい」と断られた。枝野元経産相の事務所からは「当時担当だったのは細野氏なので、細野さんに聞いてほしい」の一点張り。細野民主党幹事長の担当者からは「物理的に時間が調整できない。この内容だと（インタビューを受けるのが）きついと思うので、少し時間をおいて相談します」との回答。結局その後、何度連絡しても誰一人応じることはなかった。

政府の「事故収束宣言」は、福島第一の現場や作業員に大きな影響を与えた。宣言が出たときは、福島第一で汚染水漏（も）れが頻発（ひんぱつ）しており、溶けた核燃料の状態もわからなかった。そんな状況下での突然の政府の宣言に、作業員らの怒りは激しかった。その日を境に、東電や政府の、事故対策のための統合本部が廃止され、住民の避難区域の再編が行われ、福島第一ではコスト削減が推し進められたことで作業員の労働条件が悪化していった。なぜ、あのタイミングで事故収束宣言をしたのか。巷（ちまた）でささやかれた原発の海外輸出への影響など経済的な理由なのか。福島の避難者らが感じたように避難者の帰還政策を進め、賠償を打ち切るためだったのか。いずれにしても、2年経っても何の説明もされないままだった。

年明けから4号機では、最上階にある使用済み核燃料プールから核燃料を取り出すため、クレーンを備えた建屋カバーの骨組みの建設が始まった。そして、「現場が落ち着いてきた」からと東電は、毎日朝夕に東京本店と福島で開いていた記者会見を、東京本店では減らしていく。12年3月からは夕方だけになり、13年の年明けからは週3回になり夕方のみ、先の話になるが、14年7月には東京で参加できる記者会見は週2回に減る。

確かに東京で東電の会見を聞いていると、福島第一はすっかり落ち着いたような錯覚に陥る。なるほど事故直後に比べると、敷地内の放射線量は格段に減り、原子炉内の溶けた核燃料も安定的に冷却できる状態になった。だが、溶けた核燃料を冷やすために、原子炉からは毎日、大量の汚染水が生まれていた。敷地内には処理した汚染水を貯めるための約1千基のタンクが建設され、約22万トンが貯蔵されていた。2013年度以降、タンク造成地として10万平方メートルの敷地を使い、タンク容量を計70万トンまで増やす計画だが、それも2年半で使い切る見通しだった。そんななか、1月24日の原子力規制委員会の検討会で、東電の担当者が「最終的には関係者の合意を得ながら、そういった活動（汚染水を処理した後の水の海洋放出）ができれば、敷地に一定の余裕ができる」と発言。地元漁協などから猛反発が起きる。ただでさえ、この半年間でも福島第一より20キロ沖で獲ったアイナメからは食品基準の約260倍の放射性セシウムを検出。また事故後に高濃度の汚染水が流れ込んだ福島第一専用港湾内の魚は、特に汚染度合いが高く、前年12月に採取されたムラソイからは同２５００倍超を検出。東電は3月から魚類の汚染拡大を防ぐため、専用港湾内の魚の駆除に乗り出すと発表する。

現場では、作業員たちの被ばくとの闘いも続いていた。「汚染水処理関係で一気に被ばく線量が上がった」「今年の被ばく線量上限まであと2ミリもない。年度末までもたない」。作業員らの切羽詰まった声と、東電の記者会見で広報担当者が淡々と説明する落ち着いた声との間の温度差は、広がるばかりだった。

復帰も給料半分以下——２０１３年2月15日　キーさん（57歳）

５カ月ぶりにイチエフに戻った。監督の仕事がなくて、今回はいち作業員として作業することに。それにしても、給料は以前の半分以下。事故前より安い。危険手当も時間外手当も減った。前はホテル暮らしだったのに、今は会社の借りたアパートに同僚と同居。雇用条件の悪化を痛感した。

１６０キロの分電盤を４人でかついだが、階段を上るのもやっと。狭い通路を、体をよじりながら、えっちらおっちら運ぶ。鉄の配管をかつぐと肩に食い込み、すぐ全身汗だくに。太い配線を８の字のようにして持てと言われても、ねじれを直そうとすると、自分の体がよれちゃうぐらい重い。腕力には自信があったのに、作業が終わると上腕二頭筋がびりびりしびれ、二の腕はぱんぱん。何よりも腰が痛い。痛みで眠れない日もある。

現場が危険なのだけは変わらない。原子炉建屋や瓦礫周辺は線量計がビービー鳴る。

今回は娘にイチエフに来ることを話していない。また行かないでと言われるから。給料半分以下じゃやってられないと思うけど、イチエフの作業は誰かがやらなきゃならない。

配管工のキーさんが、5カ月ぶりに現場に戻ってきた。久々にいわき市内の海沿いの店で待ち合わせ、店に入ろうとすると、強風の中、道の向こうから腰が曲がった状態で、壁づたいにたどたどしく歩いてくる男性がいる。キーさんだった。

「いやー。まいったよ。腰が痛くて伸びないのよ。年寄りみたいで情けない」。喫茶店の椅子にぎこちなく座りながら、キーさんが疲れた声を出す。160キロの分電盤を4人で担いで、建屋の2階まで運ぶこと4回。そのうえ、束(たば)ねた銅線や配管を担いで腰をやられたという。空手や水泳が得意で会うといつも明るいキーさんが、この日はずいぶん疲れて見えた。

キーさんは、福島第一を離れていた、たった5カ月の間に労働条件が大きく悪化したことに、衝撃を受けていた。給料は半分以下に下がった。現場監督の職がなくて、3次下請けの平(ひら)の作業員で来た。それにしても日当が2万5千円だったのが、1万3千円になり、以前ついていた残業手当もつかなくなった。

危険手当も一日1万円出ていたのが、4千円に落ちた。食費も前の会社では、一日1500円出ていたのがゼロになった。「事故前の他の原発のほうがもらっていた。これじゃあ並の現場より安い。考えられないよ。これじゃあ、人が集まらないよ」。装備の軽装化にも驚いたという。「現場の放射線量は確かに下がったけれど、高い場所はまだ高い。全面マスクのフィルターも（放射性ヨウ素が防げない）薄いフィルターしかないし、防護服も素材が悪くなっている。何かあったら防げるのか（身体が守れるのか）」

さらに今回は、ホテルの1人部屋ではなく、借り上げマンションで2人の相部屋だった。周辺に飲食店や居酒屋もなく、気分転換もできない。寮に食事はついていないので、朝も昼夜兼用の食事も毎日コンビニで調達して済ませる。「このあいだ、ハローワークにも行って原発のいい条件の仕事を探したけど、全然ない。先のこと考えると、イチエフで今、いちおう仕事ができているのはよかったのかもしれないけれど……」。この日、キーさんは大好きなはずのビールがすすまず、最後まで元気がなかった。

仮設タンク急増、3年後に破綻（はたん）

ある日、作業員の一人から「汚染水を処理した水を貯めるタンクが溶接されていないのを知ってる？　鋼材の間に、ゴムのパッキンを入れてボルトで締めて、外側にコーキング（補強）しているだけなんだよね」と聞いて仰天する。原発事故後に、敷地内に次々造られたタンクは、円筒形の1千トン級の大型タンクだった。溶接されていなくても長

溶接をしていないフランジ型タンク群。夏以降水漏れが頻発する＝2013年８月22日　写真：東京電力

期間もつのだろうか。作業員の話を元に同僚が問い合わせると、二つのことが判明した。東電の説明はこうだった。――事故発生当初、急増する汚染水処理のため、急いでタンクを用意しなくてはならず、溶接するよりも短時間で組み立てられる、ボルトを締めるだけのフランジ型タンクが次々造られた。またそのパッキンの耐久年数が5年ほどしかない――。事故発生から2年が過ぎようとしていることを考えると、3年後にはタンクの大改修を迫られることになる。タンクはすでに約1千基あり、そのうち約270基がフランジ型のタンクだった。当初は、2011年度中に汚染水処理がおおむね終わり、処理後の汚染水は海に流してタンクは不要になる計画だったため、東電は溶接をしないフランジ型タンクを「仮設タンク」と呼んでいた。

けれども現実には、タンクはいつまで使われるか目処(めど)がたたない状況だった。地下水が建屋地下階に流れ込み、原子炉から出る高濃度汚染水と混じって一日400トンもの汚染水が生まれ（↓巻頭図参照）、敷地には貯蔵先となった大型タンクが林立していた。仮設なのはタンクだけではなかった。敷地内は事故後に突貫(とっかん)工事で造られた仮設の施設や設備であふれていた。電源システムや冷却システムなど、重要なものも仮設のままだった。注水や汚染水処理に使う配管もホースで代用していたため、1年前の冬には凍結による水漏れが相次いだ。チガヤというとがった葉の雑草が刺さり、ホースに穴が開いて連日水漏れした時期もあった。事故後、汚染水移送などのためにホースは大量に設置され、場所によっては幾重にも絡(から)み合い、作業員が踏んだ箇所からの水漏れも起きていた。

下請け企業の役員が、作業員に線量計を鉛カバーで覆わせていた問題が前年7月に発覚した後、福島第一では、作業員への線量計携帯チェックが厳しくなっていた。線量計は専用下着の胸ポケットに入れ、その上から着る防護服は両側の胸の部分が透明なビニールになった特注に変わり、現場に向かう前の線量計携帯チェックをするようになった。だが肝心なことは何も変わらなかった。被ばく線量隠しは、下請け企業の役員が、従業員らの被ばく線量が国の定める上限に達して働けなくなり、会社が仕事を失うことを怖れて強制したが、同様に働けなくなることを心配した一部の他の作業員たちも、自ら現場に線量計を持っていかなかったり、線量計を鉛カバーで覆ったりしていたことがわかった。原発事故後、作業員たちの被ばく線量が軒並み上がるなかで、福島第一で安定して働き続けられるようにすることが急務だった。しかし、経産省や資源エネルギー庁に取材をすると「東電に高線量と低線量の仕事を合わせて発注するように要請している」と回答。東電に聞くと「高線量と低線量の仕事を元請けに合わせて発注し、下請けにもそうするようお願いしている」と答えるが「お願い」ばかりでは、現場は何も改善されなかった。作業員に取材をすると、所属企業やその上位の企業が、独自に除染や火力発電所の仕事も確保して、被ばく線量が高くなった作業員を回している企業はあったが、特に人海戦術で乗りきろうとする高線量の現場などでは、被ばく線量が嵩んだ作業員が相変わらず短期間で次々解雇されていた。

　仕事が減ったと心配していた、地元の下請け企業の幹部で作業員のノブさんに電話をする。何年かぶりに風邪を引き、41度の高熱が出て家族のいる避難先で3日間寝込んだという。「高熱のせいで変な夢ばかり見た。今、原発での仕事が無い。それに除染の仕事もあと1~2年で無くなる。今まで元請けが取っていた仕事も、来年度から競争入札になるというから取れるか……。イチエフの仕事をキープしながら、別の仕事も探さないと。俺の被ばく線量も事故後1年間で25mSv（ミリシーベルト）近くになり、今年もすでに15mSvを超えて後がない。事故前は、（被ばく線量が）いった年でも10mSvを超えなかった。仕事のこと考えていたら、不安になって、かあちゃんに弱音を吐きそうになって、思わず『うつるからこっちに来るな』と怒鳴ってしまった。仕事が無くなったら、どうしていいのかわからない。家族も従業員もいる。自殺ものだよ」と、まだ風邪が治りきらぬ、かすれた声で不安を一気に吐き出した。

「俺の存在は線量だけなのか」

年度末前のある日の夕方、携帯電話が鳴った。着信画面を見ると、地元作業員のリョウさんだった。「近況報告です。あしたで現場を去ります」。思わず「えっ」と聞き返す。「今年度分18mSvの線量が無くなっちゃって。社長にそれ以上は管理できないから明日去ってくれと言われました。使うだけ使ってクビです」。リョウさんの声は感情を押し殺そうとしているのか硬く、震えていた。リョウさんは、事故の起きた2011年度の被ばく線量が25mSvを超えていた。12年度の上限は18mSvと言われたが、その上限に達したということだった。さらに4月以降、会社が受注できた仕事が減っていたことが解雇につながった。「あと1カ月もしないうちに新年度になって、次の被ばく線量の枠がもらえるから、それまでの間、事務所待機などで雇い続けてくれると思っていた。でも甘かった……。俺はこんなにあっさり切られる人間だったんだ」

リョウさんの深い嘆きを聞きながら、1カ月前にいわきで会ったときのことを思い出していた。その日、リョウさんは福島第一で働くことを誇りに思っていると胸を張った。「地元の先輩には『いずれ無くなる所に、高い被ばくをしてまで自分を捧げて行くことない』と言われたけれど、使命感があるから、イチエフのことをぶん投げられない」。この時点で、すでにリョウさんの被ばく線量は、会社の決めた上限に近づいていた。

「人の行きたがらない場所で、自分なりに頑張ってきた。自分が必要とされる場所が無くなるのが怖い。ここでお前はいらないとほっぽり投げられたら、俺狂っちゃうよ」。話は止まらなかった。「事故後は自分で自分の人生を選んで生きているのではなく、流されて生きている気がする」と感じているリョウさんにとって、福島第一で必要とされることは大きな意味を持っていた。リョウさんはこの日、何度も「お前はいらないと、今ここでほっぽり投げ出されたら、俺狂っちゃうよ」と繰り返した。

その1カ月後、リョウさんは福島第一での仕事から「あっさり出される」ことになった。結局、会社から解雇はされなかったもののリョウさんにとって福島第一以外の仕事は意味がなく、退社を考え始める。家族と一緒に暮らせるようになって1年。ようやく生活が安定してきた矢先だった。元請けの社長も「また仕事でたら頼むよ」とあっさりしたものだった。「俺の存在は線量だけなのかって。俺、卑屈(ひくつ)になっているだけですかね」。そう力なくつぶやくリョウさんに、何の言葉も返すことができなかった。

電話を切った後、これまで取材のなかで、何人の作業員から「俺たちは使い捨てだから」という言葉を聞いてきたかと考える。原発事故後、現場から逃げずに、高線量の危険な現場で懸命に働いてきた作業員にとって、突然宣告される「退域」や「解雇」はあまりにも冷たい仕打ちだった。

超高線量の建屋内、5分が限界

原発事故から2年が経とうとしていた。福島第一では敷地内の瓦礫はかなり片付き、放射線量も全体的に事故直後に比べれば下がっていたが、原子炉建屋やその周辺はまだ高線量だった。

水素爆発で原子炉建屋上部が激しく破壊された3号機からは、曲がった鉄骨などがかなり撤去され、建屋は北側を開けたコの字形の鉄の囲い(かこ)に覆われた状態になった。順調にいけば、この囲いを基礎として、原子炉建屋上部を覆う屋根カバーを造り、このカバー内にクレーンを設置。2014年度後半に使用済み核燃料プールから核燃料を取り出す予定だった。

東電の発表では着々と囲いの工事が進んでいるようだったが、作業員によれば、現場は想像以上に困難な状況だった。3号機の建屋内は放射線量が極めて高く人間が容易に入れないばかりか、建屋外の囲いの建設さえ高線量との闘いだった。「鉄骨を組んで囲いを造っているが、放射線量は低い所でも毎時28mSv。高い所は100mSv、いやもっと高いかもしれない」と推測する。水素爆発で汚染した瓦礫が残る建屋上部に近づくにつれ、線量は高くなる。最上階の5階では、毎時500mSvが計測されたこともある。そのため、囲いのボルト締めなどを担当する作業員たちは、被ばくが特定の人に集中しないように、次々入れ替わる人海戦術で作業をするしかない。作業員たちは防護服の上に、放射線を遮(さえぎ)る約15〜17キロあるタングステンベストを着るが、あっという間にその日の作業の被ばく上限3mSvに近づいた。

建屋近くの待機場所から現場までの移動時間をふまえると高線量下のため、一人が作業できる時間はわずか5分前後しかない。現場監督から「GO!」と声が掛かると、作業員たちは一斉にダッシュ。道具を持ち、囲いの周りの鉄骨の足場をよじ登り、ボルト1、2個を締めて戻る。それもタングステンベストはずっしり重く、容易ではない。穴を開ける、ボルトを締めるなど、作業を細かく区切って交替で仕上げていく。細かい作業をするには何重にも重ねたゴム手袋も邪魔になる。「震災当時は10mSv上限で作業に行って、6~7ミリ浴びて帰ってきた。それに比べれば低いよ」。地元の下請けに所属する中堅の作業員は、こともなげに言った。

2号機で人海戦術の作業に参加した作業員によると、高線量の場所が点在する原子炉建屋内の作業は、さらに厳しかった。真っ暗な中でヘルメットに付けたライトを頼りに、高線量の場

3号機原子炉建屋の鉄の囲いを設置する作業員ら=2013年3月

所を駆け抜ける。タービン建屋から原子炉建屋へは、通称「松の廊下」と呼ばれる1階の長い通路を通って入るが、その途中、高濃度汚染水が流れる配管が通る。放射線を遮蔽する鉛毛マットが二重、三重に配管の上に掛けられているが、毎時30〜60ｍＳｖの高線量の場所があるため、ここでもたつくと、その分被ばくする。建屋内は、放射性物質を含む粉塵が多い。作業員たちは、ゴム手袋が汚染されたら次々新しいものに換えられるよう、あらかじめ軍手の上にゴム手を4〜5枚重ねるが、何重ものゴム手で、手は締めつけられ鬱血する。線量計の警告音を聞くと焦るが、作業に集中するとそれも聞こえなくなる。作業を終え、タービン建屋に戻ると、防護服の上に着ているかっぱに触れると汚染するため、仲間の作業員が上着の背中とズボンの両脇をはさみで切り裂き、脱ぎ捨てる手伝いをする。長靴とヘルメットは汚染されているため、その場に置き去りにするしかない。作業員の一人は「予行演習を重ね、事前に役割や手順を何度も確認する。それでも、どんなに事前に打ち合わせても、現場では思わぬことで手間取ることがある」と説明した。

「1日2ｍＳｖ超えたとか、10日で15ミリ超えとか。年度末が近い2月や3月は毎日のように送別

コの字形の鉄の囲いが設置された3号機。10月には大型瓦礫が撤去された＝2013年10月11日　写真：東京電力

会をしていた」。3号機の作業に携わった別の技術者の男性は、そう思い起こした。

この時期、私の携帯にも、毎週のように作業員たちから「現場を離れることになりました」などと、頻繁(ひんぱん)に電話が掛かってきた。被ばく線量が上限に達したり、所属する企業が仕事を確保できなくなったりして、次々去っていった。5カ月ぶりに福島第一に戻ってきたキーさんも、高線量の現場ばかりを渡り歩き、数カ月で現場を離れた。残りの被ばく線量が無くなれば、現場を去らなくてはならない「使い捨て」の身の上を、キーさんは「おれたち線量（千両）役者だから」と自ら揶揄(やゆ)して、3月末に故郷に戻っていった。この時期、取材を受けてくれる作業員がたった一人になったことがあった。

もし誰もいなくなったら、福島第一の現場の様子がわからなくなってしまう。このときの不安感は今も忘れられない。

若手、次々辞めていく——2013年3月31日　東電社員

東電を退職する人が後を絶たない。特に若手が辞めている。震災後1年で依願退職者が震災前の3倍を超え、そのうち4割を29歳以下が占めたと聞いた。2年目も1年目を上回るペースで辞めている。給料が下がり、会社の将来もわからない。家族に反対され、辞めた若手もいる。

ベテランも辞めた。事故後、精神的なバランスを崩し、辞めた人は少なくない。仕事に来られなくなった原発運転員もいる。地元採用が2014年度に再開するが、どのくらい来るだろうか。

事故後間もない頃、家族のいる避難所を訪ねたとき、近所の人の前で肩身が狭かった。事故を起こして申し訳ないという気持ちがあるうえに、原発は安全だと信じ、そう説明してきてしまった。そのことがつらさに拍車を掛けた。水素爆発で建屋が吹っ飛ぶなんて。教えられた原発の知識も信念も、根底から崩れた。

何度も会社を辞めようと思った。だけど、家族を養わなければならない。事故直後、絶望的な状況の中で現場に踏みとどまった仲間もいる。福島の人間だし、今も頑張る同僚がいるから、何とかやっていけている。

責められる東電社員の家族

事故後、東電社員の自己退職は、2年目に入ってもハイペースで続いていた。震災後1年目は、20代や30代の若手中心に辞めていたのが、2年目になると、辞めていく社員の年齢が上がり、40代や50代の社員の割合が増えていた。「事故後、何度も辞めようと思った」という福島第一で働く社員も、避難した妻と幼い子どもたちと離れ離れの生活が続いていた。平日は、毎日深夜まで仕事をして、週末に何時間も車を走らせて家族の元に通い、日曜日の夜にまたいわきへ戻っていた。「今も仕事を辞めようか考えてしまう。家族と別々の生活がいつまで続くのか……。子どもたちの成長も見たい。妻は辞めたいなら辞めてもいいよっていうけど、子どもたちはまだ幼い。もう少し若かったら辞めていたかもしれない」とうなだれる。社員の給料の減給20%は続いていた。

「今も事故を起こした東電社員として、住民から責められることがある。事故直後のモチベーションはない。でも踏みとどまりたい」。福島で働く社員は、現場で工事を計画しても本店の許可が下りなかったり、国や本店、現場との板挟み（いたばさ）になったりすることがあった。事故前には現場で決裁できたことも、事故後は本店決裁となり、現場での裁量の余地はほとんどなかった。

東電社員の家族はどんな思いでいるのか、ずっと気に掛かっていた。

夫が技術者の女性は、大震災が起こった日、出張していた夫と連絡が取れなかった。翌日昼ごろ、夫の両親と娘と車で避難をしようとしていたとき、夫から携帯に「今どこにいる？　そっちに向かっている」というメールが入った。夫は家に寄ったが水や食料を置き、10分もしないうちに「（原発に）同僚たちがいる」とすぐに福島第一に向かった。その後はまた連絡が取れなくなった。時々、夫から「元気ですか。俺は元気です。とにかく西に逃げろ。逃げてくれ」「体大丈夫か。みんなを頼む。お前なら出来る」「俺は免震重要棟にいる。生死に関わる所じゃないから大丈夫だ。とにかく西に逃げろ」とメールが届いた。女性は「夫も心配でしたが、家族と避難するので必死だった」と振り返る。

避難生活が始まると、女性は東電社員の家族として肩身の狭い思いをした。炊き出しがあっても、地域の人に謝ることから始まった。責められても怒りをぶつけられても、知っている人だからこそ余計に、申し訳ないという気持ちしかなかった。一時帰宅の住民の家の片付けを手伝いに行ったとき、「何ぐずぐずしているんだ！」と怒鳴られたこともある。それでもひたすら謝り続けた。逆に「体大事にしろよ」と言われて、涙が止まらなくなったこともあった。

事故から2週間後、久しぶりに避難先に戻ってきた夫の姿を見て女性は絶句した。「汚染がつかないように髪を同僚とバリカンでお互いに刈って坊主になり、頬はこけ、げっそり痩せていた。着替えもなく、汚れて真っ黒なシャツを着ていた」夫は事故を起こしてしまったのだからと、無駄遣いを一切しなくなり、美容院にすら行かなくなった。夫は「俺の物は何も買うな。賠償請求も出すな。事故を起こしてしまったのだから……」と賠償金の請求をきつくとめられていた。

けれど家族は生活していかなければならなかった。今後、子どもたちにかかる学費の不安もあった。女性は夫に内緒で、夫の分を除いて賠償請求をした。一方で、家族で避難先を転々とし、娘の学校のために浜通りに戻ってきた後も「外食するにも、いいのかと考えてしまう。今、家に引きこもり状態になっている」と女性は目を伏せた。

ネズミで停電。次々に起こる仮設機器の不具合

東電は2013年3月18日、午後7時前に停電があったと発表した。1、3、4号機の使用済み核燃料プールの代替冷却システムが停止し、合わせて6377体の核燃料を保管する共用プールの冷却や汚染水処理の一部が止まるなど、影響は広範囲に及んだ。このまま冷却ができない状態が続くと、最も水温が高い4号機で、保安規定上の安全管理温度の上限である65度に4～5日で達する計算だった。その後、3、4号機に設置された仮設の配電盤で不具合が起き、そこから連鎖的に異常が広がったことが判明する。問題となった配電盤は、事故発生直後に応急措置で設置された仮設のもので、トラックの荷台に置かれたまま使われていた。そして約29時間ものあいだ重要施設が止まった原因が、仮設配電盤に入りこんだ1匹のネズミが感電したせいだと判明する。記者会見の後、

ネットで中継を見ていた作業員から電話が掛かってきた。「あれだけのことが起きたのに原因がネズミだなんて。笑っちゃったよ。だけど敷地にネズミはけっこういるからね。あり得ないことではなかったね」。ゴミ処理を担当している作業員は、原発事故後にネズミが増えたと感じていた。「事故後、しばらくの間、弁当の残飯などのゴミ処理方法が決まらず、袋に入れて屋外にまとめて仮置きしていた時期があった。その時に繁殖したのかもしれない」

翌4月にも、2号機の使用済み核燃料プールの冷却装置の変圧器内から、感電死したネズミ2匹の死骸（しがい）が見つかり、点検のためにプールの冷却を4時間止めることになる。この後、作業員たちはネズミの入りそうな隙間（すきま）をふさぐ作業や駆除に追われた。

地下貯水槽から汚染水漏れ、続々

仮設設備のトラブルは、その後も続く。4月5日、東電は高濃度汚染水を処理した水を入れていた地下貯水槽から水漏れがあった可能性が高いと発表する。地下貯水槽は、タンクを増設する用地が足りない状況の打開策として、敷地上空に送電線があってタンクが設置しにくい土地の地下

設置工事中の地下貯水槽＝2012年6月18日　写真：東京電力

に造られ、汚染水が貯められていた。深さ数メートルの穴を掘り、粘土層を敷いて遮水シートを三重に施工しただけの簡易な造りだった。作業員たちは「タンクが足りないから応急的に移したんだろうけど、シート張っただけじゃ、漏れるに決まっているだろう」などと、一様にあきれ顔だった。7カ所に設置され、容量は計5万8千トン。そのうち3カ所の計2万7千トンは、放射性セシウムの大半を除去した汚染水が入っていた。翌6日、漏れたのは、事故収束宣言後で最大規模の推計120トンだと発表される（2カ月後、約20リットルに大幅修正。大半がシートの層と層の間にとどまり、貯水槽の外までは漏れていなかった）。漏洩した貯水槽は使い始めて2カ月しか経っておらず、劣化は考えられなかった。さらに別の貯水槽でも水漏れが起き、構造的に欠陥があることが浮きぼりになる。

敷地内の地上には、すでに1千基近くのタンクが造られ、27万トンを超える処理後の汚染水が貯蔵されていた。福島第一では、燃料冷却のために原子炉建屋に注水した水が、建屋地下に高濃度汚染水となって漏出。そこに土中から建屋間の貫通部などを通り地下水が流入して水量が増えており、汚染を一部除去して再利用する処理した汚染水を除き、毎日汚染水が約400トンずつ増えていた。そのうえ漏洩した地下貯水槽の処理した汚染水まで別の場所に移送しなければならなくなった。東電は「他に移送先がない」として、漏洩していない貯水槽を使おうとするが、他の貯水槽でも水漏れが相次ぎ、断念する。結局、地下貯水槽に入っていた水もすべて地上タンクに移送することになり、タンク不足に拍車を掛ける。さらに緊急時に使う非常用タンクも、7割満水だということが判明。タンクの増設計画は前倒しにされ、作業員たちは作業に追われた。

東電はこれまで、タンクは「十分に余裕がある」と説明していた。しかしベテラン作業員は、タンク増設作業が止まっていることを気にしていた。「絶対にタンクは足りなくなると思っていた。東電の計画では前年秋に、汚染水から大半の放射性物質を除去できる新しい除染装置（ALPS）を稼働させる予定だった。タンクを増設すればコストがかかるし、除染装置がうまく稼働して汚染水が浄化できればタンクが不要になり、今度はタンク自体が汚染廃棄物になる。だからぎりぎりの個数でしのごうとしていたのに除染装置がうまく働かず、そのうえ地下貯水槽からの漏洩があって、汚染水処理と貯蔵計画が破綻した。それに解体ありきで考えているから、コンクリート基礎にアンカー止めもしていない。地震があったらどうするのか」。この段階で、東電はようやくタンクが足りないことを認め、急きょタンク増設が再開、急ピッチに進められる。福島第一では漏洩の危険が少ない溶接型タンクの導入が始まっていたが、溶接型は設置に時間がかかるため、同時に溶接をしない「仮設タンク」のフランジ型の増設も進められた。

トラブル続き連休返上――2013年5月3日　シンさん（48歳）

地下貯水槽からの汚染水漏洩で、急ピッチでタンクが造られている。今年のゴールデンウィークは返上だ。停電や汚染水漏れなどのトラブルが相次ぎ、休めないよと言われていたから、諦めていたけど。

新しい人がどんどん入ってきている。以前タンク造りに関わった作業員やベテランも呼び戻されている。前に会ったなという顔がずいぶん増えた。イチエフを離れて別の場所で仕事をしていたのに、会社に「すぐにイチエフに行ってくれ」と言われて来た人も。下請け会社は仕事をもらう立場だから、上の会社に言われたら断れない。

俺個人としては、イチエフの仕事が減り、いつクビになるかと不安だったから、仕事が増えてほっとした。

毎日がとにかく忙しい。朝早くから夕方遅くまで作業するから、拘束時間も長い。夏に向けて暑くなるとそうはいかないが、今は休憩時間も惜しんで作業をしている。敷地内はダンプやミキサー車が行き交い、たくさんの作業員が働いている。まるで事故発生直後に戻ったみたいだ。

急ピッチで進められるタンク造り

タンク増設や地下貯水槽からの処理した汚染水の移送などに追われ、作業員たちのゴールデンウィークはなかった。急に仕事が増えて、現場には活気が戻っていた。少し前まで仕事が無くなり、福島第一を離れることを心配していた作業員たちも、一気に忙しくなった。仕事が少ないときは、下請け同士も仕事の取り合いになり、相手のミスを元請けなど上位の会社に告げ口するなど足の引っ張り合いもあったが、忙しくなってそういう話はぴたりと止(や)んだ。タンク増設、水漏れ防止作業(鋼材のつなぎ目をコーキング剤で埋める作業など)、配管の設置、汚染水の移送……。作業員が増えたことで汚染検査など他の仕事も増えた。

事故後、西日本から来たシンさんも毎日、張り切っていた。「どの現場もとにかく急げ、急げになっている。作業は昼休み以外は休憩なしの3時間ぶっ通し。作業時間もぎりぎりで、みんなぶーぶー言っている。以前いた人たちがずいぶん戻ってきている。懐(なつ)かしい顔に会うよ」

この時期、タンク増設には多くの作業員が駆り出されたが、地元下請け企業に勤めるセイさんもその一人だった。溶接型もフランジ型も知っているセイさんに、現場の話を聞こうと電話を掛けた。

「イチエフでは毎日、汚染水が400トン増えるので、1千トンタンク一つが、2日半でいっぱいになる。溶接型タンクは組み立てて、溶接して、塗装して、水漏れがないか検査をする。現場で組み立てるだけでも10日はかかる。資材の運び込み、設置場所の整備や配管や堰(せき)の設置などにも時間がかかる。それが2日半でいっぱいになるのだから、間に合うはずがない。タンクが一つ上がった（完成した）ら、すぐにそこさ水入れるような感じ。汚染水との追いかけっこだよ」。休みなく働いて疲れているはずだが、セイさんの声には張りがあった。

「時間をかけて丁寧に造れば、フランジ型だってそうそう漏れることはないが、みんな突貫工事で造っているからね。一日400トン汚染水が増えれば、どんなにタンクを造ってもどんなに敷地があっても足りない」。電話口で少した

溶接型タンク。仮設のフランジ型タンクからこの後、汚染水の貯蔵を溶接型に切り替えていく=2013年9月3日　写真：東京電力

めらうような間が空いた後、セイさんの言葉が続いた。「この問題は地元漁師の反対があるから難しいのだけど。いずれ基準値以下に浄化して海に流さないとどうしようもなくなる」

セイさんの久々の休みの前日、仕事が終わった夜にいわきで会う。1カ月ぶりに見るセイさんは、少し痩せていた。タンク増設について、セイさんに聞きたいことがたくさんあった。

溶接型タンクの容量は1千〜1千数百トンと大きさにいくつかタイプがあったが、一つ例を出すと、あるタイプは天板や底板のほかに一枚3トンの鋼板16枚を、クレーンで吊り上げ側面に配置し、溶接していた。この作業には福島第一のある浜通りの強風が大きく影響した。

「常に監督などが風速計を持って作業をしている。いきなり10メートルの風がきたりするから怖い。突風が吹いてタンクの鋼材が煽られるたびに、ひやりとする。側板は一枚数トンあるからね。側板は仮溶接した支柱で支えているが、風が吹く日は、4〜5人で押さえながら作業をする。風が強いときはサイレンを鳴らして『逃げろー』って知らせる。下手をするとけが人が出る」。溶接型タンクは、溶接するときに火花が散る。風が強いと周りに火が飛び、近くにいる人のけがや火災の原因にもなる。そのうえ、溶接作業をする作業員は、防燃服を防護服の上から着用しなければならず、この頃すでに熱中症との格闘になっていた。

東電は汚染水対策として、建屋地下階に流入する前の地下水を12カ所のサブドレン（井戸）からくみ上げ（→巻頭図参照）、海に放出する計画を福島県漁業協同組合連合会と協議したが、反発の声が上がり、結論は出なかった。3月30日より、汚染水から放射性物質を除去する装置ALPSの試運転が開始されたが、3系統のうち1系統で、放射性トリチウム（水と性質が近く分離しづらい）以外の62種ほぼすべて取り除けるはずが、４種が残る結果となり、性能が目標に届かなかった。それでも、汚染水のリスクを軽減させるため、他の2系統の試運転が前倒しになった。

汚染水対策が難航するなか、事故後たまり続けている作業員たちの使用済み防護服や靴下、工事廃材などを翌年度後半からフィルター付き焼却炉で燃やす計画を、東電が進めていることがわかる。事故後は、高温焼却炉建屋が高濃度汚染水の一時移送先となり使えなくなったため、使用済みの防護服や手袋などはトン袋やコンテナに詰められ、Ｊヴィレッジや福島第一の敷地内に山積みになっていた。その量は2月末時点で、ドラム缶に換算すると約8万5千本分にも上っていた。焼却すれば体積が１００分の1近くになり、残った灰はドラム缶に詰めて保管される予定だった。

イチエフからつぶやく作業員、ハッピーさん

震災当初から、ツイッターで福島第一の現場の様子を伝え続けてきた作業員ハッピーさんに、４月、事故後初めて、いわき駅前で会うことになった。ハッピーさんは事故直後から、政府や東電の記者会見よりも早く、正確な情報をツイートし続けていた。フォロワーは7万人超。毎日のように更新されるツイッターは読んでいたが、ハッピーさんに関する報道はなく、一度会いたいと、連絡方法を探していた。そんななかで取材していた作業員を介し、ハッピーさんが会ってくれるという連絡を受け、聞きたいことを山のようにリストアップしていわきに向かった。

ハッピーさんは、目の大きな茶髪の男性で、ダークカラーのスーツを着たスマートな雰囲気の人だった。語り口は冷静で穏やか。だが原発の話になると言葉は熱を帯びた。これまでツイッターで

ハッピーさんがその独特な言い回しで「心配でし」などとつぶやいた内容は、ことごとくその通りになっていた。配管の凍結による水漏れ、敷地内がメンテナンスも考えられていない突貫工事の仮設施設や応急措置ばかりで、東電に「1年もてばいい」と言われて設置し、行き当たりばったりの弊害が今後出てくる心配があること。タンク不足の問題、ベテランや技術者が次々去り必要な人間が確保できなくなる懸念……。取材は3時間を過ぎ、場所を変えてさらに2時間に及んだ。居酒屋の個室に向かい合っていたが、ハッピーさんは飲み物にも箸にもほとんど口をつけず、震災当初のことから順を追って淡々と語っていった。

２０１１年3月11日午後2時46分。ハッピーさんは福島第一の原子炉建屋内の最上階で作業をしていた。ドドン！という激しい縦揺れの後、長い横揺れが続いた。立つのも困難な揺れの中、近くの手すりにつかまり、必死に踏ん張った。気がつくと、足が使用済み核燃料プールから漏れた水に浸かっていたという。同僚や部下にけがが無いか確認をした後、靴やヘルメット、落下した天井ボードなどが散乱する中を乗り越え、汚染した装備を脱ぎ捨てて、下着一枚で何とか建屋の外に出た。会社の事務所にたどり着くと、同僚が無事を喜び、笑顔で迎えてくれた。点呼をして翌日どうするかと話をしているとき、突風が吹く。地面から砂ぼこりが上がり、空から雪が舞ってきて、誰かが「津波風だ！　絶対津波がきているよ」と叫んだが、その時はさほど気にしていなかった。福島第一の敷地には高低差があり、ハッピーさんたちがいる場所からは海が見えず、この時、実際に津波がきたのかはわからなかった。

その後、車で同僚と敷地内を見回ると、信じられない光景が広がっていた。道路の真ん中に巨大なタンクがひしゃげて転がっていた。「なんでこんな所にあるんだ?」「津波じゃね」。同僚とのやりとりで、ハッピーさんは津波がきたことを悟る。自分たちがいる福島第一がどうなっているか知りたくて、駐車場に戻りラジオにかじりついて聞いた。ラジオでの情報もテレビに映る映像も、別の原発のことのように実感がなかった。みんなが帰った後も、ハッピーさんは原発が心配で離れることができず、車の中で待機して夜を明かす。翌朝、免震重要棟に行くと、全員が防護服に全面マスクのフル装備になっているのを見て、原発が異常事態になっているのがわかった。だが、途中でフル装備の人に止められる。「菅直人首相が来るのでしばらく待ってください」。そしてハッピーさんたちは、防護服も着ないまま駐車場で待機する。しばらくして、ヘリコプターの飛び去る爆音がして、首相が帰ったのだと知り、免震重要棟に向かった。

免震棟は人でごった返していた。東電の指示があるたびに現場に向かい、電源ケーブルや注水用の消防ホースを敷設した。1号機が爆発したのは、その日の午後。突然、ドッカーン！という凄まじい音がした。そのときハッピーさんは、トラックで資材を取りにいくため、正門から敷地を出た直後だった。爆風でトラックがぐらぐら揺れた。1号機が煙に包まれているのを見て命の危険を感じ、夢中でトラックを走らせ逃げた。「仲間は無事なのか」。不安だった。夕方になってハッピーさんは資材を積んで、福島第一に戻った。

その後も危機は次々と襲い掛かってきた。振り返ると「いつ寝たか、食事をしたか全然覚えていない」日が続いた。3月14日、3号機原子炉建屋で水素爆発が起きたとき、ハッピーさんは近くの建屋内で作業をしていた。鼓膜が破れるような凄まじい地響きと突き上げる衝撃に襲われ、尻餅をつき床に転がる。その後もドッカン、ドッカンと建屋天井に瓦礫が落ちる音が続いた。「ここで死ぬかもしれない」。ハッピーさんは死を覚悟した。「逃げなくちゃ」。どのくらい経ったのか、気力を振り絞り建屋の外に出る。この日使った入り口は毎時300mSv以上あって危険だったため、別の入り口から出た。周りは瓦礫だらけ。消防車や自衛隊の車はぐちゃぐちゃ。まるで戦場だった。瓦礫だらけの敷地を走り、免震棟に続く急な坂を、息を切らしながら駆け上がる。3号機の建屋からは黒い煙が上がり、すすで全身が真っ黒になった人、白い防護服が血に染まった人。怒号が飛び交う様子は、ハッピーさんにはとても現実とは思えなかった。免震棟に駆け込み、ハッピーさんは全面マスクをつけたまま疲れ果てて眠ってしまう。

何時間眠ったのか。目が覚めたときに緊急時対策本部から吉田昌郎所長の「今までありがとうございました」という野太い声が放送されるのが聞こえてきた。みんなきょとんとしていたという。その言葉でハッピーさんたちは現場から退避することになる。その時の気持ちをハッピーさんは「つらかった半面、ほっとした気持ちも正直あった」と思い起こした。このとき福島第一に残った人たちが後に「フクシマ50」と報道された。実際には70人ほどの東電社員や協力企業（元請けや下請け）の作業員が残っていた。

ハッピーさんがツイッターを始めたのは、3号機の水素爆発から6日後。理由は二つあった。一つは情報が錯綜し、不安を煽る報道もあり、現場から正確な情報を冷静に綴り、危険なものは危険だとしたうえで知らせたかったこと。もう一つは南相馬市の幼い子どもがいる知人に「必要以上に心配することはないよ」と伝えたかったためだという。ハッピーさんのツイートには、現場で感じる政府や東電への率直な疑問も多かった。ハッピーさんは、政府や東電が記者会見で根拠のない見通しを示したり曖昧な説明をしたり、また福島第一に関する不安や噂が広がると、そのたびに正確な情報を冷静にツイートしていた。政府や東電の会見の後、ハッピーさんのツイッターを見て、説明されたことの意味を理解した、ということも一度や二度ではなかった。

ハッピーさんによると事故発生当初、作業工程の調整がなされないまま、各現場に指示が飛び、電気系と配管系の作業が同じ場所と時間にぶつかるなど混乱が起きた。「総理が24時間作業をしろと言っているから何とかしろ」と言われ、無理やり24時間態勢のシフトが組まれたが、かえって作業効率が落ちたこともあった。毎月発表された工程表にも悩まされた。工程表は現場と相談せずに決められていったという。「政府がやるって発表しちゃったから、作業を急いでくれ」と言われ、準備も出来ていないのに夜中に駆り出されたこともあった。フル装備での夏の作業では何度も倒れそうになったという。「休め」と口では言われるが、工程表が変わらないのだから休めるはずがなかった。「作業員の命や安全は二の次になっていると感じた」

ハッピーさんが特に語気を強めた話がある。11年の11月ごろには政府が「事故収束宣言」をするという情報が入っていたというのだ。ハッピーさんも「まさか」と思ったというが、この頃から12月に実施する予定だった2号機の格納容器の穴開け作業などが年明けに延びるなど、政府の宣言の妨げになるかもしれない危険な作業が延期され始めた。それまでも「選挙があるから、終わるまで危険な作業をするな」「担当大臣が明後日、海外に行くから今日中にやれ」と福島第一の現場の作業が、しょっちゅう政治の動きに振り回されてきたというから驚く。2017年に日本で流行語になる「忖度（そんたく）」が、原発事故の収束のための戦場ともいうべき場所でたびたび行われていた。

ここで生きていこう――2013年5月19日　リョウさん（33歳）

娘も息子も学校や保育園に慣れ、毎日楽しそうにしている。原発事故で家を追われ転々としたが、福島の避難先のここで、家族一緒に生きていこうと決めた。地域に受け入れてもらえるように、自治会や学校の役員など何でもやろうと思う。子どもたちのために親もなじまなくては。

来たばかりのときは、友達がいなくて、娘が学校に行きたがらず泣いた。担任の先生が娘を毎日抱っこして授業を受けさせてくれた。周りの子が話しかけてくれるようにしてくれた。近所の人も親切にしてくれる。人に恵まれたと思う。

他県での仕事の話があり、娘に転校してもいいかと聞いたら、絶対に嫌と言われた。避難先を転々としてつらかったときも、子どもたちは無理をして親には笑顔を見せてくれた。そんな思いは二度とさせたくない。

地元に帰っても、元の生活にはもう戻れない。一緒に暮らしていたばあちゃんも、避難生活の中で亡くなった。幼い子どもたちの故郷の記憶は薄れてきている。だから、今いるここが故郷なんだよと、そう言ってあげたい。

地元作業員のリョウさんと福島第一での作業後の夜、いわきで会う。リョウさんは1年間の被ばく線量が上限近くなり、年度末前に福島第一を退域させられたが、再び現場に戻ってきていた。ただ、事故後にリョウさんが誇りをもってやってきた作業とは、別の仕事を与えられていた。また一度「解雇」だと言われ、自分が被ばく線量だけの存在に過ぎないと感じたことが、リョウさんの心に影を落としていた。この頃から「絶対にイチエフで働き続けたい」と言っていたリョウさんの言葉が、「どうしたいのか、わからない」に変わる。

　避難で離れ離れになっていた家族と一緒に暮らし始めて1年が過ぎた。ようやく小学生の娘も保育園児の息子も、環境に慣れてきた。長女が学校に慣れ始め、もう引っ越したくないと訴えたとき、リョウさんの心も決まる。「ここで生きていこう。もとはここの人間じゃないから、努力して食い込んでいくしかない」。リョウさんは地域や学校の役員などを片っ端から引き受けていく。原発で働いてから家に帰ると、疲れている体を押して、地域や学校の仕事をした。リョウさんの頭の中には避難する家族と離れて暮らしていたとき、疲れてイライラし、子どもたちに当たってしまった負い目が常にあった。一緒に暮らし始めてからも、長女は大人の顔色をうかがう癖がなかなか抜けなくて、不憫だった。もう心配せず心から笑ってほしい。リョウさんは毎日、何度も何度も子どもたちを抱きしめた。一緒にお風呂に入ってその日にあったことを聞き、眠る前は抱えてベッドまで運ぶのが日課だった。リョウさんは、幼いときに家庭的とはいえない父親に、寂しい思いをさせられてきたという。小さいとき、父親にどこにも連れて行ってもらった記憶がない。そんな父親に苦労する母親の姿も見てきた。経済的にも苦しかった。「子どもには絶対に自分みたいに寂しい思いをさせたくない」。リョウさんは会うたびにそう繰り返した。

リョウさんは事故直後、家族で関東の親戚の家に避難したときの辛い記憶にも苦しめられていた。着の身着のまま、金が無くて不安だったリョウさん家族に、初めは親切にしてくれた親戚も、避難生活が長くなってくると「お前らの面倒を見る義務はない。避難所に戻れ」と言うようになった。また、賠償金の仮払金100万円が入るとなると、露骨にお金のことで嫌みを言われたり、金を貸せと言われたりした。この親戚に貸した100万円近い金は、今も戻ってきていない。「あの時のことを思い出すと、すごくつらくなる。みじめで悔しくて……」。リョウさんは唇を噛んだ。

原発事故前は近くで暮らしていた実家の家族のことも、リョウさんは気に掛かっていた。実家の家族と一緒に県外に避難していた弟は、原発事故が起きなければ地元の企業に就職するはずだった。だが、原発事故が原因で入社できなくなった。働く前から失業し、同棲していた彼女ともうまくいかなくなり、引きこもり状態になっていた。「賠償金なんていつか出なくなる」。働かなくても賠償金が入ることが弟の状態を悪化させていると、リョウさんは心配していた。妹が精神的に不安定になり、一時期リストカットをしていたこともある。母の再婚相手の義父も、原発事故で生きがいだった仕事を失った。リョウさんが原発で働いている話になると、母親は「そんな所（原発）で働かせるために、あなたを育ててきたんじゃない」と電話口で叫んだり、泣いたりした。「小児喘息で病弱だった俺を苦労して育ててくれた母親の気持ちを思うと。イチエフを最後まで見届けたいという気持ちはあるけど。どうなんですかね……。先がまったく見えない」。リョウさんは深いため息をついた。「原発のことが気になって気になって。自分が異常なんじゃないかと時々思う。日曜でもラジオの原発ニュースが流れてくるとついボリュームを上げてしまう」と自虐ぎみに笑う。

「仕事が無くても会社が俺を飼って（雇って）くれている状態なんだろうけど。なぜイチエフに執着(しゅうちゃく)するのか自分でもわからない」。線量が上限に近づけば簡単に「解雇」や「退域」と言われるなかで、リョウさんは自分の存在意義を見失っていた。このしばらく後の6月に、リョウさんは社長から再び福島第一を退域するように言い渡される。福島第一の入構証の返却を求められ、リョウさんは悔し泣きする。結局、何らかの形で福島第一に戻れる保証が欲しいと願うリョウさんの強い希望で、福島第一の入構証の更新だけはされた。

「ずっと工期に追い込まれている」。地元企業の幹部のセイさんは、ようやくいわきで会えたとき、いつもの焼酎水割りを飲みながら、深いため息をついた。セイさんは芋焼酎より麦や米を好んだ。「敷地はタンクでいっぱい。猫の額(ひたい)ほどの小さな土地にも、タンクを増設しているよ。汚染水を基準値以下に処理した水を、いずれ海に流さないとダメなんじゃないかな……」。セイさんの休みは週1日、日曜だけ。毎日早朝から、暑さや強風と闘い、ぎりぎりまで作業をしていた。

ここ1カ月半ほど、現場はタンク増設で大わらわだった。水漏れした地下貯水槽の2万4千トンもの汚染水を一気に地上タンクに移す必要があった。そのために、敷地南側の高台にも急きょタンクを増設。その作業と並行して、毎日新たに発生する汚染水用のタンクの増設を進めなければならなかった。敷地はすでに約1千基のタンクでいっぱいになっていて、敷地内の空きが少なくなっていた。夏に向けて暑さも日に日に増していた。「水分補給のために従業員たちを休ませたりしないといけない。急ぐなかで事故が起きたらと気が気じゃない。本当は人を増やさないとならないのに。一日の作業が終わると、どっと疲れる」。それほど働いても1年前からすると、危険手当や日当は下がっていた。

廃炉まで働きたいけど…　――2013年6月29日　ハルトさん（29歳）

親のことを考えると、そろそろ身を固めなくてはと思う。でも、子どもに被ばくの影響が出るかもしれないと言っても、結婚してくれる人はいるだろうか。被ばくのことを話すと、みんな逃げる。それでもいいと言ってくれた人は、誰もいなかった。

事故後すぐに、イチエフに戻った。上司から招集の電話が掛かってきたとき、死ぬかもしれないが、やらなくてはと思った。ずっとイチエフで働いてきた。逃げることは考えなかった。

特に初期の頃は作業に必死で、被ばく線量なんて気にしてられなかった。厳しい作業に耐えきれず何人も辞めるなか、率先（そっせん）して作業をした。気づくと何年分も被ばくしていた。

被ばく線量が高くて今も原発に戻れない。会社も経営が厳しく、辞めざるを得なかった。除染作業もいつまでいられるか。作業員が感謝されたのは初めだけ。結局、使い捨てになっている。将来病気になっても、誰も何もしてくれないだろうな。

自宅はイチエフに近く、今も警戒区域で戻れない。廃炉まで作業したいと思っていたが、その気持ちもわからなくなってきた。みんな大っ嫌いだ。

地元作業員のハルトさん（29歳、仮名）からは、毎日のように電話が掛かってきた。一日に掛かってくる回数は、ハルトさんの不安に比例していたのかもしれない。5回も6回も掛かってきた日もある。「原発作業員なんて、雇用が不安定で、家族がいたらとてもじゃないけれど働けない」。ハルトさんは独身だった。事故後、累積被ばく線量が嵩み、会社を解雇され、その後は町の除染作業をしていた。6月に入ったある日、いわきでハルトさんに会った。「故郷は田んぼが広がり、海があり、山があり、何もないけどいい所だった。事故後、原発が大っ嫌いになった。あんな恐ろしい所の近くに住んで、働いていたんだな」

その日、ハルトさんはまったく元気がなかった。いつものように居酒屋の個室で会うが、この日はグラスにほとんど口をつけなかった。「事故直後、最初の頃だけ、みんな作業員に感謝していた。でも時間が経つとみんな忘れる。次の仕事もどうなるのかわからない。誰がどう責任を取ってくれるのか。みんな大嫌いだ!」と叫んだ。この日のハルトさんの口調はどこまでも落ち込んでいった。被ばく線量は原発事故前に20mSv近く、事故後に50mSv以上浴びているのを考えると、事故前後の1年で70mSvを軽く超えていた。「こんなに短期間で（放射線を）浴びて、（体に）何も起きないはずはない。結局、あのとき命を懸けて踏ん張った人たちを国も国民も使い捨てにしている」

ハルトさんと初めて会ったのは、原発事故から1年後の春だった。ハルトさんの家は原発から10キロ圏内と、かなり近い場所に立っていた。当初からハルトさんは「原発に近いから、家に帰るのは現実的に無理でしょうね」と、少し距離をおいた諦めたような話し方をしていた。ハルトさんは高校卒業後、原発で働き始めた。「小さいときから原発があるのが当たり前で、働いている親戚もたくさんいた。そこで働くのが俺にとって当たり前だった」。東日本大震災の起きたときも福島第一で働いていた。

事故から10日ほど経った日、避難所にいるハルトさんの携帯に元請け企業の責任者から電話が掛かってきた。１号機、３号機……と次々原子炉建屋が爆発し、ひどい状態になっていたのはスマートフォンでネットを見て知っていた。「招集かかったら行かなくてはと思っていた。死ぬかもしれないと思ったけれど、行かないわけにはいかないと。特攻隊員みたいな気持ちだった」と初めていわきで会ったとき、ハルトさんは険しい表情で覚悟を語った。頭の中には、海外の戦争映画の音楽がずっと流れていたという。母親は何も言わなかった。

「もちろん、お金のために働いてきた部分もある。でも自分たちが関わったプラント（原発）で事故が起きた。申し訳ないという気持ちがあった」。翌朝、上司が避難所に迎えに来た。避難所にいる人たちみんなが見ているなか、市の職員も出てきて「よろしくお願いします」と深々と頭を下げ、送り出してくれた。この時の様子をハルトさんは思い起こし、「なんだか日の丸を背負って戦争に向かう兵隊の気持ちになった」と表現した。その翌日から、ハルトさんはイチエフに入った。

ハルトさんは屋外に10分いただけで、１ｍＳｖ被ばくした。「初めの頃は線量計も班で一つだけしか使えなかった。危機的な状況を回避するための作業に必死で、被ばくなんて気にしているどころじゃなかった。何とかして目の前の作業を終えようとした」。高線量の場所や、どれだけ被ばくするかわからない場所にも率先して行った。被ばく線量が目立って高くなってからは、仕事を失うことを恐れ、線量計を現場に持っていかないことが増えた。

それでもハルトさんの被ばく線量は事故後、あっという間に50ｍＳｖを超えた。そして秋になり、社長に「仕事が無い。除染の仕事もなかなか始まらない。しばらく失業保険で食べてくれないか。今だけ我慢してくれ。仕事ができたらすぐに呼び戻す」と言い渡される。事故前は一生働くつもりだった会社をハルトさんは退職する。解雇された直後、いわき駅前で会った。

「会社にいたい。でもお世話になった会社だから無理も言えない。失業保険でつなぐしかないか……」。いつもの自信にあふれた口調は影を潜め、この日はどこまでも元気がなかった。

ハルトさんは除染などの短期の仕事を失うたびに、自力で仕事を探さなくてはならず、常に仕事が切れる不安にさらされていた。「原発の仕事を定年まですると思っていた。事故前は仕事が安定していたから」。何かに対してハルトさんが怒っているときはまだ安心だった。だがその後、仕事が切れ、ハルトさんは気持ちがふさいだり、いらついたりする日が多くなっていった。何度目の除染の仕事が切れたときだったろう。２０１３年6月になって、ハルトさんから電話が掛かってきた。

「また除染の仕事が薄くなってきたとクビを切られた。すげー頭にきているんですけど。ポイポイ人のことを捨てて。雇用も生活も不安定で。だんだん首をくくりたくなってくる」

だがその１週間後の朝、久しぶりに明るい声で電話があった。「仕事で声を掛けてくれた人がいて。よかった、よかった」

仕事の不安定さからくる、こういったハルトさんの気持ちの浮き沈みは、その後も何回か繰り返されることになった。

広がる汚染水対策、国費470億円投入

5月下旬以降、2号機タービン建屋の海側にある汚染観測用の井戸の水から、高濃度の放射性ストロンチウムなどが相次いで検出された。東電は、事故直後に漏れた高濃度汚染水の一部が地中に残り、地下水で拡散している可能性が高いと説明する。けれども、原子力規制委員会は「建屋地下などに溜まった汚染水が漏れ出し、海洋に拡散している可能性が高い」と疑問を示す。そして7月22日、東電は高濃度汚染水が地下水と混じり、海に流出している可能性が高いことを認める。そのニュースが流れた夜、作業員から電話があった。

「海に汚染水が漏れていることをようやく認めたね。汚染した敷地を流れた雨水が海に流れ込んでいるし、排水路からも汚染水が海に流出している。土壌に染みこんだ地下水も汚染している。汚染水が海へ漏れているのなんて当たり前だと思っている。現場ではみんな知っているよ」。作業員にとっては、今更、何を発表しているのかということのようだった。そして、2号機タービン建屋から延びるトレンチ（電源ケーブルなどを収納する地下トンネル）に、1リットル当たり計23億5千万ベクレルの放射性セシウムを含む高濃度の汚染水が溜まっていることが判明。東電は汚染水を抜き取る工事の検討を始め、粘性の強い液体「水ガラス」で固めて護岸の土中に壁を造り始める。だが、汚染水はこの水ガラスの地中壁を越えて、海に流出してしまう。海側のトレンチでは、高濃度汚染水が次々確認され、2、3号機から海側に延びるトレンチにつながる立て坑（地表から垂直に掘り下げた坑道）からも大量の高濃度汚染水が見つかる。

汚染水問題はさらに広がっていった。8月に入り、東電は護岸から毎日約400トンの地下水が海に流出し続けていた可能性があることを、原子力規制委員会に報告する。2年以上、護岸近くのトレンチに溜まった大量の汚染水が地下水に混じって海に流出していた可能性があった（↓巻頭図参照）。

そして政府が、汚染水対策に国費投入の検討を始める。作業員たちが「国プロ（国のプロジェクト）」と呼ぶもので、原子炉建屋への地下水の流入を防ぐため、建屋周辺の土を凍らせて壁を造る「凍土遮水壁（とうどしゃすいへき）」が検討された。凍土遮水壁は通常、トンネル工事などで短期間使われることがあっても、何年にもわたって凍らせ続けた実績はなかった。現場の土木関係者や技術者からは「凍土遮水壁というが、あれほど長い距離を何十年も凍らせてもつものではない。絶対に無理。それに凍らせ続けることでどれだけ電力や維持費がかかるか」などと、反対の声が強かった。しかし9月に入り、国はこのプロジェクトに470億円を投入することを決める。

無駄な視察なら来るな――2013年7月14日　ヤマさん（56歳）

参院選まっただ中だが、政治が福島やイチエフの現状を変えてくれるだろうか。今までを考えると、期待できない。何人もの政治家がイチエフを訪れたが、アピールのために来るのはもうやめてほしい。視察に来ても作業の邪魔になるだけで、現状が改善されるわけじゃない。大迷惑だ。

これまで視察団が免震重要棟にいるときは、出入り口に「視察対応」と表示され、作業員は暑かろうが寒かろうが中に入れなかった。報道陣が来ても同じ。作業員と接触し、何かしゃべったら困るということだろう。作業が終わって、一刻も早く休憩したいときも帰りたいときも、延々と外で待たされる。

夏は熱中症の心配もある。炎天下の作業で疲れて帰ってきて、外で待たされるのはつらい。腹もすいているし、トイレにも行きたい。イライラした作業員から「早くしろ」「いいかげんにしろ」とブーイングが起こる。視察団に何かあってはと作業も止められるし。見に来るなら、待遇悪化で苦しむ作業員やなかなか作業が進まぬ現状を、本気で変える気で来てほしい。

２０１３年7月4日、参議院選挙が公示された。政治家に限らず、福島第一で視察があると、視察団を先に通し、作業員たちは視察団が免震重要棟などの建物の中に入るまで外で待たされるという話は、しばしば耳にしていた。

「雨が降っても外に立ちっぱなしで待たされる。それに免震重要棟の周辺は、放射線量がけっこうあるんだよね」。地元作業員のヤマさん（56歳、仮名）は思いっきり顔をしかめた。ヤマさんと会うときは、いつもいわき市内のヤマさんの家に呼ばれる。ヤマさんは、妻と娘、保育園に通う男の子の孫2人と暮らしていた。ヤマさんの家の近くには、事故後、放射線量が高い場所が点在していたが、避難しなくてはならない警戒区域内に入っていないため、なかなか除染をしてもらえず、近くの幼稚園や小学校の除染は、父兄や地域の人たちがやっていた。

ヤマさんの家に行くと、いつも大きな白い犬に出迎えられる。震災後、飼い主がいなくなったのか海岸をうろついていたのを、ヤマさんが連れて帰った犬だった。「飼い主においていかれちゃったから、人間不信になっちゃって。なかなか人に懐かないんだ」と説明しながら、ヤマさんはいつまでも吠える犬を「こらっ」と大きな声で叱った。初めて家を訪れた日、座敷に通されて座るなり、ヤマさんはいきなり「うちは原発反対って言える家じゃないんですよ」と語り始めた。浜通りでは、親や兄弟、親戚が東電関係の仕事をしているという人が多かった。ヤマさんの親戚の中には、原発を推進してきた立場の人がいたという。

ヤマさんは以前、大手スーパーを各地に展開する会社に勤めていたが、福島県から会社が撤退することになり退職。地元の原発の下請け企業に移り、50歳を超えて福島第一で働くようになった。給料は激減した。「来てくれと誘われ、二つ返事で入ったが、給料は4分の1になった。年収で250万円前後にしかならない。妻に怒られてばかりいる」と妻のほうを見ながら、苦笑する。それにヤマさんの仕事はシフト制で、不規則だった。福島第一では、正門の警備や、車や作業員の汚染検査、出入り口管理などは24時間態勢で、また工事も早出、2直、3直などと交代で行う作業があった。勤務時間はまちまちで、睡眠が取れる時間も毎日変わった。

「深夜12時を越える勤務をみんな『日またぎ』と言って嫌がる。毎日、時差ぼけみたいになって、みんな疲労困憊している」。ヤマさんは一時体調を崩して、腸の状態が悪くなったり、尿道結石になったりした。だが、娘が連れて帰ってきた2人の孫が生きがいのヤマさんは、家族の生活を支えなくてはと、何とか踏みこたえていた。

「原発で働いていると言えない」

忘れられないヤマさんの話がある。保育園に通う孫に「じいじ、どこで働いているの」と聞かれたとき、ヤマさんはとっさに「ガソリンスタンドで働いている」と答えたという。「孫には原発で働いていることを言えない。原発で働いていることで、孫が放射能を持ってくるみたいに言われて、いじめられたりでもしたら……。それに原発作業員というと見下げられる。以前は、他では働けない人たちが集まる職業だと思っていた。作業員が感謝されたのは、事故後のほんの一時期だけ」。あの未曽有(みぞう)の事故を、今の状態にまでもってこられたのは、放射線量もわからないなか危険を冒(おか)して作業をした人たちがいたからこそだ。だがヤマさんはやはり「孫たちには言えない」と険(けわ)しい表情で口をつぐんだ。他県に避難した女子高生が、教師や生徒に「放射能」と呼ばれるいじめを受け、退学したことが報道され社会問題となったのは、この後しばらく経ってからだった。

2016年4月、チェルノブイリ原発事故直後に4号機の原子炉建屋直下で働いていたロシア人の元炭鉱労働者たちに取材で会いに行ったとき、ヤマさんのこの話をした。チェルノブイリ同盟トゥーラ支部の創始者の一人、オレグ・カシェツキーさん(取材当時56歳)は「その話はすごくショックです。隠すのではなく、誇りにすべきだ。事故を止め、国を危機から救った英雄ではないか」と強い疑問を示した。福島第一の作業員の状況についても説明する。カシェツキーさんは「人は命を助けてくれた人のことを忘れる。英雄としての行為も忘れる。日本だけじゃない。それは自然のことかもしれない。でも彼らは実際、英雄、英雄だ」

カシェツキーさんの言葉に、地元作業員のリョウさんを思い起こしていた。「僕はこれまでの人生では落ちこぼれで、評価されてこなかった。イチエフに行って、普通の社会ではうまくいかない人も、被ばく線量もろくにわからないなか、事故発生後の混乱期に命懸けで働き、英雄視された。その一員として自分もすごいと自分を評価できた。でも被ばく線量がいっぱいになったら、あっさりクビになる」。そう言いながら、リョウさんは目を赤くした。地元作業員のハルトさんの「作業員が英雄視されたのなんて、事故後のほんの一瞬。チェルノブイリのように表彰されるわけでもなく、今はもう忘れられている」と半分諦めたような言葉も脳裏に甦った。

ヤマさんの話に戻ろう。この日、ヤマさんの奥さんがお昼を作ってふるまってくれた。普段、外食ばかりの私にはありがたかった。「妻は元セレブですね。給料がよくて悠々自適だったのは昔のことだから」とヤマさんが自分を揶揄する。いつ家に行っても綺麗な装いをしている奥さんは「これまでお金のことで苦労したことなかったから。夜も生活が不安で胸をかきむしられるようになる。いろいろなストレスでここのところ体調も悪くて」と言いながら、温かいお茶をつぎ足してくれた。東日本大震災が起きたとき、ヤマさんの母親は入院していたが、原発事故発生で強制的に退院させられた後、亡くなった。「あの時、満足な治療を受けさせられていたら……」。ヤマさんは悔し涙を浮かべた。開いた窓から心地よい風が入り、どこで遊んでいるのか孫たちのはしゃぐ声を運んでくる。「幼い孫をここで生活させて、体は大丈夫なのか。もし金があるなら、東京でも沖縄でも放射線量が少ない所に孫を連れて引っ越したい。放射線量の高い場所が点在するのに、賠償金は出ない。ここで踏ん張るしかない」。ヤマさんの住む地域は賠償金が出なかったが、少し離れた所では賠償金が出ていた。

賠償金の問題で住民の間に深い溝ができていた。特に賠償金の出る避難区域からたくさんの避難民を受け入れていたいわきでは、住民感情は複雑だった。いわきの住民たちは局所的に放射線量が高い場所があっても、除染すら自分たちでやらなくてはならないこともあった。賠償金が出る地域とそうでない地域の差は、仕事が安定しない福島第一で働くヤマさんのなかで、生活の不安と相まって強い不満になっていた。

「うちから30キロ圏内は1キロしかない。引かれた『線』のなかに入るか入らないかで、（補償や賠償金が）全然違う。それをテレビで聞いたときは涙が止まらなかった」

蛇足だが、ずっと不思議に思っていることがある。「あそこの1次下請けの社長は、レクサスを買った」「あの下請けは何台目のレクサスを買った」など、作業員の話のなかで地元の下請け企業が事故後、景気がよくなったという話が出ると、「原発バブル」という言葉と一緒に、よくトヨタ自動車の「レクサス」の名前が出てきた。高級車といっても、いろいろな車種があると思うのだが、なぜいつもレクサスなのか。浜通りでレクサスを持つのは一つのステイタスなのか。レクサスが景気のよさを象徴する代名詞のように語られていた理由は、今もわからない。

吉田所長安らかに――2013年7月19日　作業員（48歳）

事故発生当初に陣頭指揮を執った吉田昌郎元所長が亡くなったのは、ショックだった。何とか頑張って、現場に戻ってきてほしいと願っていた。各地の原発で次々と再稼働申請が出される今、事故のことを本音で語ってほしかった。

免震重要棟には、同時に複数の原子炉が危機に陥った状況が刻々と報告された。瞬時の判断、対処が求められるなかで、東電本店や国には現場の判断を邪魔せず支援してくれ、という気持ちだったのではないか。上の指示に逆らうには相当の覚悟がいる。あの人がいなかったら、もっとひどいことになっていたと思う。

現場の態勢はどうあるべきか。施設や設備は実際に役に立つのか。イチエフの事故の検証が十分されないまま、現場責任者の証言が得られなくなってしまった。再稼働の前に、もっとすべきことがあるのではないか。今後、原発をどうしていくかを考えるうえでも貴重な人を失ったと思う。

いつも作業員の体を気遣い、声を掛けてくれた。過酷（かこく）な状況下でのストレスも影響したと思う。ありがとうございました。安らかに眠ってください。

２０１３年7月9日、原発事故直後の作業の陣頭指揮を執った吉田昌郎元所長が、食道がんで亡くなった。58歳だった。吉田元所長が亡くなったこの日、私はいわきで東電社員の一人に取材をする予定だった。約

事故直後に福島第一原発の免震重要棟の緊急時対策本部で、テレビ会議のマイクに向かって発言をする吉田昌郎所長（当時）＝2011年5月　写真：東京電力

束していたのは、事故発生当初、吉田元所長の人柄を慕って、多くの社員が現場に踏みとどまったことを教えてくれた人だった。福島に向かう列車の中でメールの着信音が鳴った。この男性からのメールには、「ショックでとても人に会う気持ちになれません。すみません」と書かれていた。相当落ち込み、沈んでいた。

事故から遡って3年前の2008年3月、東電は東日本大震災で実際に福島を襲ったのとほぼ同じ最大15・7メートルの津波が原発を襲う可能性があると試算していたが、その対策を検討する本店の原子力設備管理部の部長が吉田元所長だった。この時の責任問題が報道されても、事故後に吉田元所長と一緒に働いた作業員で、彼を悪く言う人はいなかった。作業員たちは「あの人がいなければ、事故はもっとひどいことになっていた」と口々に話した。「俺にとっては神様みたいな人だよ」と言った地元作業員もいた。

「白い下着の上下で免震重要棟の廊下を歩いていた」「背が180センチくらいあるんだよな。いつも背中をすこし丸めて歩いているんだよね」「顔を合わせると、『大丈夫？』と声を掛けてくれた。吉田所長はずっとイチエフに詰めっぱなしだったから『所長こそ大丈夫？』と聞くと、『現場に行ってくれるのは、あんたたちだから。俺はここにいるだけだ。大丈夫』と言っていた」「仕事には厳しい人だった。責任感が強くて現場の信望が厚かった」——。

この頃、作業員たちから事故発生直後のことを懐かしむ話をよく聞いた。事故前から働くベテランは、「事故発生直後はとにかく目の前の危機を何とかしようと、東電社員も元請けや下請けの作業員も、みんな一丸となっていた。みんな同じ目標に向かって一体感があったというか……。あの時は違った。今はいろいろな人が来る。東電社員もかなり代わった。収束宣言後は、イチエフは単なる『工事現場』になったしね。周りの作業員のモチベーションも違うし、自分のモチベーションも保てない」と、現場の雰囲気が変わったことを嘆いた。事故直後、中心的に現場にとどまった東電社員は被ばく線量が高く、事故半年ほどで次々と福島第一から退域していった。入れ替わりで、福島第一の現場や原発の構造も知らない社員も入ってくるようになる。事故から時間が経つにつれ、初期に高まった社員と作業員らの現場の結束は薄れていく。

福島第一では、作業員はお盆休み返上で凍土遮水壁の工事や、汚染水を貯めるタンクの増設作業を進めていた。サマータイムで午後2～5時の作業が原則禁止とはいえ、午前中の早い段階で気温は30度を超えた。それに、深夜や明け方からの作業で昼夜逆転の生活は、作業員たちを睡眠不足にし、体力を奪い続けた。

無理な工程、現場にしわ寄せ

現場の作業は、天候に左右された。福島第一は海に近く、梅雨の時期や夏の朝はよく霧が出た。濃霧の日は、牛乳の中にいるように辺りが真っ白で見えなくなり、霧が晴れるまで作業ができなかった。また福島第一のある浜通りは、冬は特に風が強かった。タンク増設や建屋上部での作業は、強風の中ではできない。雨が降ったり、雷が鳴ったりするなかでは溶接作業ができない。作業計画には、天候を考えた余裕が必要だった。そして、汚染水漏れが相次いだ8月ごろから福島第一では、作業員たちがタンク設置に追われていた。

広野（ひろの）町で会ったある元請けのゼネコン幹部は、作業工程は天候を考えていない無理なものだとする。「世界に向けて一日も早く、もう大丈夫だとアピールしたいのだろうけど、現場の状況を考えずに作業の終わりを決めた工程で、各部門に急げ、急げとプレッシャーをかけられ、事故が起きるポテンシャルが高まっている。お盆休みも、世間にやっているという姿勢を見せないとならないから、何人か出せと言われて人を出した」。それでも作業があることで、少しは仕事が安定しているのではないかと思っていたら、そうではなかった。この幹部は「競争入札で東電が値段をかなり下げていて、元請けもまいっている。ぎりぎりの入札金額を出しても、そこからさらに下げられる。契約できたとしても、まともにもらえるかわからない。下請けにもしわ寄せがいく。これからつぶれる企業が増えると思う」と、悪くなるばかりの状況に強い懸念を抱いていた。

　いきすぎたコスト削減には、東電社員の中からも疑問が出ていた。現場を知る社員の一人は、「確かに事故後、原発に関わってきた企業じゃなくても出来る作業があった。社員が自分たちでやれることはやったり、原発特有ではない工事などは、なるべく安い企業に発注したり、削れるところは削るコスト削減は必要。だけど、のべつ幕なしにコスト削減すれば、安全の部分を削らざるを得なくなり事故が起きる」と、心配する。福島第一の東電社員らが国と現場との板挟みになっているという話は聞いていた。この社員は「国は凍土遮水壁などに莫大（ばくだい）な金を出すと言っているが、いろいろ口も出してきている。金を出してもらい、国の計画通りにやらなくてはならなくなれば、現場が苦しむ。それならむしろ、国主導でやってほしい」と疲れた顔で訴えた。

タンクから大量の汚染水漏れ、外洋へ

8月19日、海側エリアのボルト締めのフランジ型タンク群を囲む堰の排水弁から、汚染水が漏れているのが見つかった。漏水があったのは、高濃度汚染水から放射性セシウムを除去した処理水を貯めるタンクからで、漏れた水の水面近くで放射性ストロンチウムなどのベータ線で、毎時１００ｍＳｖ超が計測された。主な放射線は5種類あり、これまで福島第一の放射線量で報道されてきたのは、主に放射性セシウムなどから発せられるガンマ線だった。ガンマ線は鉛や鉄の厚い板である程度まで遮ることができるが、紙やアルミニウムなど薄い金属は透過し、高濃度の場合、体の重要な臓器まで届く。

今回のタンク漏洩で問題になるのは高濃度のストロンチウムで、これはガンマ線ではなくベータ線だった。ベータ線は薄い金属で防護することが可能で、少し離れると大きく放射線量が下がるが、直接触れたり体内に取り込んだりすると、熱傷や白内障、内部被ばくなどにつながる。内部被ばくは、体の中から直接被ばくするので、透過力の低い放射線でも深刻だった。そのため作業をするときは、汚染水に触れないようにする必要があった。

処理した汚染水が漏洩したフランジ型タンクの解体作業＝2013年9月13日　写真：東京電力

翌日には、一つの1千トンフランジ型タンクから、約300トンの高濃度汚染水が漏れていたことが判明する。タンク群には、タンクから汚染水が漏れたときに外に出ないように、取り囲むかたちで堰が設置されていたが、東電は「雨水が溜まると汚染水漏れが発見しにくくなる」と、排水弁を開いて、雨水が抜けるようにしていた。漏れた汚染水は、近くの排水溝から外洋に流れ出たとみられた。さらに周辺の地下水の汚染も確認された。この汚染水漏れを、原子力規制委員会は国際的な事故評価で7段階中「レベル3（重大な異常事象）」と評価する。周辺の汚染した土壌は除去され、300トンが漏洩したタンクも解体された。そして別のフランジ型タンクの底部や側面の鋼板の継ぎ目でも、次々に漏れた痕跡が見つかっていく。

「あんたらマスコミのせいだ」と怒られる

タンクから漏れた汚染水の回収は主に手作業だった。汚染水の漏れた堰の中に入り、家庭用のプラスチックのちりとりに水切りゴムのついた水掻き（みずかき）を使ってすくい取り、バケツに回収する。ベータ線の線量が高いため、作業は一班30分ほどしかできなかった。

大雨や台風がくるたびに現場では、タンク群の周りを取り囲むあちこちの堰から汚染した水があふれ出ないように作業員たちの悪戦苦闘が繰り広げられた。

台風18号が上陸した9月16日の夜、40代のベテラン作業員に電話する。開口一番に、彼はそう表現した。「どこもかしこも水浸しで雨水なんだか汚染水なんだか、わからなかった」。風はさほど強くなかったが、強い雨が地面に当たってはね上がり、現場は水浸しだったという。堰内には前の週に降った雨が溜まっており、そこに大雨が降り注いだ。「どこの堰もあふれそうな状態だった。台風前に水を抜いておくべきだった」。タンク内の水は高濃度の放射性ストロンチウムなどが含まれる。もし、その水が漏れて雨水と混じれば、雨水そのものが汚染水と化す。その水に触れれば、皮膚などに影響が出る。実際この時、11の堰内で放出できない濃度の汚染が確認された。

この頃、福島第一を一度離れた作業員たちに「人が足りない。イチエフに入れるか?」「パトロールの人を探している。人を集めてくれ」などと声が掛かる。福島第一では、漏出した汚染水の回収などの作業、またタンクからの漏洩を警戒するパトロールの人員を、急きょ集めていた。パトロールは一日に何度も敷地内の広範囲にわたるタンク群を回る。東電社員の事務担当者までパトロールに駆り出されていた。

１年前に、福島第一での仕事の受注がないと会社から解雇された地元作業員のハルトさんにも声が掛かった。ハルトさんは「一度現場を出されて、人が足りないからまた来いって……。事故が無ければ、定年までイチエフで働くつもりだった。おふくろは俺の気持ちをわかってくれているから、行くなとは言わないけど、本当は反対。知り合いもみんな反対している。でも、やる人間が必要なら……」と複雑な思いを吐露した。

またある日、電話がつながった途端、作業員から怒鳴られた。「上の会社から人を増やせないかと言われているけど、今、人が集まらない。それにはあんたらマスコミのせいもある。ベータ線とガンマ線をごっちゃにして、１８００ｍＳｖなんていう報道があったから、みんなびびって来ない。今いる作業員も、家族からそんな危険な所に行くなとか、すぐ帰ってこいとか言われている」。確かに、タンクからの大量の汚染水の漏洩直後は、漏洩した汚染水のベータ線の数値の高さについて、これまで報道してきたガンマ線と一緒くたにした報道があふれた。作業員の体を心配した家族が、地方などから出てきて、寮から作業員を連れて帰る騒ぎになっていた。若手が家族に説得されて辞めていくのを見た作業員は「連れて帰られたのは、1人じゃないからね。俺だけで5、6人見ているからね。昨日も若いやつが家族に説得されて辞めていったよ」と憤った。電話口から流れてくる作業員の怒りの声を、私は小さくなって聞いていた。危険手当や日当が下がり、ただでさえ、現場は人集めに苦労していた。そんなときに、誤った報道までが足枷になってしまった。

安倍首相「アンダーコントロール」、2020年五輪が東京に

2013年9月7日（日本時間8日）、国際オリンピック委員会の総会で、2020年夏季五輪の開催都市が東京に決まった。決定直前のプレゼンテーションで安倍晋三首相は、福島第一の汚染水問題について「結論から言うとまったく問題はない」「状況はアンダーコントロール（＝統御できている）」「汚染水による影響は、福島第一の（専用）港湾内の0・3平方キロメートルの範囲内で完全にブロックされている」とアピールする。さらに健康問題についても、「将来にわたって問題がない」と断言する。ちょうど私は泊まり勤務の日で、東京本社でそのテレビ中継を見ていた。安倍首相の言葉を聞き、耳を疑った。汚染水の影響が福島第一の専用港湾内でブロックされているなんていう発言は、どんな根拠があって出てきたのか。

8月にも、フランジ型タンクから約300トンの高濃度汚染水が漏れ、外洋にも漏洩したとみら

れた。その後も汚染水漏洩の跡が次々見つかっていた。さらに、福島第一の専用港湾の入り口には「シルトフェンス」と呼ばれる海水汚染拡散防止のための薄い幕が張られているが、幕は完全に入り口を封鎖するようなものではなく、港湾内の海水は、港湾外の海の水と毎日半分入れ替わっており、汚染した水の流出は止められていなかった。首相の演説を聞きながら、慌ててパソコンに向かう。福島第一の現場で起きている事実との矛盾を、記事にしなくてはならなかった。後日、このプレゼンテーションについて作業員と話したとき、安倍首相のこの発言を「第二の事故収束宣言だ」と表現した作業員がいた。どちらも現場の状況とまったくかけ離れた宣言だった。そしてこの発言との辻褄合わせをするために、この後、現場はまた大きく振り回される。

首相の発言後、9日には東電の今泉典之原子力・立地本部長代理が記者会見で、福島第一専用港湾の海水は毎日半分が入れ替わり、放射性物質の流出は完全には止められていないと説明。だが首相の説明について尋ねられると、「外洋への影響が少ないという点では、（首相と）同じような認識」と苦しい答弁をした。

13日には、東電の山下和彦フェローが、民主党の会合で「今の状態はコントロールできているとは思わない」と首相発言を全面否定。しかし、菅義偉官房長官は同日の記者会見で「（山下氏の発言は）タンクからの汚染水漏れなど個々の事象は発生しているという認識を示したものだ。放射性物質の影響は発電所の港湾内にとどまっている」と強調し、東電もこれと同様のコメントを出した。

東京五輪招致決定に、作業員の反応は複雑だった。地元作業員は「現場は汚染水漏れで大騒ぎになっているのに、首相は『まったく問題ない』と世界に向かって言い切った。本当にやばいことが起きても、今後は発表されなくなったりするのではないか」。他の作業員たちも「五輪ありきで作業工程が作られるのではないか」「五輪期間中は危険な作業が先延ばしされたり、作業が止められたりするのではないか」などと不安を口にした。

五輪招致のプレゼンテーションで、キャスターの滝川クリステルさんが日本のもてなしの精神を説明したときの「お・も・て・な・し」と手振りを加え、ゆっくり区切って発音する表現が日本で流行り、この年の流行語大賞の候補にもなる。避難生活を送るリョウさんにいわきで会ったとき、五輪の話題になると途端に表情を曇らせた。リョウさんは「子どもたちが『お・も・て・な・し』って真似しているのを聞いて、思わず大声で叱ってしまった。海外に『おもてなし』と言って招致したようだが、日本は今、そんな状態なのか。それに福島は東京から２５０キロ離れているともアピールしていたけど……。福島は東京の電気を作っていたのに。福島のことを切り捨てられたように感じた」と怒りを露わにした。リョウさんは事故後、疲労で精神的に追い詰められ、子どもたちに当たってしまった時期があり、そのことをひどく悔いていた。「それなのに滝川さんの真似をする子どもたちを見て、いらつくのをどうしても抑えられなかった」と、辛そうに顔をゆがめた。

東京地検、東電幹部や政府関係者42人を不起訴に

東京五輪開催が決まった翌日の9月9日、東京地検は、業務上過失致死傷容疑などで告訴・告発された当時の東電幹部や政府関係者42人全員を、「大津波を具体的に予測できたとは言えず、刑事責任を問うのは困難」として不起訴にした。原発事故の責任は2年半経ったこの時点で誰も取って

いない。いや、事故から8年以上が経ってこれを執筆している今も、責任の所在すら明らかにされていない。9月19日には安倍晋三首相が、事故後に廃炉が決まった1~4号機と同じ敷地内にある5、6号機の廃炉を、東電の廣瀬直己（ひろせなおみ）社長に要請。廣瀬社長は「年内に判断する」と回答した。その一方で東電は柏崎刈羽（かしわざきかりわ）原発6、7号機（新潟県）の再稼働に向けた審査を原子力規制委員会に申請していた。

事故直後と何も変わらず――2013年10月24日　ハッピーさん

福島第一原発事故直後から、現場で実際に起きていることを伝えたくて、ツイッターでつぶやいてきた。それがまさか本になるなんて。

本をまとめるのに、この2年半を振り返ってがくぜんとした。今も事故直後の状況と何も変わっていない。行き当たりばったりで、何かあってから対応する後手（ごて）、後手の状態がずっと続いている。

事故発生から3カ月後に、高濃度汚染水を処理して冷却水を循環するシステムができたが、そこから作業が前に進んでいないように思う。突貫工事が続き、タンクも配管も他の設備も「1年もてばいい」と言われ、設置を急がされた。ほとんどの設備が、メンテナンスも考えずに造られている。仮設の配管やタンクから、水漏れが起こるのはわかっていたこと。もっと早い段階で、長く使えるものに換えるべきだった。

これだけの事故なのに、コスト削減が優先され、必要な工事が却下され、設備の質も下がった。

被ばく線量の問題や雇用条件悪化で、技術者やベテランが現場を去っていった。つぶやいた懸念が次々と現実になっていった。いち作業員が気づけることを、東電が気づかないはずはない。２年半、問題を放置した結果が今の状態。いつまでも突貫工事のままでは状況は変わらない。

今も故郷に帰れず苦しんでいる人がたくさんいる。長年、原発で働いてきた者の一人として、少なからず事故の責任を感じている。この先どのくらい現場にいられるかわからないけど、少しでも長くイチエフの収束作業に関わりたい。

現場では、今も作業員たちが必死で作業をしている。事故を風化させないためにも、二度と過ちを繰り返さないためにも、現場で何が起きているのかを、多くの人に知ってもらいたい。

ハッピーさんは、事故から2年半経っても現場検証がされないままの状況を危惧していた。

「3号機にしても、4号機にしても、使用済み核燃料プールからの取り出しなど、廃炉に向けた作業は進むが、事故当初の状況がわかる証拠がどんどん壊され、無くなっていく。作業を進めるに当たって、事故を検証するために必要な写真やデータを取りながらやるべきだ。物的証拠がどんどん無くなっている」。この日のハッピーさんの茶髪は少し濃い色に変わっていた。なぜあのような原発事故が起きたのか、このままでは検証ができなくなるということだった。また、事故から2年半が経ち、事故後の突貫工事の影響が相次いで表面化していることも、ハッピーさんの心配の一つだった。「ずっと行き当たりばったりでやってきた。タンクも敷地の狭い所にまでどんどん造っているけど、1千トン級のタンクを次々建てるには、タンクと中に入れる水の重量で地盤沈下しないように地盤改良が必要なのに、それをしないままタンクを建てている場所もある。地盤が沈んできて、慌てて3～5メートルぐらい地面を掘って土を入れ替え、石灰を混ぜてコンクリの基礎を造っている場所もある。それに震度6以上とかの地震がきて、タンクが倒れたら……。タンクの耐震もまったく考えられていない」

今後も福島第一に関わり続けたいかと尋ねたとき、ハッピーさんは静かに答えた。「ここで生まれ育った人たちが故郷に戻れないのを目の当たりにして、原子力の世界で食ってきた人間として少なからず、責任があると感じている。将来病気になったとしても、自業自得だと思っている。今は事故を収束させなければという思いでいっぱいで、原発を推進したいか、脱原発なのかは考えられない」

リョウさん、いわきに土地を買う

この頃、地元作業員のリョウさんは人生の大きな決断をしていた。1カ月半ぶりにいわきで会ったときに突然、「たまたま、いい土地が出て。買うことに決めました」。リョウさんは取材で会うたびに、「借りている家だからと、汚さないように気を遣う。焼き肉とか臭いがつくから絶対しない。いつまでも仮というか、自分たちの家ではない気がして。いつか家を買いたい」と仮住まいであることを嘆いていた。

それにしても事故後、多くの人が避難してきたいわきの土地は高騰し、場所によっては3倍近くにまで上がっていた。それに新しいマンションやホテル、避難者の新しい家が建ち、売り地も出なくなっていた。「よく見つけましたね」と、思わず言葉が私の口をついて出た。するとリョウさんはにっこり笑った。「子どもたちが転校しなくて済む距離に、たまたまいい土地が出た。本当にラッキーだった。今週末に支払いと契約を済ませる予定」。リョウさんは、もらった賠償金にはずっと手をつけずにきた。子どもたちの分はそれぞれの将来のため、別に貯金していた。

まず土地を買い、家を建てるのは大工の友人に相談し、時間をかけてゆっくり建てたいという。家族でその土地を見に行き、リョウさんが「ここを買うんだよ」と子どもたちに言ったとき、「ここに〇〇ちゃんって、私の名前書いた札立てとくの？」と一番喜んだのは長女だったという。いつも悔し涙や苦しい涙を流していたリョウさんが、この日は安堵の涙を見せた。

そしてリョウさんはこの日、二つ目の大きな決意を私に告げる。「会社を辞めることにした」。辞めるかもしれないとは聞いていたが、あれほど福島第一に残ることにこだわっていたリョウさんだから、迷った末、やはり残るのではないかと私は思っていた。

「イチエフの仕事に未来はない。被ばく線量がいっぱいになれば、簡単に切られる。こうなると拍子抜けというか、ばかばかしくなる。結局、俺らは使い捨てなんだよね」。リョウさんは少し寂しそうだった。別れる前、リョウさんはつぶやくように言った。「本当はね。事故直後のイチエフみたいに、みんなが一丸となって誇りをもって熱い気持ちで仕事をしていた、あの頃に戻りたい」

多核種除去設備（ALPS）、たびたび停止

フランジ型タンクから３００トンの汚染水漏れが発覚した8月19日以降、タンク群を取り囲む堰

の排水弁は閉じられるようになったが、今度は台風や大雨のたびに堰から水があふれる危険が危惧されるようになった。

台風や大雨がくる前に敷地内をパトロールし、堰内に溜まった水をタンクに移して検査し、高濃度の場合は別のタンクに移送し、基準値（放射性ストロンチウム90で1リットル当たり10ベクレル）以下の場合は地面に排水することになっていた。しかし大雨で対応が間に合わなくなると、堰内の水を直接検査し、基準値以下の場合はそのまま地面に排出するようになる。

パトロールが頻繁に行われ、溜まった堰の水を移送する担当の作業員らは大雨のたびに、いつでも出動できるよう「待機」していた。週末、担当の作業員に電話をすると、「今日も待機だよ。何もなきゃ家にいればいいいんだけどね」と疲れているはずなのに、明るい声が返ってきた。大雨のたびに、雨水か汚染水かわからないなかで、作業員らは防護服にかっぱ一枚で格闘していた。9月に福島第一を襲った台風18号は何とか乗り切ったものの、堰の高さは約30センチしかなく、堰内の水の汚染度を確認する間も水かさが瞬く間に増していった。水を移送するポンプの能力の限界もあった。大雨のたびに堰の水が漏れ、東電から頻繁に堰外への水漏れを知らせる広報メールが来た。

大雨のたびに、タンク群を取り囲む堰の内側に溜まった雨水を次々移送しなくてはならなかった＝2013年9月15日　写真：東京電力

その後も汚染水漏れは続いた。堰に溜まった雨水を移送する配管を誤って小型タンクに付け替え、4トンの汚染した水が漏洩。別の日には、タンクの空き容量ぎりぎりまで移送しようとして、もとからタンク内に入っていた高濃度の汚染水をあふれさせた。そもそも大半のタンクの空き容量が、5％以下しかなかった。そして、とうとう堰内の雨水の移送先が確保できなくなり、一部で漏洩が起きたため使わないことにしていた地下貯水槽のうち、水漏れを起こしていないものを使わざるを得ない状況に追い込まれた。

8月に起きたタンクからの300トンの水漏れは、底板の継ぎ目の止水材がはがれていたことによって起きた可能性が高いと判明する。さらに、底板の複数のボルトが緩(ゆる)んでおり、側面にもさびが見つかる。作業員らは、さんざん造った313基のフランジ型タンクの補強やボルトの締め直し、つなぎ部分のコーキング（補強）、水位計の設置、タンクの天板に雨樋(あまどい)や屋根をつけるなどの作業に追われた。後に堰を約30センチから1メートル前後などにかさ上げする工事も進められた。

汚染水の浄化も、うまくいっていなかった。3月にようやく試運転を始めた新しい浄化装置「多核種除去設備（ALPS）」はたびたび停止していた。そんななか、安倍首相は福島第一を視察後、「しっかり期限を決めて汚染水を浄化すること」と東電に要請。東電の廣瀬直己社長は、2014年度中にすべての汚染水を浄化すると発表する。その発表を聞き、東電社員の一人に電話をする。

「社長は国に期限を言わされたんだろうけど、絶対無理。無理でも約束したからには、期限を守らないとならない。現場にはすごいプレッシャーがかかる」。深いため息とともに吐き出された彼の強い懸念は、その後、現実のものになっていく。

汚染水処理の作業を急かされるなかで、単純ミスが相次ぐ。10月1日、移送ホースが小型タンクにつなぎ替えられたのを知らずにポンプを起動。汚れた雨水5トンがあふれた。10月9日には、放射性セシウムを除去した後に塩分を取り除く淡水化装置で、誤って外してはいけない配管を外し、高濃度ストロンチウムを含む水7トンが漏洩。作業員6人が汚染水をかぶる。汚染水処理関係の作業に携わる作業員らは、「現場に『国の命令だからとにかく急げ』という指示が飛んでいる」「毎日、長時間労働で疲労はピーク」と憔悴した声を出していた。

国の圧力「急げ、急げ」　作業10時間超え発覚

「朝礼で主任監督が『(作業時間が) 10時間を超えそうになったら、線量計を取り替えてこい。何度取り替えても構わない』って言っていた。信じられないよ。法律違反もいいところ。すげーこと言っているよ」。いわきで会った作業員の男性は、待ち合わせ場所に現れるなり一気に吐き出した。原発など被ばくの危険がある現場では、一日の労働時間は残業をしても10時間以内と、法で定められている。作業員らが持つ線量計は、被ばく線量を測るほか、作業時間も管理しており、放射線の管理区域内での作業が10時間を超えないように、9時間半でアラームが鳴るように設定されていた。男性が朝礼で指示されたのは、敷地内での作業が7時間や8時間になったら、いったん線量計を返して退域し、もう一度敷地内に入り直して、新しい線量計を借りて作業をしろということだった。線量計を借り換えて2度現場に入れば、個々の線量計に記録される作業時間は10時間を超えないため、チェックに引っかからない。

これまでも他の作業員から、作業を終えて線量計を返すときに、9時間半超えを知らせるアラームが鳴りっぱなしになっている作業員をよく見るという話を聞いていた。線量計の取り替えを朝礼で指示された男性は、「そうは言われたけど、実際に借り換えているやつがいるかはわからない」と口を結んだ。この日から私は、線量計を借り換えさせられた作業員がいるかどうか、探し始めた。

別の現場で働く作業員も「線量計を替えれば、(時間が)また新しくゼロになるから」と上司に言われたという。この作業員はその時の様子を説明しながら、「ひどい話よ」と思いっきり顔をしかめた。東電の公表した工程に間に合わせるために、いくつかの現場で「10時間超え」が起きている可能性があった。ある作業員は、8時間作業をして戻ってきたら、上の会社の人から「残業で、もうひと作業やってくれ」と頼まれた。残業を断った作業員もいたが、何人かは線量計を借り直して現場に戻ったという。別の作業員は会社の事務所に寄ったとき、会社の上司が、上の会社に提出する勤務表の作業時間の報告書を書きながら「あれ? この日、線量計を2回借りたのは誰だっけ?」と確認しているのを聞いた。つまり、法律違反にならないよう10時間超えをした作業員の勤務時間を、10時間以内に改ざんして提出しているということだった。

「国や東電から急げ、急げと毎日過大なプレッシャーをかけられ、休みなく残業が多いなかで、みんな疲れ切っている。仲間をかばうわけではないが、今イチエフでミスが多いのは仕方がないと思う部分がある。このまま無理な工程に合わせて現場を急がせていたら、いつか大きな事故になる」。ベテラン作業員の言葉が、近い未来の予言のように響いた。

原発事故前と事故後で変更された線量計アラーム設定の謎

10月11日付の東京新聞朝刊一面で、線量計を替えて10時間超えの作業を強いられている実態を紙面に掲載する。この段階では、元請けの東芝も1次下請けの東芝プラントシステムも、社員らの10時間超えの作業を否定した。12月に入り、福島県の富岡労働基準監督署が、元請けの東芝や下請け企業計18社に、労働基準法違反で是正勧告を出す。東芝と、東芝プラントシステムは「線量計の借り換えは（作業）時間をごまかすためではなかった。原発内の休憩所での打ち合わせや待機時間も、労働時間に含まれると国に確認した後は改善した」とコメントし直した。さらに10時間を超える作業をしていた作業員は、少なくとも7月からの3カ月で延べ100人を超えることが、取材するなかでわかる。けれども、労基署の是正勧告では、下請け企業に対する東電や東芝の管理責任までは問われなかった。これは法律上、作業員の労務管理は雇用する企業に責任があるためだった。しかし上位の会社から作業を急ぐように言われれば、仕事を受ける弱い立場の下請け企業は断れない。下請け企業に、労務管理の全責任を負わせることで、労働者が本当に守られるのか。全作業員の労働時間は、東電によって線量計のデータがコンピューター管理されている。チェックしようと思えば、できるのではないか。そんな考えが頭を巡った。

取材を進めるなかで、原発事故後、線量計の設定が変わったことがわかる。事故前は、線量計を借り直しても同日内の労働時間が積算され、9時間半でアラームが鳴るように設定されており、線量計を借り換えたとしても、その日の作業が10時間を超えたかどうかわかる仕組みになっていた。

しかし事故後は、1回目の作業の後、いったん敷地外に出て線量計を借り直すと、時間がゼロから設定されるようになっていた。つまり、作業員が敷地内にいた時間を把握するためには、二つの線量計のデータを足さないとわからない。線量計の設定が変わったことが、10時間超えの違法労働を誘発していた。なぜ事故後、東電はわざわざ線量計の設定を変更したのか。東電の広報に取材すると、「事故後は敷地のほぼすべての放射線量が高くなり、線量計を持ったまま昼食や休憩を取るようになった。これらは労働時間ではないのに積算されてしまう。線量計では労働時間を管理できなくなり、設定を変えた」と説明された。だが事故初期は特に、作業環境も整わず、休憩所でも被ばく線量はゼロではなかった。被ばくのおそれがある環境での労働時間は最長でも10時間以内という法の主旨を考えると、休憩時間や待機時間も入れるべきだった。

後日、作業員から連絡をもらう。「報道が出た後、工程、工期と急がされなくなって、ずいぶん楽になった」と言われ、ほっとする。朝礼で指示をした上司が記事を見て「なんだ、俺が言った通り書かれているじゃないか」と笑い飛ばしていたと、この作業員もまた笑っていた。しかし、翌2014年にも別の元請け会社で10時間超えが発覚する。

シロウト監督、現場で悪循環

「やべーなー。このままでいくと事故から4年目、5年目がもたない」。地元作業員のナオヤさん(44歳、仮名)が、事故後の自分の被ばく線量を年度ごとに数えながら、ぶつぶつ言う。いつものようにいわき駅から離れた居酒屋で、私はナオヤさんと向かい合っていた。原発事故1年目は特に、作業員たちは軒並み被ばく線量が高く、「5年で100mSv」という法で定められた上限との闘いが、年々厳しくなっていた。事故後、累計被ばく線量が嵩み、現場をよく知るベテランや技術者が次々現場を離れていたが、4年目になる来年4月以降は、ますます厳しくなると、ナオヤさんは眉間にしわを寄せた。「今うちで作業の核になれるやつは、もう5人ぐらいしか残っていない。そのうち俺ふくめて4人が、すでに線量が厳しい。ベテランがみんないなくなったら、現場なんて動かない。代わりの人がいるんだったら、とっくに代わっているよ」。ナオヤさんの頰は少し赤くなっていた。居酒屋の個室は、少し暖房が利き過ぎていた。夏以降、ナオヤさんが気にしているのは、東電が厚労省の指導で、事故発生直後の内部被ばく線量の再評価をしていることだった。「ひょっとすると、一発アウトかもしれない」。ナオヤさんの不安は、評価し直されて被ばく線量が上がり、働けなくなるのではないかということだった。

いわきで出会った、海側の汚染水対策作業をする作業員にも話を聞く。「ベテランの現場監督が、被ばく線量がいっぱいになって現場に来られないので若手が監督になったのだけど、これがもうどうしようもない。全然作業が進まない」。若手監督は経験もなく、対応の判断がつかず、すぐに事務所で待機するベテラン現場監督に電話するのだという。「『ここどうしたらいいですか』ってそいつが携帯で電話を始めると、周りはみんな『またか』とため息ついているよ」。若手監督が電話をして判断を仰ぐ間の10～15分、他の作業員たちは作業を中断して、現場のなるべく放射線量が低い場所で待機する。「図面で理解していても、現場で臨機応変に対応できない。その間、他の作業員もみんな被ばくしながら待っている」

問題は現場監督や班長、ベテランがいなくなったことだけではなかった。新しく入ってきた、道具の名前もわからない作業員がますます増えていた。作業時間が長引き、被ばく線量が嵩み、さらに現場を知る作業員が福島第一を離れる。作業が長引き疲労が蓄積し、ミスも加速度的に増えていた。次々作業員が入れ替わり、作業員を「使い捨て」にする現場にまた人が集まらなくなる……。悪循環だった。

国会でも、福島第一に人が集まらないことが問題になる。東電はこれまで、作業員は「足りている」と繰り返してきたが、東電の廣瀬直己社長は10月末、原子力規制委員会の田中俊一（たなかしゅんいち）委員長との面談の中で「作業員の確保が非常に困難になっている」と認めた。そして11月に入り、廣瀬社長は福島第一原発の作業員の日当が1万円上がるように、元請けに労務費を上げて支払うと発表する。東電の説明では事故後、作業場所の危険度や放射線量にもよるが、いわゆる危険手当分として一日1万円程度をプラスして元請けに払っていたが、さらに1万円上げるというものだった。国直轄の避難指示区域の除染作業と違うのは、除染では国が危険手当一日1万円を作業員に支払うように指導しているが、東電はあくまでも労務費として、作業員の日当が1万円上がるように、元請けに支払うということだった。

作業員たちに取材すると、「1万円がそのまま末端の俺たちに下りてくるはずがない」「会社がピンハネする分が増えるだけ」とそっけなかった。そんななか、漏洩すると国の安全保障に支障をきたす「特定秘密」を指定し、その漏洩を取り締まる「特定秘密保護法」案が11月26日に衆議院本会議で可決する。これまでも厳しい箝口令（かんこうれい）が敷かれているのに、ますます取材に応じてくれる人が減るのではないか……。しかし作業員たちからは「大丈夫だよ。俺はまったく悪いことしていない。核防護上の秘密を話しているわけではなく、家族への思いや現場の頑張りを話しているだけだからね」と、あっさりとした返事が返ってきた。

収束宣言を境にがん無料検診で差別

12月16日、政府の事故収束宣言から2年が経った。この2年間、作業員の待遇は悪化の一途をたどっていたが、影響はそれだけではなかった。収束宣言前から働き、一定期間に50ｍＳｖや100ｍＳｖ以上など一定の線量を被ばくした作業員は、生涯無料で検診が受けられるが、宣言後に働き始めた作業員や、決められた期間内に一定の被ばく線量に達しなかった作業員の検診は自己負担だった。福島第一を離れ、東京の建設現場で働くようになっていた作業員に東京駅近くのバーで会ったとき、「どうしても訴えたいことがある」と真剣な表情で切り出されたのが、この話だった。この男性はがん検診を無料で受けられるが、同じ現場で働いた同僚は対象外だった。バーには、この元同僚の男性も一緒に来ていた。この男性は収束宣言の1カ月後から現場に入り、建屋周りの瓦礫撤去など高線量の作業をし、8カ月で50ｍＳｖを超える被ばくをした。だが、収束宣言前に働いていなかったことで、この男性のがん検診費用3万～4万円は自己負担になる。「扱いの違いに驚いた。今後も高線量下での作業はある。線引きをせず、検診を受けさせてほしい」。薄暗いバーで男性からぶつけられた話は、切実でもっともな訴えだった。

東電や厚労省に制度の詳細を確認した。収束宣言前に作業をした作業員を、国は「緊急作業従事者」として全員登録し、健康状態を追跡する。さらに一定被ばく線量を超えれば、生涯無料で検診を受けられる。厚労省はこの理由を「宣言前は原子炉が不安定で『緊急作業』としていた。作業員の不安が大きいため、長期的な健康管理が必要とされた。宣言後は緊急作業が解除され、一般の原発と同じ扱いになった」と説明する。国の制度では、原発事故後の一定期間に50mSv以上被ばくした作業員は白内障の検査、100mSv超の作業員は甲状腺がんや胃がん、大腸がんなどの検査費用を国か雇用企業が負担し、無料で受けることができた。加えて、東電が50mSv超の被ばくで、甲状腺がんや胃がん、肺がん、大腸がんの検診を、さらに100mSv超の場合は、頸部の超音波診断を受けられるようにした。ただし、収束宣言前の「緊急作業」期間の作業に従事していなければ、どちらの対象にもならなかった。

皮肉な「お・も・て・む・き」――2013年12月30日　原発技術者　名嘉幸照さん（72歳）

原発事故後、従業員と一緒に、仮設住宅に花を植えたプランターを持って行っている。庭や畑仕事ができなくなっているから、みんなとても喜ぶ。なかには花を抜いて野菜を植えちゃった人もいるが。

イチエフをよく知る人は、東京五輪招致の最終プレゼンテーションで話題になった「おもてなし」や「状況はコントロールされている」という言葉を、「おもてむき（表向き）」「情報はコントロールされている」と言い換えている。

それがすっかり仮設住宅にも定着しちゃって、じいちゃんやばあちゃんに「これは表向きの話？」とか「相変わらず、情報はコントロールされているの」と言われたりする。「いつまで汚染水漏れしているんだい」と聞かれ、わからないよと答えたら「俺のおむつ貸そうか」とも……。

　仮設住宅に行くたびに「いつ収束作業が終わるんだ」と聞かれたが、最近は聞かれなくなった。汚染水以外にも、問題はいっぱいある。事故から2年9カ月。廃炉作業はまだ始まってすらいない。


　福島第一の1号機建設から、米国のゼネラル・エレクトリック（GE）社の技術者として関わり、その後もずっと福島第一での仕事を続けている東北エンタープライズの名嘉幸照会長が、いわき市の洋向台に移した会社を久々に訪ねた。大きなガラス張りの壁を通して前の公園が見える。その公園で除染が終わる前に遊んでいた親子に、名嘉さんは「除染が終わってから遊んだほうがいい」と伝えたこともあった。東北エンタープライズの社員は、事故前から福島第一の作業に携わり、事故発生時もその後も命懸けで作業をしてきた。名嘉さんは事故後、社員と一緒に仮設住宅を訪れ、自宅の庭を失った避難者に少しでも元気になってほしいと、ボランティアで花を植えたプランターを届けていた。名嘉さん自身が、終の棲家にするつもりで建てたばかりの家を離れなくてはならなかった避難者でもある。そこは海沿いの高台の敷地で、福島第二原発が見えた。

　この日、東京五輪の話題になったとき、名嘉さんは仮設住宅のおじいちゃんやおばあちゃんの面白い話を聞かせてくれた。政府の姿勢を見て、仮設住宅では「おもてなし」を「表向き」に、「状況はコントロールされている」を「情報はコントロールされている」と言い換えて笑いにしているという。そのたくましさに脱帽する。ガラス張りの明るい事務所の大テーブルで、名嘉さんと久しぶりに大笑いする。そして笑いながら、福島の話を取材していて、こんなふうに笑ったことがあっただろうかと、ふと我に返った。

けれど後日、名嘉さんから聞く仮設住宅の話は辛いものに変わっていく。仮設住宅からだんだんと避難家族が出ていき、近所で仲良しだった人たちが減るにつれ、残った高齢者たちは名嘉さんたちが訪れても、話をしに外に出てこなくなる。仮設住宅での交流会やイベントも減っていく。各地の仮設住宅でも、住んでいる避難者が減るにつれ、交流が減り、残った避難者たちの気持ちがふさいだり、引きこもったりする人が増えていく。そういう話を聞くことが増えるにつれ、名嘉さんと楽しく仮設住宅の人たちの話をしたこの時間を思い出す。

4章　安全二の次、死傷事故多発 ―― 2014年

「汚染された残りのタンクはまだまだある・

「忘れられるのは一番こわい」

「命張ったのに、報われない……」

「東電に報告するより先に119番しよう

「サマータイムとは……」

タンクだらけ。桜の木もずいぶん伐採され

「アンケートなんて本音は書けないです

「東京には

「人間扱いされない、奴隷だった」

本当に日当は1万円上がる？

東電は原子炉に注水する冷却水の量を減らし、日々大量に生まれる汚染水を減らそうとしていたが、タンクの堰（せき）から放射性物質を含む雨水が50トン漏（も）れるなど、汚染水の漏洩（ろうえい）問題は、改善の兆（きざ）しが見えないままだった。1月18日、3号機の原子炉建屋1階の床面でも、流出元が特定できない高濃度の汚染水が排水溝に流れ落ちているのが見つかる。相変わらずタンクが不足するなか、東電は溶接型に置き換える予定だったボルト締めをしただけのフランジ型タンクに漏水防止処置をして、数年間使い続ける方針を決める。敷地内には約1千基のタンクがあり、主にベータ線を出す放射性ストロンチウムなどが残る、高濃度の汚染水を保管していた。東電は、新しい除染設備「ALPS（アルプス）」で汚染水の線量を下げようとしていたが、これもうまく稼働していなかった。

福島第一の敷地境界で「年間1mSv（ミリシーベルト）未満」に年間線量を下げる計画だったが、汚染水の移送が相次いだ2013年の春以降、線量が急上昇。境界の場所によっては年間8mSv前後に上がっていた。

東電が発表した作業員の日当「1万円アップ」の問題も混乱していた。東電の廣瀬直己（ひろせなおみ）社長が作業員の日当が1万円上がるように、前年12月の契約分から元請けへの支払いを増やすと約束して2カ月が経っていたが、実際に作業員の日当が上がるのかわからなかった。そもそも東電がすでに元請けに支払っているという割り増し分（一人当たり平均1万円）ですら、きちんと作業員に届いていない問題があった。

雇用者側にとっても、この問題は悩ましかった。前年12月以降の契約は増額分が上乗せされるが、それ以前に契約した工事には上乗せされない。かといって、作業によって日当に大きな差が出れば、現場から不満が出る。大手プラントメーカーの下請けの男性幹部に事情を聞く。「この話はもともと、東電が始めたコスト削減で下がってしまった契約額を上げてほしいという各社の要望だった。ところが東電社長が一人当たり1万円アップとして発表し、大騒ぎになった。元請けも混乱している。もともと高線量域で、きちんと一日2万円を出している元請けもある。いずれにしても日当を上げないと『ピンハネされたと言われる』と困っている」。別の下請け企業の社長は「受け取り分が上がったらありがたいが、実際に作業員まで上がるかどうか……。日当を上げるなら一律に上げざるを得ないが、いつからどのくらい上げたらいいのか」と頭を抱えた。

企業からも作業員からも「割り増し分は、東電から直接作業員に払ってほしい」という声が上がっていた。特に、これまで危険手当を受け取っていなかった下請け作業員らは「会社を通せばピンハネされる」と不信感が強かった。国直轄の除染のように東電から別枠で払えないのかと、東電に取材すると、広報担当者から「元請けに請負契約で発注しており、作業員との雇用関係がないので、直接支払うことはできない」と答えが返ってきた。下請け企業も、作業員も、本当に日当が1万円分上がるのか、半信半疑だった。

ネオン輝く東京に違和感——2014年2月1日　ヒロさん（35歳）

被ばく線量が会社の定めた上限に近づき、イチエフから東京に戻ってきた。帰ってきて感じたのは、強い違和感だった。事故直後の節電は忘れられ、夜はネオンが輝いていた。福島のことを知りたくても、報道もほとんどされない。家庭でも職場でも、福島の話題は出なかった。東京にいると、福島での原発事故がなかったかのように感じた。

事故前は、原発で働いたことはなかった。次々起きた原子炉建屋の水素爆発は、衝撃だった。日本に住めなくなるのではないかと思った。必死に原子炉などの冷却作業をする人たちの姿をニュースで見て、自分も何か貢献したいと思った。

折れ曲がった鉄骨、瓦礫（がれき）だらけの敷地——。事故から間もないイチエフは、メチャクチャだった。高線量の場所が点在し、建屋周りでは作業が数分間隔（かんかく）で区切られ、人海戦術で作業が進められていた。不安と緊張で震えながら作業をする人もいた。敷地を離れると緊張が解け、どっと疲れた。

なぜ福島にもっと関心をもたないのか。東京に帰ってから、数カ月経っても違和感は抜けなかった。妻に現場の話をしても、うまく伝わらずいらついた。たびたび汚染水漏れを起こし、事故収束には程遠いイチエフの現状も、東京には〝出来事〟なのだと感じた。

福島では戦友みたいな仲間が出来た。地元の人との温かい交流もあった。福島を離れても、イチエフや作業員仲間、住民のことが頭を離れなかった。福島を何とかしたいという気持ちは今も変わ

らない。現場に戻りたい。

ヒロさん（35歳、仮名）に初めて会ったのは、東京の居酒屋だった。ちょうど都心に台風26号が直撃した、前年の10月15日だったが、店に入ったときはまだ小雨だった。待ち合わせの時間に着くと、ヒロさんはすでに待っていた。丁寧な言葉で話す穏やかな人で、福島第一の専門的な話もわかりやすく説明してくれた。頭のいい人だった。

ヒロさんは事故後、東京から福島第一に駆けつけた技術者の一人だった。水素爆発した原子炉建屋をテレビで見て、日本が消滅してしまうのではないかと本気で思ったという。ハイパーレスキューや自衛隊なども駆けつけ、冷却作業をしている様子をニュースで見て心が揺さぶられ、自分も何か貢献できたらと感じた。そんなとき、会社で福島第一で働く技術者の募集がかかり、迷わず手を上げた。今は妻となった女性は、当時はまだ恋人だった。福島に行くと言ったら初めは冗談だと思ったようだが、ヒロさんが本気だとわかると、「なんであなたが行くの」と泣かれた。それでも決意が変わらなかったヒロさんは、「1、2週間で帰ってくるよ」と恋人をなだめた。会社から現場や被ばく状況などの説明を受け、それでも気持ちは変わらないかと確認をされた。説明を受けたうち1人が辞退。他のメンバーは一緒に行くことになった。

現場での作業が、全面マスクに防護服のフル装備だと知ると、ヒロさんは福島に行く前に、装備に慣れるため、自ら訓練をした。イチエフで使っているタイベック（デュポン社の防護服）を買ってきて、福島に行く1カ月前から、ヒートテックを下に着込み、サージカルマスクとゴーグルをつけ、建設現場の仕事をした。後に、ヒロさんの同僚に会ったとき、同僚は口をそろえて、ヒロさんの腕の確かさに太鼓判を押した。「宿に帰ってきても、ずっと図面を見ている」。資料を見て作業のシミュレーションをし、作業の前にはすぐに必要な道具が出てくるように工夫していた。「酒は好きだけど、仕事はまじめなんだよな」と同僚にからかわれていた。

ヒロさんが平日は福島で仕事をし、週末に東京に帰るという生活をするようになってから、2年近い歳月が過ぎていた。その間に結婚し、長男が生まれていた。

福島では、ネズミが原因の停電で冷却システムが止まったとき、免震重要棟の掲示板で原子炉内の温度が上がっていくのを、同僚と一緒に「あと何分何秒でやばい」と固唾をのんで見守った。でもその週末、東京に戻れば何もなかったかのように街は平和で、あまりの落差に愕然とした。「高

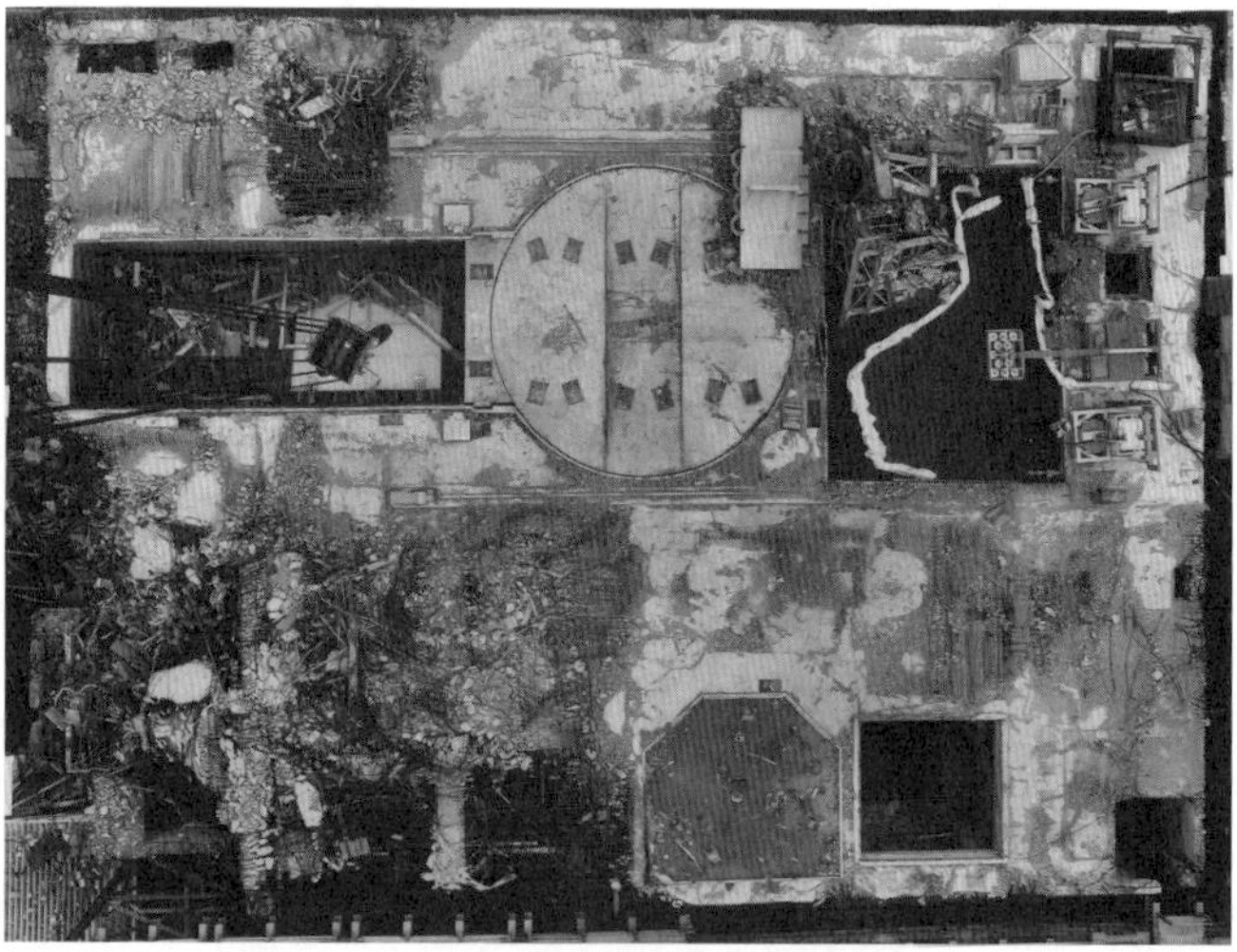

3号機原子炉建屋上部の瓦礫を撤去した後の調査で撮影された最上階（5階）の写真。中央上の円形が格納容器上部。その右側が使用済み核燃料プール＝2014年1月31日　写真：東京電力

線量で次々と人が退域するなかで、自分たちもいなくなれば代わりがいなくなると必死だった」。福島では今も作業が続いていることを思うと、被ばく線量が5年間の上限に近づき東京に戻ってからも、福島のことが常に気になった。けれども東京での日常会話で福島の話が出ることはまったくなかった。報道も少なく、現場作業員のツイッターやインターネット上で情報を探さないと福島第一の状況がわからない状態だった。危機的状況が続く福島のことに、なぜ誰も関心をもたないのか、もう忘れてしまったのか、という苛立ちは、夫婦の間にも微妙なずれを生じさせた。

大量の汚染水が漏れたニュースをテレビで見て、妻が「あなたが今いなくてよかった」と言うのを聞いたとき、ヒロさんは違和感を覚えてしまう。自分の体を心配してくれているとわかっていたが、ヒロさんは「感覚が違う」と温度差を感じてしまった。福島第一の現場がいかに危機的状況にあるか、説明してもうまく伝わらず、いらつくヒロさんと妻がもめることもあった。

東京で感じるこの違和感が大きくなるとともに、「福島に戻りたい。仕事をまっとうしたい」というヒロさんの気持ちは、強まっていた。

氷の中にいるよう——2014年2月7日　ケンジさん（43歳）

冷え込みが一段と厳しくなってきた。朝は気温が氷点下まで下がる。イチエフに行くと、水たまりが凍っている。浜通りは風が強いから、体感温度はかなり低い。

どんなに寒い日でも、防護服にかっぱを着て作業をすると汗をかく。作業にもよるが、動いているときは寒さを感じない。でも指先は別。綿やゴムの手袋だけでは、かじかんですぐ動かなくなる。上から軍手を重ねて寒さを和らげる。

作業が終わってかっぱを脱ぐと防護服が風を通し、汗が一気に冷えて鳥肌がたつ。体温が、ガッと奪われて震えが止まらなくなる。ぬれた下着が体にくっつき、氷の中にいるような感じになる。現場にぐずぐず居(い)れば、みんな風邪をひく。長くいると、その分被ばくもする。

班長として、仕事が終わったら、少しでも早く現場から作業員を引き上げなくてはと思う。近くに車を用意して、すぐ上がれるようにし、ぬれた服を一刻も早く着替えさせる。

俺ら班長の仕事は作業員を守ること。早く上がろうと集中して作業させることは、現場の結束にもつながる。

福島第一のある浜通りの冷え込みは、2月に入ってから一段と増した。原発近くの浪江(なみえ)町では2月6日未明に、観測史上最低のマイナス12・4度を記録。福島第一でも、凍結が原因で配管のつなぎ目などが破損し、作冬と同様に水漏れが相次いでいた。免震重要棟のトイレも凍結して一部が使えなくなり、使えるトイレの前が大行列になった日もあった。2月半ばには40センチの積雪があり、除雪車も入ったが、作業員たちは自分の現場の雪かき作業に追われ、筋肉痛になっていた。

ケンジさんは寒さが厳しいなか、元気に働いていた。仕事が終わった夜、いわきで時間をもらう。どんなに寒くてもスタートは生ビール。作業後の、のどの乾きを癒(い)やすところから始まった。

2013年の春以降、タンクからの水漏れが相次いだことからタンク設置や補修作業が急務となり、福島第一で働く作業員が、急激に増えていた。元請けごとに割り当てられた休憩所は作業員であふれ、以前は横になって休めたが、座るスペースもなく、ケンジさんたちは車の中で待機することもあった。外にいれば、車内とはいえその分被ばくもする。「休憩所は漫画を読むスペースもないよ」とケンジさんは困ったように笑った。大型休憩所の建設が急ピッチで進められていたが、間に合っていなかった。

作業員が集まらない

地元作業員のナオヤさんは、年度末を前に再び残りの被ばく線量をにらむ毎日をおくっていた。いわきのいつもの居酒屋で会う。「今必要なのは、線量の高い所ばかり。現場に行きたくても行けない。現場に行きてー」。ナオヤさんは先頭切って現場に行くタイプで、ストレスが溜(た)まっていた。手当が上がるかもわからなかった。「うちは危険手当がちゃんと出ないから、同僚から『危険手当の高い企業に移ります』って言われたときはきつかったな」と、誰に言うともなくつぶやく。実際ナオヤさんは、高線量の現場ばかりを渡り歩きながら、危険手当は数千円のレベルだった。「大半がピンハネってありえないでしょ。ニュースではああ言っていたけど、実際に払われるんだか。もらうまで信じられない」

ナオヤさんの懸念は、必要な人材が今後ますます集まらなくなることだった。今後、核燃料を取り出すための準備作業などで、ますます高線量下の作業が増えていく。元請けから、春までに300人必要だから集めてくれと、ナオヤさんの所属する下請け企業は言われていた。「これからさらに使い捨てになるのに、集まらないよ。労働時間は、どんどん延びているし。今ですら人が集まらないのに。『人いねぇのか。なんでいねぇんだよ』って言われたって、いないものはいない。無理だー。集まらない」。他にほとんど客のいない居酒屋の個室で、ナオヤさんの諦めたような声が響いた。ふとナオヤさんが真顔になる。「1万円の手当が全額出たら、人が集まるかもしれない……」

労働環境改善アンケート「本音書けない」

「アンケートなんて本音は書けないですよ。内容を指示して書かせている社もある」。その作業員はレモンハイを飲みながら、当たり前のようにさらっと言う。まだ年明けから間もない頃、いわきで会った下請け企業の作業員に、東電が実施している作業員の待遇や労働環境改善のためのアンケートについて、話を聞いていた。

彼の会社は事務所でアンケートを配られて、封をしないで提出する。「封をさせないということは、提出前に会社がチェックしているということ。下手なことは書けない」

このアンケートは、事故後に始まった。回答者が特定されないよう匿名で、通常は所属企業や年齢などの欄もない。封をして提出するように配慮されていた。しかし、回収は元請け任せになっていた。作業員の所属する下請け、その上位の下請け、最後に元請けという順で回収され、東電へは元請けからまとめて郵送されていた。別の下請け作業員は、元請け社員の見ている前で記入し、「どう書くかは指示された。内容を確認された後、企業の従業員分をまとめて封筒に入れていた」と証言した。また、ある下請け作業員は「アンケートを企業ごとに回収すれば、匿名でも『問題がある』と書いた作業員のいる社が、どこの社かすぐわかる」と、本音を書きにくい理由を説明した。

２０１３年秋、東電が実施したアンケートの結果では、多重下請け構造の中で雇用責任が曖昧(あいまい)になる偽装請負の問題について、「一定の改善が見られた」と発表された。ベテラン作業員は「実態が改善されたのではなく、書類上問題がないように答えるよう、指導が徹底されただけ」と首をすくめる。アンケートがJヴィレッジと福島第一を結ぶバスの本数や休憩所の増加など改善につながった点はあるものの、そもそも回収方法に問題があった。このアンケートの問題は２月12日付の東京新聞朝刊一面に掲載した。その後、東電はアンケートを直接回収箱に入れられるようにしたり、作業員の声を拾うために要望を提出できる「目安箱」を設置したりした。

２月19日、処理した汚染水を誤ったフランジ型タンクに移送。さらにその送り先のタンクで弁が開きっぱなしになっていた。この二つのミスが重なり、タンク上部から１００トンの汚染水があふれ出ることになった。タンクに送水するポンプは、96％の水位で警報が鳴り、ポンプが自動停止する仕組みになっていたが、東電はこれを解除。手動でポンプを動かし、２度目の警報が鳴る99％直前まで汚染水

処理後の汚染水を誤って移送したフランジ型タンクの上部から100トンが漏れ、汚染した周辺の土壌が撤去された＝2014年２月
写真：東京電力

を入れていた実態も判明する。

事故からまだ3年「忘れられるのが一番怖い」——2014年3月17日　ハルトさん（30歳）

福島第一原発事故から3年が経った。収束作業をしている俺らにとっては、通過点にすぎない。3月11日は朝、作業前にみんなで黙とうをした。

震災当日、上司に「現場に戻れ」と呼び戻され、怖いと逃げた作業員もいる。「行きたくない。嫌だー」と大泣きしたやつも。あの時の状況を考えると、しょうがないと思う。残った俺らは放射線量もわからないなか、現場に向かった。次々起こる危機を前に、何とかしようと必死だった。事故直後は頑張ったが、政府の事故収束宣言でやる気がなくなって辞めた人もいた。

母親からは「いつまで福島第一で働いているの」と言われる。ばあちゃんも心配する。でも、人が集まらないなか、現場を離れるわけにはいかない。誰かがやらなくては。今も高線量下で働いているとは、家族に絶対に言えないけど。

現場を知らない人がたくさん入ってきて、労働時間が延びている。待遇も改善されず、作業員のモチベーションは下がっている。なぜイチエフで闘っているのか。深く考えると疲れるから、今は考えないようにしている。事故から3年で報道陣が大挙（たいきょ）して来た。まさか3年が過ぎ、まったく報道されなくなるなんてことないよな……。

地元の海鮮中心の和食店に着くと、いつものように現場の道具がいっぱい詰(つ)まったリュックサックを、ハルトさんは畳(たたみ)に下ろした。一度持たせてもらったが、20キロぐらいあっただろうか、鉛(なまり)のように重い。地元作業員であるハルトさんの懸念は、事故3年という節目に向けて年末から取材陣が大挙して来ているが、明らかに2年目から報道が減り続けていることだった。

「忘れられるのが一番怖い。もう忘れられているのかもしれない」。口調はいつものようにそっけなかった。ハルトさんは年間被ばく線量が上限近くになり解雇され、避難指示区域の除染などで働いていたが、数カ月前から、再び福島第一で働いていた。母親には顔を合わせるたびに、早く福島第一の仕事を辞めるよう説得されていた。仮設住宅から時々心配して電話をくれる祖母には、除染で働いていることにしていた。ハルトさんは「深く考えないようにしている。なぜ生きているのかなどと考えたら、悩む。考えるから疲れる。だから余計なことは考えない」と表情を硬くした。

　メニューを見ていると、店の大将が「珍しく大きなドンコが入ったよ」と声を掛けてくれる。ドンコは浜通りでもよく食べる、深海に棲(す)む白身魚。事故前はよく普段の食卓に上がったと、ハルトさんから聞いたことがあった。メヒカリは事故後も居酒屋で見かけたが、ドンコは、初めてだった。いずれも事故後は県外産のものだった。

「事故後はほとんど食べてない」というハルトさんは、たたきと煮付けを注文。どうやら煮付けがポピュラーなようだった。淡泊(たんぱく)で少し水っぽいところがあるが、食べやすい。新鮮なものしか出せないというたたきは、くせがなく美味しかった。煮付けはかなり大きかったが、ハルトさんは黙々と箸(はし)を動かし、骨がぴかぴかになるほど綺麗(きれい)に平(たい)らげた。「うまいですね」と満足そうに舌鼓(したつづみ)を打った。

過酷なタンク内の除染作業

東電は3月17日、新型除染設備「ALPS」で処理した汚染水の異常数値を把握しながら、不具合を疑わず運転。ほとんど除染されていない高濃度汚染水が移送され、フランジ型タンク21基が汚染された。

現場ではその後、タンクの除染作業が始まった。まずは高圧洗浄するが、その後は人が汚染したタンク内に入って手作業で除染をするしかなかった。

作業員らは、タンク下部の側面にある直径80センチほどの点検孔(こう)を開け、高さ、直径ともに約10メートルのタンクの中に入る。天板にもある点検孔2カ所を開け、そこから差し込むわずかな光と、持ち込んだLEDライトだけを頼りに作業する。すでに上部から高圧の水を吹き付けて洗浄してあるとはいえ、数日前までは1リットル当たり1千万ベクレルと、放出基準の数十万倍もあるベータ線を出す放射性ストロンチウムなどを含む水が入っていた。ガンマ線に比べ、外部被ばくの心配は少ないが、直接触れたり体内に取り込んだりすると内部被ばくにつながる。そのため作業員は、重装備で作業にあたっていた。

防護服の上にかっぱを2枚重ねし、かっぱのフードを全面マスクの上からかぶりテープで密封。手はゴム手袋などを4枚重ねにし、足元は長靴を履(は)く。事前に放射線管理の担当者から作業員に、「高圧の水で洗浄するときにはね上がった水をかぶらないように、注意に注意を重ねてほしい」と厳重に言い渡される。薄暗いなか、高圧洗浄したりデッキブラシでこすったりするほか、洗浄水を吸引し、吸引しきれない水は布で拭き取る。5～6人の作業員がチームになって約20分ごとに交代する人海戦術で、数日かけて作業が進められた。一基の除染をするのに数日かかる重労働だった。「晴れた日はタンク内に光が入って作業がしやすいが、雨や曇りの日は暗くて暑くて、まいる。使った機材も除染をしなくてはならない。一基やるだけでこれだけ大変。汚染された残りのタンクはまだまだある……」。作業員たちの途方もない作業は続いた。

土砂下敷きで作業員死亡、救急要請50分後

3月28日、福島第一で掘削（くっさく）作業をしていた広野（ひろの）町、下請け企業の安藤堅（あんどうかたし）さん（55歳）が、土砂の下敷きになり、病院に運ばれたが間もなく亡くなった。原発事故後の、作業中の事故による死亡事例は初めてだった。

事故は午後2時20分ごろ発生。廃棄物を貯蔵する建屋の基礎部の補修工事で、現場には15人の作業員がいた。周囲に掘られた深さ2メートルほどの穴に入り、建屋地下に潜った安藤さんが落下した土砂やコンクリートの下敷きになった。他の作業員が12分後に助け出し、現場から2キロ離れた原発内の医務室に運んだときは、意識不明の状態だった。救急車で南へ約63キロ

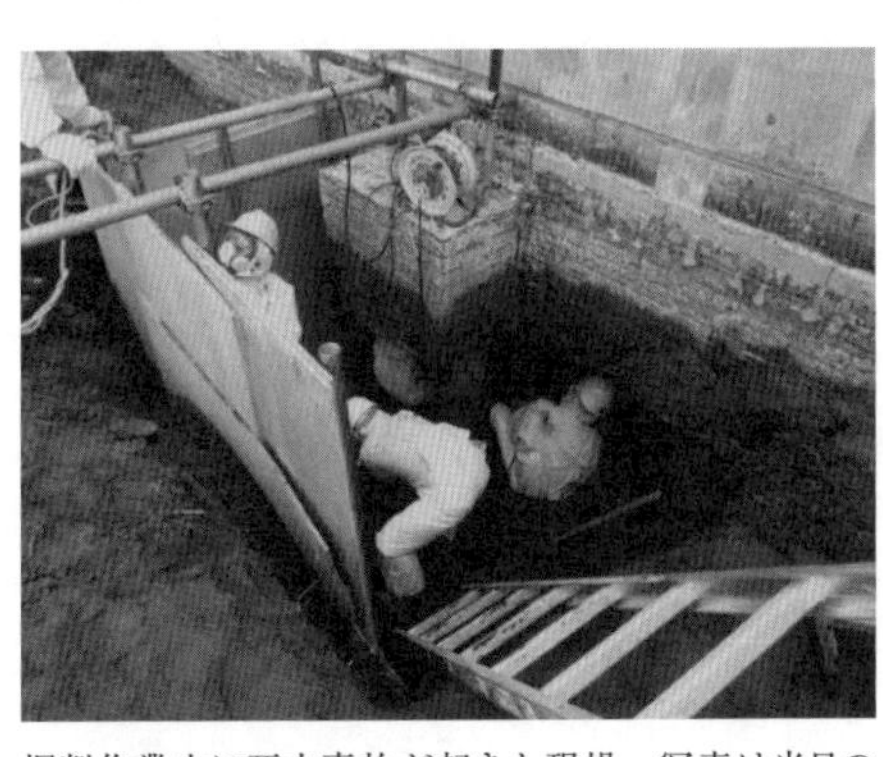

掘削作業中に死亡事故が起きた現場。写真は当日の作業開始時の様子＝2014年3月28日　写真：東京電力

離れたいわき市内の病院に搬送されたが、死亡が確認された。

緊急時対策本部には事故から約10分後の午後2時半に一報が入り、同51分に各方面へファクスで事故発生の連絡。双葉(ふたば)消防本部への救急車の要請はさらに18分後の午後3時9分（東電は午後3時2分と主張）、事故発生から約50分が経っていた。たまたま救急車が近くにいて7分で到着したが、この時点で安藤さんはすでに心肺停止状態だった。通常であれば救急車が福島第一に到着するまで30分かかる。この日、東電は記者会見で「事故が起きたらすぐ救急車を呼んでおくということもあるが、今回はそうしなかった」と発表したが、その理由は説明されなかった。翌29日は全面的に作業が中止された。

死亡事故起きたのに――2014年4月5日　作業員（35歳）

事故で作業員が亡くなったのに、作業は先週末の2日間中止になっただけで再開された。事故現場の作業は止まっているが、どうしてもやらなくてはならない作業以外も、すぐ再開したのには驚いた。

中止の間に元請け企業や東電の社員が来て、危険な場所の点検をしただけだった。事故についても発生当日は現場の俺らに何の説明もなく、週明けの朝礼で触れただけ。黙とうもしなかった。

朝礼では、事故が起きたら救急車を呼ぶのではなく、まず東電に報告するように言われた。勝手に呼ぶと、東電や元請けに迷惑がかかるという感じだった。でも、命に関わる事故だったら、一刻

も早く救急車を呼ばないと助からない。
原発事故後は周辺の病院は閉鎖されているから、搬送に時間がかかる。作業員のなかでは「事故に遭ったり急病になったりしたら助からない。東電に報告するより先に119番しよう」と話した。今、イチエフでは一日何千人もが働いていて、危険な作業もしている。でも、敷地内にドクターヘリの発着場はない。敷地はタンクでいっぱいで、ヘリの降りられる場所がないのかもしれないが、作業員の命に関わること。発着できる場所を造ってほしい。

作業員たちは「イチエフで倒れたらもう助からない」と常々懸念していた。救急車を呼んでも病院に運ばれるまで1時間ほどかかる。原発や除染現場への通勤時間帯となる朝夕のラッシュ時だと、さらに時間がかかる。

安藤さんは事故発生から12分後に救出され、現場から2キロ離れた医務室で診察を受けたのは約25分後だった。なぜこれほど診察まで時間がかかったのか。ベテラン作業員に現場の事情を聞く。

「現場近くに運べる車があるとは限らず、現場に担架があるわけじゃない。医務室まで運ぶのにも時間がかかる。さらに医務室まで運んでも、汚染検査を受けてからでないと医師に処置してもらえない」

他の作業員は以前、同僚がけがをしたとき、近くに車や担架がなかったため、現場にあった資材に乗せて運んだ経験があった。医務室に自動心臓マッサージ器などはあるが、できるのは初期救急までで、それ以上の治療が必要な場合は、設備の整った病院への搬送が必要だった。さらに、ドクターヘリでより高度な医療ができる福島市や仙台市の救急病院に運ぶにしても、事故直後は、原発近くにヘリが発着できず、原発から約20キロ離れた広野町や楢葉(ならは)町まで救急車で運び、そこからドクターヘリで搬送していた。事故後4年目のこの頃には、原発から北へ約2キロに位置する海沿いの公園に発着可能となり、以前に比べ格段に近くなったが、やはりそこまで患者を運ぶ時間はロスになった。

事故が起きたり急病人が出たりした場合は、まず医務室と東電本部に電話連絡をするシステムになっていたが、徹底されていなかった。50代の現場監督の男性は「医務室や東電本部の電話番号を知らない作業員が大勢いる。だから現場から元請け、そこから東電に連絡を入れ、東電が医務室に知らせる、というように連絡が何段階も経由して遅れてしまうのが心配だ」と答えた。事実、何人かに取材すると、緊急連絡先も医務室の場所も知らない作業員がいた。

またこの事故には、もう一つ別の問題があった。事故現場の写真を見た技術者の一人は「工法がおかしい」と指摘した。本来されるべき土砂崩落の防止策が取られていないという。「広めにコンパネ(板)で『山留め』(崩落防止)をし、小さな重機を入れられるようにして、遠隔操作で作業すべきだった」。40代の別のベテランも、競争入札で技術や経験のない会社が受注し、工事が安かろう、悪かろうになり、安全対策もきちんと取られていない現場があ

福島第一原発で咲いた桜。桜の奥にはタンク群があり、根元には配管が乱雑に置かれている＝2014年4月7日

ることを不安視していた。

4月1日、東電は福島第一原発事故への対応に特化した社内分社「福島第一廃炉推進カンパニー」を発足させた。企業内で一つの会社のように経営管理を行う独立採算制の事業部門で、その目的を東電は「廃炉作業の責任と権限を明確化し、廃炉や汚染水対策を加速するため」だと説明した。

その1週間後、福島第一の桜が満開になったと耳にし、事故前から働く地元作業員のケンジさんに連絡する。「風景が一変した。昔は野鳥の森と呼ばれていた所など、森みたいでタヌキやキツネもいた。でも作業の合間にふと見ると、タンクだらけ。桜の木もずいぶん伐採(ばっさい)された。だけど折れた桜の枝でも花が咲いていて、桜は強いなと思った」

ベテラン去り、休めない――2014年4月15日　ナオヤさん（44歳）

仕事を休めない。被ばく線量を使い果たし、主力のベテランが次々現場を去った。休ませてくれと頼んでも、代わりはいないと言われて、なかなか休みをもらえない。離れて暮らす幼い娘たちに会えないのが辛(つら)い。同僚も休んでない。上司に体は大丈夫かと聞かれて、大丈夫じゃないですと正直に答えた。体重がだいぶ減った。

今年に入り、建設系の作業員に「次は東京五輪の仕事に行きます」と言われた。被ばくはしないし、日当も高いという。イチエフでは人が足りないが、募集しても来ない。日当は安いし、被ばく線量限度の問題もあり、仕事が安定しない。東電社長が話していた日当アップの話は、会社からいまだに何の説明もない。このまま立ち消えになるのではないかと不安になる。辞めたベテランに声を掛けても、戻ってこない。

最近、よく現場を離れることを考える。イチエフに関わり続けたいが、夏には（5年分の被ばく）線量がなくなる。その後2年間、原発で働けなくなるのがきつい。それにしても現場からベテランがいなくなったら、どうなるんだろう。またミスが増え、作業が進まなくなる。後輩を育てる余裕はなかった。作業はこれからが大変なのに、核になる人がいなくなる。

いつもの居酒屋に、少し遅れて姿を現したナオヤさんは、過労ですっかり痩せ細っていた。「何食べても美味しく感じない。体調が最悪」と、畳の上に腰を下ろすナオヤさんの顔色は悪い。表情も暗かった。離れて暮らす3歳と5歳の自慢の娘たちにも、しばらく会えていないようだった。先日の死亡事故で、久しぶりに2日連続で休めたという。「家族は心配し『もう辞めたら』と言うけど、そう簡単に辞めるわけにもいかない」と近況報告をした後、ナオヤさんは唐突にサマージャンボ宝くじの話を始めた。「家族のそばにいたいよ。そりゃ、いられるなら。宝くじ当たらねぇかな。当たったらそっこーで家族の元にいく」。いつもは肉類を好んで注文するナオヤさんだが、この日は箸が進まず、ソフトドリンクばかりを飲んでいた。

事故から4年目に入り、累積被ばく線量が増え、事故当初からいたベテランはほとんど残っていなかった。また、東京五輪に向けた仕事の募集が、東京で出始めていた。危険手当を除けば、日当は福島より断然高かった。「5年で100mSv」という法で定められた上限を超えないために、元請けは80ｍＳｖ以下で抑えようとしていたが、事故から3年間でこの80ｍＳｖを超えた作業員やぎりぎりになった作業員は少なくなかった。３年で5年分の線量を使い切れば、残りの2年は原発関係では働けない。現場で作業の中心を担っていたナオヤさんは、自分がいま外れると現場が成り立たなくなると、冷や冷やしていた。

10時間超えの違法労働、再び「人間扱いされない、奴隷だった」

5月に入り、労働基準法に違反する「10時間超え」の作業が行われていたことが、再び作業員からの情報で発覚する。今回、富岡（とみおか）労働基準監督署から是正勧告を受けたのは、安藤（あんどう）ハザマ（東京都港区）の下請け企業だった。元請けの安藤ハザマも適正に管理するよう指導された。労基署は検察庁に送検したときは発表するが、是正勧告や指導の場合は発表しない。前年夏～秋に起こった、線量計を取り替えさせながら10時間超えの作業を強（し）いた違法労働と同様、今回も発表はなかった。

関係者の話を総合すると、少なくとも２０１４年の1～2月、溶接型タンクの増設現場で、作業員らに10時間超の違法労働をさせていたとされる。タンクの納期である月末が近づくと11時間、12時間の労働が続き、長いケースでは13時間半も福島第一で過ごしていた。10時間超えについては、線量計を借り換えさせるなどしていたとして、前年秋に東芝とその下請け計18社が是正勧告を受けたばかりだった。

「えっ！　トイレにも行かせてもらえない？」。まだ肌寒い頃、タンク増設現場の作業員たちから話を聞いたとき、私は思わず声を上げた。中堅作業員らは「休憩は昼に1時間あるが、休憩所までの行き帰りを考えると実質30分。残業を含めると作業は5〜6時間休みなし。途中で休むと怒られた」とうつむいた。

「人間扱いされていなかった。奴隷だった」。作業員らの差し出す勤務時間表を見ると、10時間以上の違法残業が増えるのは、タンク設置の納期が近づく月の下旬に集中していた。「明日までに仕上げなくちゃならない」「時間がない。次の予定も決まっている」などと工程通りに仕上げるように急かされる。ある作業員は「作業中は水分も取れない。疲れて集中力も続かない。体が限界になり、残業を減らしてほしいと頼んだら、『要求に従わないならクビだ』と解雇された」と憤った。

作業員らによると、朝5時に福島第一に着き、ミーティング後、6時から昼12時まで6時間休みなく作業が続けられる。昼休みを挟んで午後1時から作業を再開、定時だと同3時半までだが、ほとんどの日が同5時半ぐらいまで残業となった。1時間の昼休み以外の休憩はまったくなかった。この1時間も移動と装備の着脱に時間がとられるので、実質30分ほどしか休めなかった。さらに早番の日もあった。小休憩がないので水分を控えていても、途中でトイレに行きたくなる。だが作業途中にトイレに行くとなると、徒歩または車で休憩所まで行き、汚染検査を受けて装備を脱ぎ、トイレに行ってから再び装備を着けて現場に戻らなくてはならない。作業員の一人は「休憩所まで行くと30分もかかる。現場の仮設トイレは小しかできないから。その辺でしてしまう人もいたよ。間に合わなくて現場で漏らしている人を3人も見た」と声に怒りをにじませた。また作業後のサーベイ担当者の1人は「イチエフではおむつをしている作業員もいる。サーベイ中に漏らす親父ぐらいの年代の人もいて切ない」と憤った。

溶接型タンクは、現場で組み立て、水漏れ検査をするのに、どんなに急いでも一基につき10日はかかる。だが、この現場の作業員らは「1週間で4基設置しろ」と命じられる。10人がかりで溶接を急いだが、とても間に合うような日程ではなかった。しかも溶接工が不足していて、福島第一に来てから溶接を覚えた作業員もいた。

福島第一では、今後も建屋への地下水流入を防ぐための凍土遮水壁(とうどしゃすいへき)の建設やフランジ型タンクの溶接型への置き換えなど、大型工事がびっしり控えていた。タンクの置き換え一つとってみても、水抜きや解体、基礎工事、溶接などの作業があり、いくつものエリアで、同時並行で作業が行われるので、作業間調整も必要になる。しかし、4月の原子力規制委員会の会合では、経産省資源エネルギー庁の担当者が「本年度中に間違いなく（凍土遮水壁の）スイッチを入れ（稼働し）、凍土の造成に入りたい」と発言するなど、日程厳守を求められた。

「あせらず急がず」バス乗車の闘い——2014年5月20日　ヒロさん（35歳）

今、イチエフはかつてないほど人が多い。汚染水対策、休憩所の建設、建屋内の調査……。敷地ではいろいろな作業が進む。一日3千～4千人と言われてきたが、来月は6千人になるとも。休憩所は人がいっぱいで足を伸ばすこともできない。

作業終了後には、作業員の最後の闘いが始まる。イチエフから出る東電のバスは、平日は15分おき。混む時間帯はバス待ちの長い列ができる。タイミングが悪いと、30分とか1時間待ちに。だがら敷地を出る前の管理施設に着くと、早く手続きを済ませて我先に帰ろうと一斉(いっせい)に走る。靴カバーを急いで外し、長い廊下を駆け抜ける。マスクや手袋を返して、ドアを開けたり、右折や左折したり。慌てて途中で転ぶ人もいる。手荷物検査は混むので、ずるして早く通ろうと上着の下に隠す人も。隠した荷物は係員によく見つかっちゃってるけど。

急階段を上がって線量計を返し、階段を下りたら、ようやくバス待ちの列に。近くの喫煙所では、たどり着いた気の緩(ゆる)みか入り口の段差に足を取られ、よく人が転ぶ。あんまりみんなが走るので、廊下には「あせらず急がず走らず歩行」と書かれたポスターが貼(は)られた。

仕事でもみせない瞬発力を出した作業員らは、バスでは疲れてぐっすり。これ以上、人が増えたらどうなるんだろう。

東京に戻っていたヒロさんは、再び福島第一で働き始めた。事故後、福島第一で働く作業員は一日だいたい3千人前後だったが、汚染水処理や凍土遮水壁、大型休憩所の設置など工事が増え、作業員の数は4月以降、急な勢いで増え続ける。月平均で4月は一日4450人、8月は5800人、12月には6890人までふくれあがり、2015年3月のピーク時には7450人になる。

休憩所は作業員でひしめき合い、横になるどころか足さえ伸ばせなくなる。一刻も早く帰りのバスに乗るための闘いは毎日壮絶だった。闘いは、作業を終えて入退域管理棟に向かう構内バスを降りたところから始まった。

「構内バスを降りたら、我先にと走り始める。もたもたしていると、後ろから抜かれる。慌てるあまり、よく人が転んでる」とヒロさんは笑う。入退域管理棟では、自分と荷物の両方の汚染検査（サーベイ）を受けなくてはならないが、荷物がある人の列はよく渋滞になる。Tシャツの下に荷物を入れて「荷物なし」の列に並んでも、係員に結局ばれる作業員の姿もよく見かけたという。「ピュイーン」というサーベイに引っかかった警告音が響くと、「うわーっ。引っかかったよ」と後ろに並ぶ作業員の間から絶望的な声が上がり、その列に並ぶ作業員たちがすかさず別の列に並ぶ。サーベイを無事通ると扉を開け、急な階段を駆け上がり、線量計を返却して確認レシートをもらったら、ロッカーエリアを走り抜けて階段を降りる。

ゲートを抜けたら、そこからはバスをめがけて一気に走る。バス待ちの喫煙所の入り口には「最後のトラップ」だという段差があり、一日に一人は躓（つまず）き転んでいるのを見るというから相当な慌てようだ。バスの中では疲れて爆睡。国道6号で作業員を乗せたバスと行き違ったとき、首を後ろや横に傾けたり、口を開けたりしたまま眠る作業員たちを見たことを思い出した。

汚染水対策の頼みの綱である新しい除染設備「ＡＬＰＳ」は故障続きで、うまく稼働していなかった。そして5月21日には、日々生まれる汚染水の量を減らすため、建屋地下などに流入する前に地下水をくみ上げ、放射性物質の濃度が法令基準値以下で、国と東電が定めた運用目標値を下回れば、海に放出し始めた。

サマータイムとほほ… ——２０１４年8月30日　ヒロさん（35歳）

ここ数日、急に涼しくなったけど、お盆明けの猛暑では、熱中症で倒れる人がたくさん出た。休憩所で、目の前で人が倒れたときは驚いた。自力で歩けなくなって壁に頭をぶつけたらしく、ぐったりしていた。今年は熱中症が毎日のように出ていて、一日で2、３人、救急車で搬送された日もある。

サマータイムが始まってから、時差ぼけみたいな状態が続いている。午前2時や3時から仕事が始まるから、「これは夜勤じゃないのか、手当はつかないのか」と話題になった。

早く寝ないといけないが、明るいし、なかなか眠れない。酒を飲んで無理やり寝ようとしても、起きたときがきついし、熱中症になりやすくなる。慣れるまで体が辛かった。

食事も大変。朝早いので寮の朝食は食べられない。イチエフに向かう途中のコンビニが、最近やっと24時間になった。作業は早く終わるのに、昼の弁当が届くのは従来通りだから、待ち切れない。

他社の作業班全員が、食事がとれなくて働けないと言って、仕事をボイコットしたと聞いた。夜勤で未明に帰るから、食堂は開いていない。昼も寝ている時間で食べられない。これでは働けない、ということらしい。

熱中症対策で、夜勤とか朝早い作業になっているけど、生活リズムが狂って余計に倒れそうだ。

出産に被ばくの影響を心配するヒロさん

あちこちの元請けで、寮の部屋が足りなくなりホテルの部屋をまた借り始めていた。盆休み明け、東京から戻ったヒロさんをいわきで捕まえる。ヒロさんはすっかり仕事モードに戻っていた。ヒロさんの現場も、素人の多い寄せ集め部隊になっていて、思うように工事が進んでいなかった。「若い技術者は現場にはあまりいないけど、60代や70代などの型枠大工とか専門家や技術者が、現場で生き生きと働いている」と言う。

2週間ぶりに東京に戻ったとき、幼い息子がもう自分の顔を忘れたのか、「ママ、ママ」と言いながら大泣きした。再び家族と離れて暮らす生活が始まっていた。ヒロさんはある日、東京の家に戻ると机の上に、出産に関する本を見つける。

「長男は、まだ僕の被ばく線量が低いときに生まれてきたから。医者とも話したけど、元気に生まれてきてくれてよかった。2人目の子はどうするって妻と話さないと。今は被ばく線量が格段に上がっているから……。少し時間をおきたい」。ヒロさんは、自分の被ばく線量のことを話すと

2号機トレンチの凍結止水対策で、大量の氷をシャベルですくい、試験投入をする作業員ら。防護服の上からタングステンベストを着用して作業＝2014年7月24日　写真提供：東京電力

きは「仕事がいつまでできるか」という観点で話したが、子どもへの影響は心底心配していた。

原発より国直轄の除染作業のほうが、危険手当がきちんと出ているため日当がよく、「除染に人が流れている」という話はよく耳に入ってきた。しかし除染作業員に取材で確かめると、国からの危険手当1万円は出るが、日当は福島の最低賃金の約6千円まで下げて合計1万6千円にしたり、寮の宿泊費や食費としてそこから天引きしたりするなど、あの手この手で賃金が下げられていた。

福島第一では、タービン建屋につながるトレンチ（→巻頭図参照）に溜まる高濃度汚染水が海に漏れないよう、トンネル接合部を凍結する工事が先行して2号機で進められていたが、うまくいっていなかった。凍結を促すために一日20トン前後の氷やドライアイスを、作業員が6時間交代で24時間、立て坑（こう）を通じてトレンチに、スコップで投入する作業が続いていた。作業は高濃度汚染水の真上で行われ、作業員はかなりの被ばくをすることになったがうまく凍らず、結局、方法を変え特殊なセメントを投入することになるが、失敗し、凍結による止水を断念する。

9月に入って、「政府事故調査・検証委員会」が実施した故吉田昌郎（よしだまさお）元所長らの聞き取り調書が公開される。

10月30日、東電は「核燃料取り出し」の工期の見直しを発表する。1号機の使用済み核燃料プールからの核燃料取り出しを、２０１７年度前半から2年遅れの19年度に、原子炉からの溶けた核燃料の取り出しは、早ければ20年度前半としていたのを25年度開始へと、工期の大幅延期を発表する。これまで計画を前倒しにすることはあったが、遅らせることは初めてだった。いずれにしても溶けた核燃料の状態もわからないなか、廃炉工程だけが示されても、絵に描いた餅でしかなかった。せっかく東電が工程を現状に合わせて見直したのに、この日の国と東電の工程表をめぐる「廃炉・汚染水対策チームの事務局会議」では、一部工期を前倒しするように国から注文がついた。

何もする気にならない——2014年10月29日　ハルトさん（31歳）

イチエフで働いていたときの上司が、他の原発で長期の仕事があると声を掛けてくれたが断った。何もする気にならない。家にいるときは最悪。虚無感が襲ってくる。どんどん落ち込んでいく。夜もなかなか眠れない。何もしていないのに、時間に追われている気がする。いつまでもこうしていられないと焦るが、気力がわいてこない。

事故後、すぐに上司に呼ばれ、避難所からイチエフに向かった。避難していた人たちみんなが「よろしくお願いします」と送り出してくれた。何とかしなくてはと必死で働いた。でも、被ばく線量が高くなったうえ、所属する下請けが仕事を取れなくなり、社長に頼まれて辞めた。命を張ったのに、報われないという気持ちが強い。使い捨てにされたと感じた。

除染作業をした後、再びイチエフに戻り、現場を改善しようといろいろ提案したが、何も変わらなかった。世間の関心も薄れた。不眠が悪化し、気持ちの落ち込みがひどくなり、耳鳴りや頭痛がするようになって辞めた。

ずっとイチエフで働いてきた。一生働くと思っていた。事故後も廃炉まで見届けたいと思っていた。現場を離れた今も、イチエフのことは気になる。福島のために、という気持ちも強い。でも今

は、戻りたいとは思えない。

「もう限界だ。イチエフを去ることになりました」。ある日、私が東京の本屋にいるとき、突然ハルトさんから電話が掛かってきた。「ずっと耳鳴りがする。朝起きると、ずっと頭の中で上司が怒鳴っている。出社できる状態じゃない」。一度早退して家に帰ってきたが、その状態が続き、上司と話して退社を決めたという。

ハルトさんは直前まで、仕事に張り切っているように見せていた。けれどもずっと不眠症が続き、40度以上の強い酒の力を借りて眠っていたという。「このままではアル中になる」。ハルトさんは普段それほど酒を飲まなかった。早口で話していたハルトさんの言葉が急に止み、しばらく無言が続く。「俺、被災者だったんだよね。2011年3月11日、あの日からずっといろいろあって……。もういいやって思った」

その後、病院に行ったというハルトさんの症状はなかなか回復しなかった。時々電話を掛けても、いつも沈んだ声を出していた。ハルトさんの中で張り詰めていたものが、ふつっと切れてしまったのを感じた。

安全二の次、頻発する事故、発表しない東電

夏を過ぎた頃から、けがやミスが増えているという話が、あちこちの現場から聞こえてきていた。作業員らによると、工具でけがをした、ヘルメットを上から落として下にいた人にかすった、足を

骨折したなど、毎日何かしら起きていた。けがが続くなかでも工程厳守は変わらず、この頃から「遅れは許されない。でも事故を起こすな」と言われるようになる。タンク増設現場の40代作業員は「汚染水処理を年度末までにはしなくてはならないとか、現場の状況を見ずに決められた工程に急がされ、みんな疲弊（ひへい）していてミスやけがが増えている。人不足で休みも少ない。それにとにかく人を集めろと言われ、素人ばかりが集まっていて、けがが多い」と憤慨（ふんがい）した。

50代の汚染水処理関係の監督は「小さな事故が増えた後で、大きな事故がくる。これはジンクスというより、そういう法則がある」としきりに心配していた。

さらに数多くの作業が同時進行で行われているという問題があった。ある建設系の現場作業員は「作業前の準備や作業環境をきちんと整える余裕がない。すぐ近くで進行している作業もたくさんあって危ない」という。工程を守るために、交代で朝から晩まで連続作業がされるようにシフトが組まれている現場もあった。作業員不足が影響して、長時間労働になったうえ、休みも少なかった。

いろいろな現場から情報を集めると、けがが頻発（ひんぱつ）しているのに、東電からの発表はほとんどなかった。なかには上から鋼材が落ちてきて骨折したり、フォークリフトに指を挟（はさ）み指が切断されたにもかかわらず、発表されていない事故もあった。

けがをしても発表がないが、どうなっているのか。元請け幹部に取材をすると、「東電から事故の情報は回ってくる。情報は元請けで共有している。どのくらいヒヤリハット（ひやりとするような事案）があったかとかも。かなりトラブルの件数が多い。どこまで発表するかは東電が判断している。まあ事故を起こした東電が、発表するか否かを決められるっていうのもおかしな話だけど」

と説明する。4月に「廃炉カンパニー」になってから、広報の仕方が変わったとみる別の元請け幹部もいた。「原発事故があった現場。基本はすべてオープンにすべきだろうけど。小さい事故やけがは発表されない。イチエフから病院に搬送されたときに公表されている」

東電から発表されないので、作業員たちに協力してもらって、ここ半年間に起きた事故やけがの事例を集める。コンクリートの型枠の鋼材に肘をひっかけて5針縫うけがや、タンク増設関連工事の準備中に指を挟み7針縫うけがが、タンク設置関連作業で地面に敷く鉄板の位置を直そうとして左足甲を挟まれて骨折、資材の積み込み作業中に鋼材が転がり落ち骨折……。取材でわかっただけでも、6月以降の半年で約70件。その大半が未発表だった。

9月22日には、タンク内部に設置した足場13メートルの高さから、長さ1・5メートル、重さ4キロの鉄パイプが落下して、底部で検査をしていた40代の作業員が背骨を折る重傷を負う。工事現場では基本的に、上と下で同時に作業をする「上下作業」は許されない。上から物が落ちてきたときに下で作業をしていれば、けがをする。場合によっては命に関わる。現場の様子を作業員に聞くと、「工程厳守で急げ、急げで、やってはいけない上下作業もやっている。普通の現場じゃあり得ない。注意されると、3メートルとか5メートルとか、少しずらして上下で作業をしている」。

そして11月7日、再びタンク上部から鋼材が落下。3人の作業員が重軽傷を負う事故が起きる。東電や福島県警双葉署によると、3人は東電子会社の下請け企業の社員でいわき市の40代～50代の男性だった。溶接型タンクの上部で、別の作業員らが鋼材の設置位置を調整していたところ、390キロもの、その鋼材が高さ13メートルから落下。地面に当たった後、隣接するタンクで水漏れ防止用の堰を造る作業をしていた3人に当たった。1人は脊髄を損傷しており、意識は取り戻したが予断を許さない状況が続いた。1人が両足首骨折、もう1人は両足に打撲傷を負った。事故の原因は、鋼材を固定するまでの間、仮止めだけで落下防止策が取られていなかったことにあった。

資格のない溶接工だらけ——2014年12月7日　ケンタロウさん（31歳）

鋼材が落ちて下で作業をしていた3人が重軽傷を負う事故が起きたのに、現場では上下作業は改善されていない。相変わらず上下作業をしている。落ちた鋼材の落下防止策を取っていなかったのは、時間がなかったからと聞いた。無理な工程のなかで事故が起きたのは間違いない。でも、今もタンク増設現場では、工期までに仕上げろと急がされ、設置のスピードが落ちていない。

現場の作業員は寄せ集めで素人だらけ。一人前の溶接工になるのには10年かかり、腕のいい溶接工になるにはさらに5年かかる。それなのに、溶接工が足りないからと、きのう今日来た人間にいきなりやらせている、いい加減な下請けがある。イチエフの現場に来てから、タンク増設現場で溶接作業をさせながら、資格を取りに行かせている。つまりイチエフのタンク造りが、そいつらの練習になっているということだ。そんなので完成度が高いわけがない。さすがに、そいつらにはタンクの側面や底など、水漏れしやすい場所の溶接はやらせていないようだが。

水漏れ検査は通っているようだけど、そんなずさんな工事だから、何年かしたら漏れるのではないかと思う。それに急ぐあまり、雨の中でも溶接作業をさせている。きちんとした元請けや1次下請

けは、溶接工の資格を持っているか確認している。こんないい加減な企業もあるものかとあきれた。何か役に立ちたくて福島に来た。こんなことが続いていて大丈夫なのか。これ以上技術者やベテランが減ったら、現場は成り立たない。

「ありえないことがあるんです」。溶接型タンクの現場で働く地方出身の溶接工の男性は、いわきで居酒屋に座った途端(とたん)、身を乗り出した。彼が今回、所属した下請け企業では「溶接工」として現場に入っている作業員の半分が、実際には溶接の資格を持っていなかったり、資格を更新せず有効期限が切れていたりする作業員だという。福島第一では溶接型タンク増設を急ぐなか、溶接工が足りなかった。そのため溶接工がいる下請けは喜ばれ、現場の仕事を取りやすいということだった。

「現場に入ってから、溶接工の試験を受けさせに行っている。イチエフで溶接の練習をしている。こんなでたらめな話があるか」。若い溶接工の怒りが言葉の端々からにじみ出る。なかには溶接工の認定試験を何度受けても受からない人もいた。その下請けが素人だらけだと、すぐに上の会社にばれて、タンクの側面の溶接は任されず、タンクの蓋(ふた)に当たる上面だけの溶接をさせられるようになった。「側面だと漏れるけど、上面だから何とかなっている。溶接型タンクは完成後、X線検査や超音波での検査をしなくちゃいけないが、それをどっちもやらずにごまかしている。社長はソロバンばかりはじき、資格もない従業員を溶接工として働かせ、高い給料を稼がせている。溶接は下積み10年と言われている。腕がよくなるには、もっとかかる。みんな下積みをしてきている。資格もねぇのにここに来るなよって思うと、腹が立って腹が立って」。通常の現場では、雨の日や風の日は不純物が混じり強度が弱くなるので溶接はしない。けれど社長に「屋根やけん大丈夫」と言われて、雨の日も作業をさせられた。「こんな会社ばっかりになったら、まじめな職人が寄りつかなくなる」。この日、この溶接工は、最初から最後まで怒りっぱなしだった。その後、すぐに所属会社を辞め、別の下請けに移っていった。

そんな会社ばかりなのかと、タンク設置に関わるベテランに電話をする。「それは元請けの建設会社も悪い。普通は溶接の資格をきちんと確認する」。どうやら若手溶接工の所属していた下請けは、相当たちの悪い会社のようだった。

次に原発事故が起きたときの準備

12月22日、4号機の使用済み核燃料プールから全1535体の核燃料取り出しが完了する。1～3号機の原子炉内の溶けた核燃料計1496体を除けば、使用済み核燃料プールに計1573体の核燃料が残るものの、一つの大きな課題がクリアされた。

原子力規制委員会は、各地の原発の新規制基準の適合審査を進めていたが、田中俊一（たなかしゅんいち）委員長は「(新規制基準は)

4号機使用済み核燃料プールから核燃料の取り出し作業をする作業員ら＝2014年10月31日

原子力施設の設置や運転等の可否を判断するためのもので、絶対的な安全性を確保するものではない」という発言を繰り返していた。つまり新規制基準をクリアして再稼働をしたとしても、原発事故が起こらないということではない。そして規制委は12月10日、原発事故が起きた場合に緊急時の収束作業にあたる作業員の被ばく線量上限を、現行の100mSvから250mSvに引き上げる方針を決める。つまり、次の原発事故が起きたときの準備が進められていた。そして17日には、関西電力高浜(たかはま)原発3、4号機(福井県)の審査書案を了承。年明けには九州電力川内(せんだい)原発1、2号機(鹿児島県)の再稼働が見込まれていた。

5章　作業員のがん発症と労災──2015年

3カ所にがん、「病気になったら知らん」

福島第一で4カ月間作業をした後、がんになった札幌市の男性（56歳）が労災申請していると10月6日付の北海道新聞朝刊で知り、すぐに札幌に飛んだ。男性は膀胱と大腸、胃に次々がんが見つかり、治療中だった。しかも3カ所すべてが転移ではなく独立したがんだった。男性の家近くの喫茶店で会うことができた。ドアベルの音がして冷たい外気とともに待ち合わせ場所に現れた男性は、黒い革ジャンの上からでもかなり細く痩せているのがわかった。「胃を全摘して67キロあった体重が45キロまで落ちたよ」。男性の声は少ししゃがれていた。

重機オペレーターの男性が、2次下請けの作業員として福島第一で働き始めたのは2011年7月。原発事故から4カ月が経ち、原子炉内で溶け落ちた核燃料が、ようやく安定的に冷却できるようになった頃だった。散乱する無数の瓦礫、水蒸気の立ちのぼる原子炉建屋……。「とんでもないところに来た」。体の底から、恐怖が這い上がってきたという。仕事は1～4号機の建屋周辺や海側エリアの瓦礫撤去で、高線量の現場近くに駐車した10トントラックに載せた鉛の箱の中で、モニターを見ながら無人重機を遠隔操作した。放射線を遮蔽するための鉛の箱の中は、エアコンが利くはずだったが、壊れていた。「50度ぐらいあるなかでの作業だった。遠隔とは聞いていたけど、詳

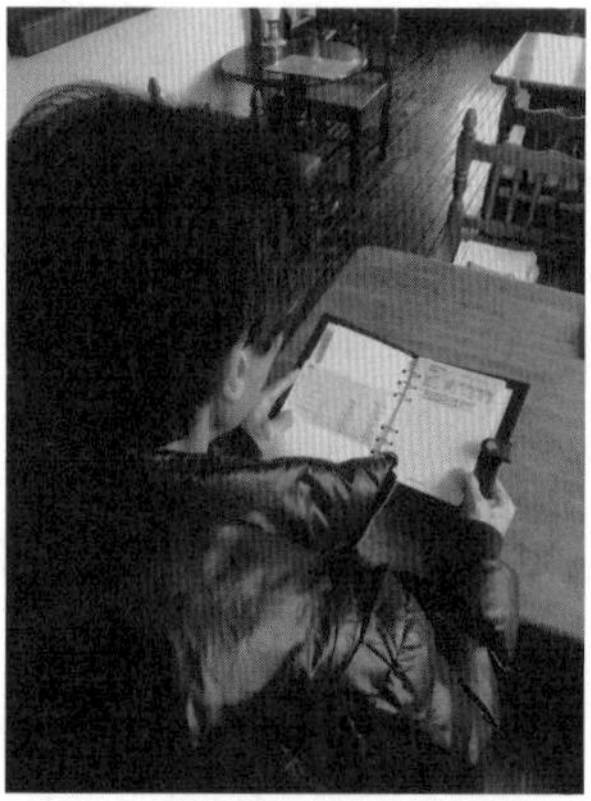

福島第一原発事故の発生当初、緊急作業に従事した作業員の男性。3カ所にがんが見つかった＝2014年12月

しいことは事前に知らされてなかった」。男性は、私がノートに描いた簡略図に手を入れつつ、現場の様子を再現した。

作業は一日3時間。朝9時から昼12時まで休憩なしだった。まずは撤去場所まで、無人重機で散乱する瓦礫をどけて道を作りながら進んでいく。瓦礫の下には配管やバルブなどがあり、作業は慎重さが求められた。時には側溝に鋼材を渡した仮設の土台に重機を載せ、それを鉛の箱から遠隔操作するが、それは至難の業だった。現場を見ながら直接重機を操作しないと立ちゆかないケースもあり、その際はタングステンベストを着て重機に乗り、30分交代で作業をした。重機でつかめない瓦礫は、腹で支えるようにして手で持って運んだ。瓦礫の中には赤のペンキで「×100」「×200」などと書かれているものがあった。毎時100mSv（ミリシーベルト）や200mSvを発する高線量の瓦礫の印だった。「やべえなぁと思ったが、（手作業を）元請け社員もやっていた。やらないわけにはいかなかった」。大きな瓦礫は重機で割ると、細かい瓦礫が散らばる。現場を見た東電社員に「もう少し綺麗にしてください」と言われたときには、男性は上司から「手で片付けろ」と指示された。

現場の空間線量は高く、その日の作業の計画線量5mSvに設定された線量計が、現場に着いて数分で鳴り始めた。これでは、あっという間に一日の線量限度を超えて作業ができなくなる。高線量下での作業の時は、線量計を鉛の箱の中に置いていかざるを得なかった。「10回以上は線量計を置いていった。20回まではいかないけれど」。男性が働いた同年10月末までの4カ月間の被ばく線量は、記録上は56・41mSv。男性は「実際はそんなものではない」と憤った。

福島第一を離れた翌春、風呂に入ろうとしたときに下着が真っ赤なのに気づいた。血尿だった。すぐに病院に行くと、腫瘍があると診断され、膀胱がんとわかる。その１年後、東電負担のがん検診を受けたところ、大腸がんと胃がんが見つかった。「ウソだろう」。家系にがんの人はいなかった。男性は診断が信じられず、何度も確認した。医師は「間違いない。転移したものではなく、バラバラにできたがんです。胃は全摘したほうがいい」と男性に告げた。三つの独立したがんと知り、男性はこのとき初めて、原発での被ばくとの関連性を疑った。疑念はどんどん膨らんだ。東電や厚労省の相談窓口に電話をしたが、「因果関係がわからない」「労基署に行ってください」と、たらい回しにされた。抗がん剤が合わず、膀胱も全摘。大腸がんも切除した。男性は重度の障害者認定を受けた。抗がん剤治療、３カ所のがん摘出の手術……。保険に入っていたとはいえ、医療費の実費は２００万円を超えた。

男性は２０１３年８月に労災を申請した。

「胃が無いから腸に負担がかかる。スプーン１杯の食べ物を口にして、めまいや動悸などが起きるダンピング症候群で倒れ、何度も救急車で運ばれた」。とても仕事ができる状態ではなかったが、

原発事故から約3週間後、1号機原子炉建屋近くで見つかった高線量の瓦礫。スプレーで危険を知らせる印がつけられた＝2011年3月31日　写真：東京電力

夫婦の生活が男性の肩にかかっていた。労災申請後に治療費の仮払いを受けたが、労災が認められなければ、返済しなくてはならなかった。「労災が認められなかったら終わりだ。命懸けで働いたのに。あれはまさに特攻隊だった。今は働きたくても働けない」。男性は悔しい、悔しいと繰り返した。

もともと男性は希望して福島第一に行ったわけではなかった。会社の上司に「福島第一に行ってくれ。この仕事をしないと、他に仕事はない」、つまり解雇すると言われ、迷いに迷って行くことを決めた。「あの時の選択で、今、俺は生きるか死ぬかの問題になっている。行ったことを後悔している」。男性は唇を嚙みしめた。

２０１５年4月、作業員の疫学研究が始まろうとしていた。国は11年12月16日の「事故収束宣言」までの緊急作業をした作業員約2万人を対象に、被ばくが健康に及ぼす影響を調査する疫学研究を近く始める予定だった。調査をするのは、原爆被害を研究してきた公益財団法人「放射線影響研究所」（広島市）。まず福島県で2千人の作業員らを先行調査し、新年度から本格的に調査を開始する計画だった。生涯にわたって、作業員の被ばく線量とがんなど病気の罹患履歴を追い、血液なども保存。事故後の累積被ばく線量が１００ｍＳｖ超の１７３人は、染色体の検査も行う。事故直後は特に、自分が受けた被ばく線量が正確にわからない作業員が多く、作業の詳細な聞き取り調査の必要もあった。さらに、現役の作業員や福島第一を離れた作業員が調査を受けるために仕事を休めるか、しかも一生検査を受け続けてくれるかという問題があった。調査は難航が予想された。

３カ所のがんに罹患した札幌市の男性は「国や東電は検査を受けろというが、がんが見つかっても、労災が認められなければ治療は自費。再検査も自費でしろと拒まれた。病気になったら知らんということ。腹が立って腹が立って。でも、労災を認めてもらうにも、個人では因果関係を立証できない。国は調査するなら、徹底的に研究し、因果関係が少しでもわかるようにしてほしい」と、抑えられない怒りに歯を食いしばった。

男性の願いも空しく、2015年1月末に「被ばくからがん発症までの期間が短く、因果関係は考えにくい」などとして、富岡労基署で労災と認めない決定が出た。仮払いされていた治療費200万円も返さなくてはならなくなった。男性は重機オペレーターとして、何とか働き始めるが、胃を全摘したことによるダンピング症状が続き、たびたび救急車で運ばれた。体重はさらに落ちた。

そして男性は9月1日、「安全配慮を怠り無用な被ばくをさせた」などとして、東電と元請けの大成建設（東京都新宿区）など3社を相手に約6500万円の損害賠償を求める訴訟を札幌地裁に起こす。

「1万円アップ」で人は集まったか？

作業員の日当を「1万円アップ」すると、東電の廣瀬直己社長が発表して1年が過ぎた。結論から言うと、取材したなかに、日当が1万円上がった作業員はいなかった。「割り増し分」をまったくもらっていなかった作業員の一部に一日数千円がつくようになったという話を聞いたが、一方で、日当がまったく変わらない作業員や、その後も手当分の割り増しがゼロという作業員もいた。割り増し分がどれほど日当や手当に反映されたかは、所属する元請けや下請けによってまったく異なった。

廣瀬社長が「1万円アップ」と発表する前から、一日1万～2万円の「危険手当」を作業員に支払っていたゼネコンや大手メーカーもあった。あるゼネコンは、一度は高線量下の作業で2万円から3万円に引き上げることも検討したが、全体的に据え置きにした。これまでまったく割り増し分を出していなかったある元請け傘下の1次下請けは、一日4千円を出すようになったが、同じ元請けの別の1次下請けは2千円しか出さなかった。

結局、福島第一の作業員の割り増し分は、一日0～2万円と大きな差があった。若手作業員は「元請けや下請けによって大きく違い、作業員の間ではどれだけ会社に抜かれているのかという不信感や不公平感が強い」と不満顔。他の作業員たちも口々に「東電や国が（元請けなどを通さず）直接支払ってほしい」と訴えた。また元請けや1次下請けの幹部からは「いつまで東電が出すかわからない」「結局、東電は割り増し分の『労務費』として支払った後は、作業員への支払い方は、元請けや下請けに丸投げしている」という指摘も。いずれにしても、福島第一の作業員が除染など他の現場に流れることを防ぐための対策として出てきた「1万円アップ」だったが、なかなか人集めの効果は出ていなかった。

3年半ぶりの帰郷——2015年1月22日　レンさん（50代）

3年半ぶりに故郷に帰った。たまたま切符が取れて、4泊5日の正月休みを取った。電話は週2

〜3回掛けていたが、家族に会うのは久しぶり。24歳になる娘が「おとう、禿げちゃったねー」と号泣していた。苦労して髪が抜けたと思ったらしい。「髪はあるさー」と苦笑した。奥さんや子どもたちには、イチエフで働くことは説明してあった。「大丈夫か。早く帰ってこー」と心配する兄弟はみな、年取っていて驚いた。早く故郷に帰らなくてはと思った。奥さんは意外と冷たくて、思ったよりもさらっとしていた。刺し身4種の盛り合わせと沖縄そばで、家族再会を祝った。

久々に沖縄の仲間とも会い、すっかり里心がついてしまった。ここに仕事さえあれば、帰りたい。もともと福島に行ったのも、沖縄に仕事が無かったから。1、2年で帰る出稼ぎのつもりが、こんなに長くなるとは思わなかった。

家族と離れてのホテル暮らしは不便で、ポークとかスパムとか故郷の食べ物を送ってもらっていた。現場にも同郷の人はかなりいて、仲良くなったが、やはり故郷は違う。

娘も息子もたくましくなっていた。建築を専門学校で学び、春から社会人になる息子はしっかりしていた。話を聞きながら、すごい、すごいと褒めちぎった。

イチエフの仕事は出来るところまでやりたい。でも、正月にはきちんと帰ろうと反省した。

福島第一に、沖縄から来ている作業員は多かった。レンさん（50代、仮名）はそのなかの一人だった。1月、寒風が吹くなか、いわき駅前の居酒屋に入る。レンさんは沖縄に仕事が無くて、たまたま新聞広告の原発作業員募集に目が留まり、技術もいらないと書いてあったため、福島に来たという。以前は営業の仕事をしていて、肉体労働の経験はなかった。福島に来る前は、被ばくを怖いと思っていた。「いいことじゃないけど、今はもう慣れちゃった」。レンさんは濃いめの焼酎水割りを飲みながら、太い首をすくめる。肉体労働が続けられるかレンさん自身が不安で、周囲からもお前はもたないと言われたが、昔、野球で鍛えたレンさんの体は思っていた以上に丈夫だった。福島に来てから、宿舎に戻った後などに一日6キロを1時間半ほどかけて毎日歩いていた。泡盛の古酒が好きで、陽気な人だった。

家族からは、福島で大きな地震があるたびに電話が掛かってきた。特に娘は放射線を怖がり、「帰ってきて」と何度も言われていた。そのたびに「沖縄で仕事があればいいけど……」とレンさんは同じ返事をした。同郷の同僚の何人かは、沖縄に帰っても結局、仕事が無くて再び福島に戻ってきていた。

「廃炉までという気持ちは、自分にはない。今すぐにでも故郷に帰りたい。でも、ここでの仕事はきちんとしてから戻る」

レンさんとは、その後、避難区域が解除されるにつれて作業員宿舎の場所が福島第一に近づき、いわきから離れてからは、なかなか会えなくなった。平日は働き、週末は飲み屋街に繰り出すのが好きなレンさんだったが、宿舎が駅から離れ、車もないので街にもほとんど出られなくなったと電話でこぼしていた。

死傷事故多発で、現場の作業が中止に

福島第一ではミスやけがが続き、前年には死亡事故や重軽傷を負う事故が相次いだが、年明け

早々また死亡事故が起きる。

事故は、1月19日午前9時過ぎ、元請けの安藤ハザマの社員釣幸雄さん（55歳）が、完成したフランジ型タンクの止水処理完了の点検をするときに起きた。タンク内が真っ暗だったため、高さ10メートルのタンクの天板に登り、蓋を開けて日の光を入れようとしたとき、誤ってタンク内に転落。胸や腰、脚など多数の骨折をし、救急搬送された翌日に死亡した。釣さんは安全帯をつけていたが、命綱を固定していなかった。また同日午後には、東電の柏崎刈羽原発（新潟県）で、施設内の点検作業中の男性作業員（51歳）が3・5メートルの高さから落下し、脚などを骨折する重傷を負った。

さらに翌20日朝、福島第二原発で、下請けの新妻勇さん（48歳）が、建屋内で機器点検に使う円筒形の器具に頭を挟まれ死亡した。機器のボルトを外す際には、器具が急に動かないようにクレーンで固定するのが通常だったが、手順が守られていなかった。

事故前から働く1次下請けの幹部は「東京五輪招致が決まり、首相が世界に汚染水対策は大丈夫だと宣言し、現場が無理な作業工程で急がされたときから、こうなることはわかっていた。目標は必要だが、無理な工程を立てても。どこで事故が起きてもおかしくない状態だった。国は無理ばっかり言っている。デブリ（溶けた核燃料）は10年以内にとか、凍土遮水壁は6月ぐらいまでには……とか、現場をまったく見ていない人たちが、無責任な発言をし、現場はそれに振り回されている」と言葉に憤りを込めた。

この2日間に立て続けに起こった三つの死傷事故を受け、東電は緊急会見を開く。前年3月に土砂が崩落して掘削作業中の作業員が死亡した事故から、なされるべき防止策が取られておらず、大事故につながっていた。東電の姉川尚史（あねがわたかふみ）常務は記者会見で、「やるべきことがやられていなかった。基本に立ち戻っていないことが、（一連の事故の）一つの重要な原因だ」と認めた。

2週間の工事中止による賃金不払いに、憤る作業員たち

2日間に連続で起こった死亡事故の後、東電は福島第一の敷地全体で安全点検をする必要があるとして、1月20日から、原子炉への注水などを除くすべての作業を約2週間止める。これまでは事故を起こした現場を止めることはあっても、他の現場は稼働を続けていた。この作業中止は、日当換算で働く作業員たちにとっては大問題だった。1月は正月休みもあったため、作業が2週間止まり、その間がすべて休み扱いだと、ひと月で数日〜1週間分の賃金しか入らなかった。

「これじゃ生活できない」「日当が出ないのに宿代や食費は取られる」「今週どうやって食いつなぐか」――。この頃、私の携帯電話は毎日のように鳴った。所属する企業によって、「休み」扱いとなり日当が支払われない社と、待機分として日当の6〜7割（危険手当はなし）が支払われる社とに分かれた。地元作業員のヤマさんの会社は、作業中止の間、日当は出なかった。「事故が多発したせいで東電が作業を止めているのに、休業補償が出ないなんて」。いろいろな場所で作業員が不満を言い始め、騒ぎが大きくなっていった。

「これじゃあ暴動が起きちゃうよ。作業員はその日暮らしの人がいっぱいいる。死活問題だよ」。

1月末、地方から福島第一に来た30代の作業員の一人から、昼間に電話が掛かってきた。原発事故後、こんなに作業が止まったことはなかった。実際に、ある下請け企業の作業員らが「休業補償が

出なかったら、みんなで現場ボイコットするか」と怒りを爆発させるなど、緊張が高まっていた。電話を掛けてきた作業員は「暴動が起きる寸前。２０１１年秋にクレーンで吊した金属のワイヤーの束が落ちて、トビの人が両足切断になったときも、休みにならなかった。一日7千人まで増やして、しかも素人だらけ。自分たちが事故を起こしたわけでもないのに、死亡事故のたびにこんなに現場が止まっていたら」と強い不満を訴えた。

元請けや下請けにとっても事態は深刻だった。１次下請けの幹部は「東電が休業補償を出さないと、元請け一社当たりの人件費は2週間で億単位。大手ゼネコンだと5億超えるんじゃないかな。東電も、事前説明もしないで作業止めて払わないなんて」と眉をひそめた。元請け各社は、休業補償分を計算して東電に支払いを求めたが、東電は「現場の安全点検、事故の原因や対策を話し合う会議への出席に関しては払うが、自宅待機など休みについては払わない」と回答した。

とうとう、不満を募らせた作業員たちが、富岡労基署などに駆け込む事態になった。「原資が無ければ、下請けは作業員に休業補償を払えない」と、労基署が適切な支払いを東電に要請。東電は一転して、休業補償分を元請けに払うことになった。

そして1月23日、東電はタンクに溜めている高濃度汚染水を年度内にすべて浄化処理するという計画の断念を発表。浄化作業の中核を担う多核種除去設備（ＡＬＰＳ）の不調が続き、処理量は想定の6割程度に低下していた。廣瀬直己社長は同日、資源エネルギー庁の上田隆之長官に「3月末までの処理がたいへん厳しい。約束が果たせず申し訳ない」と陳謝。処理完了の見通しを5月中とした。

見直された工程も束の間…川内原発、高浜原発、再稼働

2週間の作業中止後、現場が変わり始める。40代の班長は無理な工程を強要されなくなったと説明する。「東電も事故はもう起こしたくないのだろう。その工程は絶対に無理だと突っぱねたら、東電社員に『危ないと思ったら現場を止めてくれ。安全第一だ』と言われた」。作業工程を何度も見直し、改めて立て直した現場もあった。

しかしそれも束の間だった。原発メーカーの現場監督の一人は「電力（東電）は工程を急がせなくなったが、元請けが『上半期に売り上げたいから急げ。工程第一だ』とか『ケツ（作業終了時期）は変えない』とか言っている。相変わらず急がされているよ」と太い息を吐いた。

福島第一では2月末、1年以上前から高濃度の汚染水が排水溝を通じて、外洋に断続的に漏洩していることを東電は把握しながら、放置していたことが判明。その報告を受けていた原子力規制委員会も対策を指示していなかったことがわかる。そして急きょ、外洋につながる排水溝の出口を福島第一専用港内にくるように付け替えることになった。

原子力規制委の審査で前年9月の九州電力川内原発1、2号機（鹿児島県）に続き、2月12日には関西電力高浜原発3、4号機（福井県）が新規制基準を満たすと認められ、両原発が年内にも再稼働する予定だった。4月に福井地裁で、高浜原発3、4号機の再稼働をめぐり、規制委の新規制基準を満たしても安全性が確保されないと、運転を禁じる仮処分の決定が出るが、関西電力の異議申し立てによって同地裁は12月に仮処分を取り消した。

そして3月1日、通行禁止になっていた原発周辺の常磐道(じょうばんどう)が、立ち入り禁止の帰還困難区域を含めて全面開通する。

リョウさん、職人として再スタート

地元作業員のリョウさんは退職して福島第一を去った後、新しい職に就いていた。しばらくの間、友人の大工の仕事を手伝うなどしていたが、そのつてで住宅の水回り設備の工事をする親方が後継者を探しているという話を聞き、手を挙げたという。

久しぶりにいわきで会ったリョウさんは体に筋肉がつき、体つきがたくましくなっていた。「元気ですよ」と見せた笑顔は力強く、自信にあふれていた。「事故後、ずっと流されて生きている」と繰り返し話していたときの不安そうな様子と比べると、驚くべき変わりようだった。「一人前になるのに3年かかる。自分の技術を身につけて早く一人立ちしたい」。リョウさんは親方の元に通い始め、帰宅後も家で仕事に関する勉強をした。親方夫婦は、自分の子どものようにリョウさんに接してくれる人情味のある人たちだった。リョウさんは親方のことを「俺にとっては神様みたいな人」と表現する。「俺のこと相棒って認めてくれる。相棒ですよ。仕事には厳しい人だけど、毎日が楽しい」。親方や覚えた技術の話をするときは、リョウさんの表情がぱっと明るくなった。震災後のマンションや戸建ての建設ラッシュで、仕事もありすぎるぐらい舞い込んでいた。

小学生になった2人の子どもたちの言動も、いまでは安定しているという。「親や大人の顔色をうかがったりせず、自然に笑うようになった。学校のこととか友達のことをよくしゃべる。無邪気

ですよ」。リョウさんの周りにゆったりと穏やかな空気が流れていた。

「自分が生きていく道を見いだせたのかなって。以前は流されるばかりで、不安しかなかった。特殊な場所で働き、ネット上やツイッターでイチエフの作業員だと英雄扱いされ、持ち上げられて、自分が役に立っていると勘違いしていた」。それでもね、とリョウさんは言葉を続ける。「イチエフのことはまだ気になる。必要とされたら、また原発で仕事をしたいという気持ちも残っている」

原発事故で就職の内定が取り消され、引きこもるようになった弟もようやくバイトを始めて、家族みんなで喜んだ。「弟は原発事故で就職先を失い、彼女を失い、気力も失った。あの震災さえ無ければと。でも、もう逃げるなって思う。生きていくのは苦しいけど」

事故から4年が経とうとするこの年の2月に、リョウさんの家族にいわき市の海沿いで初めて会う。あいにくその日は土砂降りの雨。凍える寒さの中、小さな傘をさした子どもたちは震えながら小さく会釈してくれた。リョウさんから、何度も家族の話を聞いていたからか、初めて会ったという感じがしなかった。目の前に、リョウさんに見せてもらっていた写真より、少し大きくなった子どもたちがいた。「家族の大切さとか重みとか、この原発事故でわかった。この先何があっても、家族と一緒の暮らしと、子どもたちの笑顔は絶対に守っていく」。二人の子どもたちを見つめるリョウさんのまなざしは、どこまでも優しかった。

厚労省の有識者会議、事故時の被ばく線量250mSvに

厚生労働省の検討会は3月13日、原発で重大事故など緊急時に収束作業にあたる作業員の被ばく

限度を、現行の100mSvから250mSvに引き上げる方針を固めた。福島第一原発事故発生直後も、作業員が足りなくなると、100mSvから250mSvに引き上げられた。放射線審議会などを経て、2016年4月1日から改正法令が施行された。

1号機の原子炉格納容器内の調査も進んだ。3月には宇宙線から出る「ミュー粒子」を利用した調査で、炉内の核燃料がほとんど溶け落ちていることが判明。4月のロボットによる調査では、格納容器内は最大毎時9700mSvの超高線量で人間が40分もいれば死ぬレベルだと判明する。

真夜中のイチエフで職務質問——2015年3月16日 作業員（36歳）

夜勤の時、イチエフの敷地内を、防護服を着て歩いていたら、福島県警の車に乗った警察官に呼び止められた。「すみませんね。一応、夜だから身分証出してください」。身分証を見せると、「遅くまでご苦労さまです」と言われた。腰の低い丁寧な感じだった。うわさでは聞いていたけど、本当に職質されるとは。

夜は危ないから徒歩は禁止、移動は車でというルールがある。作業員の中には「警察官が来たら、面倒だから隠れろ」なんて言う人もいる。でも隠れたら余計に怪しい。ただ、暗いといっても、所々にある外灯や工事現場の照明で、場所によっては意外と明るい。クリスマスみたいにライトアップしている現場もある。夜はダンプや作業車があまり通らないので静かだ。

夜勤は拘束時間が長い。作業が終わっても、東電のバスが出る午前4時まで待たなくてはならない。仮眠を取る場所がないので休憩所や廊下で寝る。敷地内は、被ばくを抑えるため10時間を超えて滞在できないので、寝過ごさないようにしないと。シャワーも使えず、トイレに「洗髪禁止」の張り紙があるが洗いたくなる気持ちはわかる。夜勤手当は高いので、会社がけちって準夜勤にされたりしてシフトがコロコロ変わり、体がきつい。

作業によっては、3交代制などにして24時間工事が進むようにシフトが組まれていた。夜勤の作業員は、夕方から出勤し、夜中2時や3時まで働き、その後は東電の始発のバスが来るまで待つ。少し前にいわきで会った若手作業員は、この時期、夜中3時とか明け方によくLINEを送ってきた。「これから仮眠を取ります」というLINEが届く時間で、今日は作業が早く終わったとか、忙しかったな、などと推測した。

昼夜逆転の生活で、なかなか話を聞けなかったが、週末の休みに、いわきで会う約束をした。

夜の福島第一はどんな様子だろう。この作業員は、初めて福島第一に来た事故発生当初のことを「散乱する瓦礫や、めちゃくちゃに破壊された原子炉建屋は怖かったが、その静けさが印象に残っている」と表した。福島第一の周辺は、住民が避難して誰もいない。敷地は国道6号から海のほうに入ったところにあり、そこを通る車の音も聞こえない。昼間でも他の工事現場に比べて静かだが、夜はさらに静かになるという。敷地内を走るダンプや車もほとんどない。住民が周辺にいないので、街の光もない。外灯も少なく、タンクエリアは闇に沈む。「星空は?」と聞くと、「見上げる余裕なんてないですよ」と笑われた。

壊れていく夫婦関係

原発事故後、東京から働きに来た技術者のヒロさんも年度末が迫るこの頃、線量が上限近くになっていた。仕事帰りのヒロさんにいわきで会う。この日は元気がなかった。「月末には出るように言われたよ。急にばっさり言われるからね。イチエフは線量さえあれば、今は仕事がある。線量で使い捨てになっている」。各元請けは5年で70～80mSvを上限として作業員の線量管理をしていたが、この時期には85mSvや90mSvなど、次々と上限をぎりぎりまで引き上げる。福島第一で働き続けるために、ヒロさんは東京に戻らず福島に移り住むことを考えていた。この移住計画に向けて、家族をいわきに何度か呼び、観光できる場所に連れて行ったりしていた。事故後の地元の人たちとの交流は、ヒロさんにとって「宝物」になっていた。福島で家族と住むことができたらという気持ちは、福島で過ごした年月の分、強くなっていった。

ただ前年春以降、福島第一で死傷事故やけがが続いたうえ、汚染水処理関係や凍土遮水壁などの仕事が増えていた。作業工程に追われて、月1回東京に帰るのも難しくなっていた。妻からSOSが出ていた時期にも家に帰れず、家族との間にきしみが生じていた。家に帰ったときに告げられた「自分が大事なんだね」という妻の言葉は、ヒロさんの心の奥深くに刺さった。「そう言われてもしょうがない。福島第一が収束する前に、家族が終息してしまう」。亀裂（きれつ）は思いのほか大きく、一度は離婚の話にまで発展したと、ヒロさんは表情を曇らせた。

少し前から、ヒロさんから単身での福島の生活が身に堪（こた）えるようになったと聞いていた。

「福島は静かでいいと思っていたが、宿舎に戻っても、家族の声が聞こえない。週末に東京の家に帰ると、ぼけっとしていても子どもの声が聞こえる。休日に来たときに家族が安く泊まれる宿泊施設とかあればいいのに」。その時のヒロさんは、いつになく寂しそうだった。先日、久しぶりに帰った家で息子に会ったとき、ヒロさんが抱っこしようとすると「パパ嫌だ」と小さな手でぎゅっと顔を押しやられ、泣かれたという。福島に家族を呼びたいというヒロさんの思いに反して、家族の気持ちは離れ始めていた。

事故後、単身赴任で福島に来た作業員たちを取材すると、家族と離れている数年の間に、いろいろなことが起きていた。福島で長期間働くなか、行きつけの飲み屋や店で、またスマホのゲームで知り合った女性と親密になる作業員がいた。いわきのバーで店員の中国人女性に恋をして、一緒に住む家の敷金として渡した金を持ち逃げされた作業員もいた。逆に「独身」だと偽って、いわきの女性と付き合っていた作業員が、故郷に戻るときに発覚し、トラブルになったという例もあった。

福島の女性が、関東に戻った作業員を追って、会いに来たという話もあった。いわきの小さな歓楽街にも、事故後いろいろな恋愛模様が繰り広げられていた。家族に送った1千万円を超える危険手当や日当を、離れて暮らす妻がホストクラブですべて使ってしまい、離婚になった作業員もいた。何度も離婚の危機を迎えたという若い作業員は、「イチエフに単身赴任で働く作業員の家庭環境は、みんなおかしくなっている」と淡々と語っていた。

妻との約束の期限も過ぎた――2015年4月17日　トモさん（49歳）

今年も桜が満開になった。イチエフに来て2度目の春。あっという間だったなと思う。1年前に比べて、ずいぶん桜が減った。

昨年、外部で製造したタンクを船で運び込み、大型トレーラーで原発内を運ぶため、道路に張り出した桜の枝が切られた。木もどんどん伐採（ばっさい）され、タンク置き場や駐車場になった。こんなに切るのかと寂しくなった。最近キジの声も聞かなくなった。

現場では人が次々に入れ替わり、1年もいればベテランになる。被ばく線量が上限に近づき、「今年の桜は見られない」と言って去った同僚に、写真を送ろうと思う。腕のいい技術者だったのに。彼が去ってから、現場は大変なことになっている。

長く勤めた技術者でも、仕事を切られるのは急。どうせ切るなら早めに言ってくれと思う。ある日突然、仕事が無いと言われて路頭に迷う。上の会社は、仕事が多いときは人を集めろというが、仕事が無くなると突然辞めさせる。従業員を抱える小さな会社は死活問題。何とか仕事をつなごうと必死になっている。今は作業員が多いが、次の仕事の契約が決まらないからと、上の会社がまた人を減らし始めている。

福島で1年だけ働かせてくれという妻との約束の期限も過ぎた。来年の桜は見られるのだろうか。

事故から2年後、トモさん（49歳、仮名）は妻と「1年だけ」という約束をして、東京の建設現場から福島第一に来たが、すでに2年が経とうとしていた。小さいときによく親戚のいる双葉郡に遊びに行き、原発の近くの海で泳いだ。事故後、どうなっているのか、何か自分にできないかとずっとトモさんの心に福島のことが引っかかっていた。そして勤めていた会社に、技術者として現場に行かせてほしいと希望をだした。

福島第一で働き始めると、すぐにストレスが溜まるようになった。平日は福島第一と宿舎の往復で、食事も風呂も現場までの往復も同僚と一緒。それに現場は寄せ集めで、とても国内外の英知を結集した現場には思えなかった。

「今は慣れたけど、最初の半年はイライラして。建てた建物が歪んでいるとか、データが実際に出来たものと違うとか……。時間が経つにつれて作業員のモチベーションは下がっていくし。何ができるかって真剣に考えて来たから、余計にむかついて」。ストレスで酒を飲み、食べてばかりいて太ったと自嘲ぎみに笑う。

月に一度家族の元に帰っても、酒をたくさん飲み、「高校卒業して仕事を決めた息子にすっごく、くだを巻いて、うるさいから寝てくれって言われる。ストレス相当溜まっているんだなぁ」。そのうえ、1月に事故多発で現場が止まって休業補償が出ないかもしれないと妻に連絡をすると、険悪な雰囲気になった。「大学に通う子もいる。結局、手当なしで日当の7割が出たが、1月の給料は3分の1に。休みがいつまで、とわかれば他で働くことができたのだけど。妻には『生活できない』と言われたよ」

東電は5月27日、タンク群に貯(た)めてきた高濃度汚染水の処理がすべて終わったと発表する。ただし、フランジ型タンクの底には機械のポンプで吸いきれない汚染水が計約1万トン残り、それを作業員が手作業で抜く膨大(ぼうだい)な仕事が残った。おおむねトリチウムを含むだけになった処理水は、増設した溶接型タンクに移し、空になったフランジ型タンクは解体していく。また溶接型にもストロンチウムなど一部だけを除去した汚染水が計約18万トンあり、ALPS(アルプス)で処理し直す必要があった。

借金して社員に手当――2015年6月19日　ヨシオさん（50歳）

自分も作業員として働きながら、小さな会社をやっている。何かの役に立てればと思って福島に来た。こんな俺についてきてくれる従業員の生活は、何があっても守らなくてはと思う。

死傷事故が続き、東電が1～2月の2週間余り、敷地内の安全点検で大半の作業を止めた。その後も事故やけがが続き、作業が止まった。まいったのは、その間の休業補償。東電が止めた2週間分は、東電が元請けに払うことになったが、元請けからもらったのは日当の6割だけ。手当分はなかった。

それなのに、「元請けからきちんと金をもらった」という書類にサインしろと言う。給料に占める手当の割合は高い。「払わないのはおかしい」と抗議したら、「企業努力で何とかしろ」と言われた。

法律上は、休業補償は雇用会社の責任。でも、今回は自分たちが事故を起こしたわけではないし、

企業努力でと言われても、小さな会社に蓄えなんてない。2～3週間分ともなると、とても無理。結局、手当分は借金して従業員に払った。

頻繁に作業を止められたらやっていけない。損をするのは、いつも体を張って働く作業員や、末端のまじめな会社。もうけようとは思っていないが、借金をするために来ているわけじゃない。何のために働いているのかわからなくなる。

ヨシオさん（50歳、仮名）は原発事故後、関東の会社から従業員を引き連れて福島第一に来た。初めて会ったのは、いわき駅前の居酒屋だった。「福島に来る前は、放射能のことを考えると怖かった。でも、俺は東北出身。役に立ちたいという思いがあった。それに歴史に残る仕事ができると思った」。技術者として福島第一の何カ所かに入ったが、元請けによって日当はまるで違った。高線量の現場で比べても、大手ゼネコンは手当込みで一日3万6千円だったが、大手建設会社で2万8千円、有名な工務店で1万9千円とバラバラ。さらに工務店の下請けで、ヨシオさんが日当1万9千円で働いていたとき、同じ高線量下の現場で働いている小さな建設会社の下請け作業員が、一日6500円しかもらっていないと知り、愕然としたという。「金の問題だけじゃない。大工も監督もレベルが低すぎて驚いた。やり直さなくてはならないひどいものもあった。壁だって薄いとダメだけど厚けりゃいいみたいな感じで。雨の日に施工しちゃってボルトがさびたものもあった」と絶句する。

事故多発後の敷地の安全点検で、作業が止まったときの休業補償の問題にも頭を抱えた。労働基準法上は、雇用会社の都合で社員を休業させた場合、平均賃金の6割以上を支払わなくてはならない。最終的に東電が休業補償を払うことになったが、ヨシオさんが元請けから受け取ったのは、危険手当分が含まれていない額の6割だった。ヨシオさんは悩んだ末、社長である奥さんに内緒で、従業員の手当分の休業補償を借金して払った。「結局、女房にはばれたけどね。『何のためにやっているの』って女房に怒られて、何も言い返せなかった」

本人いわく従業員の前では「かっこつけるタイプ」のヨシオさんだったが、昔「やんちゃ」をして奥さんに一度家を出ていかれてから、まったく頭が上がらなかった。「従業員には生活があるから、払ってやらないと。作業が止まったときの給料の支払いは苦しかった」。ヨシオさんは焼酎の水割りを飲み下し、ふーっと長い息を吐き出した。

「イチエフに来たとき、ついてきてくれた従業員の生活を俺は預かったんだって思った。俺はかっこつけるほうだから、従業員に金を払わないなんて嫌なんですよ。だけど上から払われないのに、企業努力で払わないといけない。こんな現場があるのか。衝撃的だった」。ヨシオさんは一層深いため息をついた。

排水溝を通じて汚染水が海へ漏出（ろうしゅつ）している問題も、続いていた。6月には、正門脇に作業員用の大型休憩所が完成。7月31日には、東京地検が2度不起訴とした東電の勝俣恒久（かつまたつねひさ）元会長（75歳）、武黒一郎（たけくろいちろう）元副社長（69歳）、武藤栄（むとうさかえ）元副社長（65歳）の旧経営陣3人について、東京第5検察審査会が、業務上過失致死傷罪で起訴すべきとする2回目の議決を公表した。3人は次の年の2月に「大津波を予測できたのに対策を怠り、漫然と原発の運転を続けた」として業務上過失致死傷罪で東京地裁に強制起訴される。そして8月11日、九州電力川内原発1号機が再稼働した。新規制基準に基づく原発の稼働は初めて。２０１２年夏に再稼働した関西電力大飯原発（福井県）が翌13年9月に停止して以来、「原発ゼロ」は1年11カ月で終わる。

結局、使い捨てなのか――２０１５年８月５日　ヨシオさん（50歳）

「技術者が足りない。何とか来てくれないか」と言われて、２０１１年夏、自分の会社の従業員を連れてイチエフに来た。何かの役に立ちたいと思い、他の仕事を断ってきた。歴史に残る仕事をしたいという気持ちもあった。

それなのに先日、元請け会社から、「次の工事開始が延びたからいったん帰れ」と言われた。次の工事が始まるまで、数カ月間は自分で仕事を探して食いつなぎ、また戻ってこいという。そりゃないよと思う。

現場の人減らしが始まったのは、やっていた工事が事故やトラブルで延期になってから。工事が延びれば、その分赤字になるので、ふだん現場に来ない幹部が「半分の人員で十分だろう」と言ってきた。現場の話も聞かずに、金のことだけ考えて。残った作業員も人が減って苦労している。

急に現場を去れと言われても、数カ月間だけの仕事を探すのは難しい。運良く手伝いのような仕事が見つかればいいが……。自分だけじゃなく、従業員の生活もある。ほとほと困った。それに次の工事も、予定通り始まるとは限らない。

人が足りないときも、突然集めろと言われる。でもいつまで働けるかわからないのに、無責任に人を呼べない。仕事をしていても、常にいつまでいられるか心配になる。結局、俺らは使い捨てなんだと思う。50年生きていて、こんな世界があるのかと打ちのめされた。

東京の現場から従業員を引き連れて福島に来たヨシオさんは、いわきの居酒屋で会ったとき、顔色がすぐれなかった。「次に予定していた工事の開始が3カ月延びたから、一度東京に戻れと言われた」。福島第一で、新しい工事の開始時期が延びることはよくあった。ただヨシオさんは、作業再開が決まったときには従業員を連れてきてくれと言われていた。現場の都合で、急に呼ばれたり解雇されたりした。元請けは赤字を出さないために次の工事が始まるまでの間、今ある仕事の人数も絞って、人件費を浮かせようとしていた。

「上の会社は、繁忙期には、急に人を増やせとか言ってくる。明日、明後日で人を増やせないかとか無理なことを言われたこともある。それにその時に必要でも、1カ月もしないうちに要らないとか言われる場合もある。そうしたら、呼んだ人に迷惑がかかる。いつまで仕事があるのか、大丈夫なのかと、俺たち自身もイライラしながら仕事をしているのに、簡単に人は呼べない」

ヨシオさんは、苦いものを飲むように焼酎を飲み下す。注文をした焼き鳥は手をつけないまま、すっかり冷めて固まっていた。ヨシオさんの肩には従業員の生活もかかっていた。「イチエフで次の作業があるから、東京での仕事を断ってきたのに、呼ぶだけ呼んで、工事開始が遅れたから別のところでその間仕事してろって？　そんな都合のいい話ねぇよ。作業が止まれば、企業努力で何とか日当や手当を出せ？　そこまで、俺らは都合のいい捨て駒なのか。トカゲのしっぽ切りみたいに簡単に切るけど、切られた側の痛みがわかるか」。ヨシオさんはこぶしで、自分の左胸をどんどんと叩く。「ここの痛みがわからねぇやつとは仕事したくない。そんなやつは人間として駄目だ」

ヨシオさんと若い衆は、それから2週間も経たないうちに東京に戻っていった。その後、仕事の再開を待ったが、6回目の延期の連絡を受けてヨシオさんは、完全に福島第一の仕事から離れることを決めた。

9月3日、建屋地下に流入する地下水を減らすため、建屋周辺にある41本の井戸（サブドレン）のうち主に山側の20本で地下水のくみ上げ作業を開始。浄化設備で処理後、基準値未満であることを確認し、14日から海洋に放出し始めた（↓巻頭図）。

9月5日、事故後、全町避難が続いていた楢葉町の避難指示が解除された。２０１４年4月の田村市都路地区、同年10月の川内村一部に続く解除で、全町避難をしていた自治体での避難解除は初めてだった。この解除には、楢葉町以外の避難者である作業員も複雑な思いを抱いていた。この時期に会った富岡町出身の作業員は「まだ帰れる状態ではない。除染もちゃんとされていないし。インフラが整わないうちに、国は当初住民を帰そうとした。ありえない。国は２０２０年の東京五輪までに、避難者をみんな帰そうとしているのを感じる。世界に日本はこんなに早く復興したと言いたいんだろうな」と不信感を露わにした。

一人前にしたかったが…　——２０１５年９月23日　ノブさん（45歳）

サボり癖があった若い部下が、とうとう現場に来なくなったと連絡があった。いわき市にある寮にも帰らず、携帯電話も切っていて、連絡がつかないという。「やっぱりいなくなったみたいです」と同居している若い衆から報告を受けた。以前からパチンコにはまっているやつだった。何とか立ち直らせようとしたのだが……。

イチエフの仕事を辞めるには、内部被ばく検査を受け、退所手続きをしないといけない。無断欠勤のままでは、元請けや上の会社にも迷惑がかかる。会社の信用が無くなれば、仕事がもらえなくなる。本人だけで済む問題じゃない。

仕事を休んで1週間捜した。立ち寄り先を回り、周りの人にも見かけたら声を掛けてくれと頼んだ。警察への失踪（しっそう）届も考えた。他の業者の人から連絡をもらって行ってみたら、パチンコ屋にいた。「お前ふざけているのか」と店の外に引きずり出すと、「サボるうちに行きづらくなって。逃げるつもりはなかった」と話した。もう一度、上の会社に掛け合ってやると言ったが、「行きません」と言う。けじめはつけろ、と退所手続きをさせた。

仕事はできるやつだった。一人前にしてやりたかった。最後まで面倒をみたかった。今も時々どうしているのか、ふと気になる。

地元の小さな下請け企業幹部で作業員のノブさんは、部下の面倒見がよかった。地元の居酒屋で会ったとき、１週間仕事を休んでいたと聞いて理由を尋ねると、大きく嘆息（たんそく）して、突然現場に来なくなった部下について話し始めた。

「パチンコ癖があって。負けがこむと、家族に給料を渡さなくて何度ももめていた」。仕事もサボりがちになっていたのが、とうとう現場に顔を見せなくなった。当然、元請けや上の会社にもごまかしようがなくなる。辞めさせるにもきちんと退域（たいいき）手続きをしなくてはならず、仕事を休んであちこちを捜した。パチンコ屋で見つけたときノブさんが隣の席に座り、「なんだ、お前、今日は仕事どうしたんだ」と声を掛けると、若い部下は固まった。店の外に引きずり出し、戻らない意思を確認した後、同僚に借りている数十万円の金も、きれいに清算するように告げた。「若い衆だけじゃなく、その家族も守らないと。でも親父さんも知っているやつだった。腕がいいやつで。パチンコ病さえなければ。親父さんのこともあるから、一人前にしたかった」

この頃、小さな下請け企業は、２０１６年3月末までに建設業の会社従業員を社会保険に１００％加入させなくてはならないという国の施策（しさく）に苦しんでいた。

「急に義務と言われても。実質、日給換算で働いている俺らは厳しい。作業員の給料からも、保険額の半分引かなくてはならないが、月3万～4万円引かれるなら、保険に入りたくないという作業員も多い。うちも給料がぎりぎりなので、これ以上給料を下げたら、やっていけない。上の会社に補助してもらうしかない」。経営が行き詰まると見越して、上の会社に吸収合併されたり閉業したりする企業も出ていた。15人ほどの地元企業の社長は自身も作業員だった。社長は「俺で月８万円、

（手取りの）賃金が下がる。個人と会社で半々の負担なのだけど、10万近く下がるとなれば従業員が辞める。会社が３分の２出すしかないかと。それだと会社がやっていけるか」と悩み、不眠症になっていた。この問題は福島第一の現場で、鳶（とび）職などを個人でやっている「一人親方」として働く作業員にとっても、悩ましかった。一人親方は請負の形をとっていても実態として労働者と見なされるときは、会社が加入する保険に入らないとならなかった。福島第一に入る間だけ、所属する会社に社会保険に入れてくれというわけにもいかず、50代の一人親方は悩んでいた。「これまで加入してこなかったのに、今さら社会保険に入れと言われても。月々の負担が大きいからね。イチエフはチェックが厳しくなるみたいだから、今後は入れないかもしれない。一人親方たちはみんな途方に暮れているよ」

白血病で、原発事故後初の労災認定

厚労省は10月20日、原発事故後の福島第一の作業で被ばくした後に白血病になった作業員に初めて、労災認定をしたと発表した。労災が認められたのは北九州市の男性（41歳）で、建設会社の社員として２０１１年10月〜13年12月に、福島第一や九州電力玄海（げんかい）原発（佐賀県）などで作業。男性は13年12月に福島第一を離れた後に体の不調を感じ、翌月、急性骨髄性（こつずいせい）白血病と診断された。詳細は後述するが、男性には後日、提訴のタイミングで取材する。

１９７６年に定められた放射線業務従事者の白血病の労災認定基準は、「年５ｍＳｖ以上の被ばく」「最初の被ばくを伴う作業から１年以上経って発症」で、他の要因がないこと。現在、一般人の年間被ばく許容限度は1mSvだが、1976年当時は5mSvだったことから、それ以上の被ばくが基準として設けられたとみられる。この基準があるため、他のがんに比べ、白血病は格段に認定されやすかった。ただし厚労省は、労災認定されるたびに「労災認定は補償が欠けることがないように配慮した行政上の判断で、科学的に被ばくと健康影響の因果関係を証明したわけではない」と繰り返した。

これには理由がある。元作業員らが電力会社や国を訴えた裁判では、病気になった原告側が、病気と被ばくとの因果関係を立証しなくてはならず、これまで原発の被ばく労働でがんになったとして、原告側が勝訴した例は一例もなかった。

さらに被ばくでがんになった場合、白血病以外は基準がなく、白血病と同じ血液のがんである悪性リンパ腫は「年25mSv以上」、多発性骨髄腫は「累積50mSv以上」が目安。また、事故後、厚労省は申請が増える可能性を考え、他のがんについても認定の目安を決めた。肺や胃、甲状腺（こうじょうせん）などの固形がんの目安は「累積100mSv以上、発症まで5年以上」とされた。基準のある白血病も含め、労災を申請した罹患者の一例一例について、厚労省の専門家委員会が他に罹患の原因がないかなどを検討してから、労災が認定される。白血病の基準に比べ、他のがんの労災認定の壁はあまりにも高かった。

今後、申請の増加が予想されるが、国は大量に申請者が出た場合にどう対応するのか。また、事故初期は線量計が不足しており、正確な被ばく線量がわからない作業員が多い。それをどう評価するのかという問題もあった。

☢ タンクパトロールは大変——2015年11月4日　キミさん（58歳）

敷地内に、所狭しと林立する無数のタンクをパトロールするのは大変。水漏れが心配されるフランジ型タンクの解体が始まったので少し楽になったが、溶接型はどんどん増えている。

パトロールは一班3人。溶接型は一日2回の見回りだが、フランジ型は一日4回見回る。タンク群を囲む堰の中に入り、線量計が振れるかどうかを見る。タンクに漏れた跡やにじみを見つけたときは高線量の危険があるので、近寄らずに写真を撮って報告する。堰内の水が20センチ以上になると中に入らず、外から目視する。

堰内に溜まっている水はよどんでいる。底に堆積物もあって滑る。落ちていたゴミに足を取られて転び、水に浸ってしまったこともある。慣れてくると、みんな転ばなくなった。水が汚染されている場合、水に触れるとまずいので、雨がっぱの上下を着て長靴を履いて作業する。夏の暑い日は地獄。転んで破れたときのために、予備の防護服とかっぱは常に持っていった。

夜はさすがに堰内に入らない。外灯がついていないので夜は暗い。星がくっきりとてもきれいに見える。歩道の植物は暗闇の中で、怪しい化け物のように不気味に見える。足元をライトで確認しながら、瓦礫や配管を乗り越えて歩くので、転んでけがすることもあった。敷地内はタンクでいっぱい。いずれ限界がくるだろうな……。

タンク内の放射性物質を含む水が漏れれば、周囲の空間放射線量が上がる。そのため、作業員は堰の中に入り、腰の高さに線量計を持ち、タンクの近くの線量を測り、漏れていないかを確認する。汚染水が漏れていれば、堰内の水も汚染されている可能性が高く、危険だった。一班3～5人で、一回の見回りを5～6チームで巡回。汚染水漏れがあった場合は、放射性ストロンチウムなどベータ線が問題となる。そのため、作業員は腕や指先にベータ線を測る特殊な線量計をつけていた。

福島第一で30年働く地元作業員のキミさん（58歳、仮名）に会ったのは、作業員の疫学調査のための健康診断会場だった。事故当時、核燃料の冷却系の運転員だったキミさんは、東日本大震災が起きたとき、原子炉のすぐ脇にいた。

激しい揺れが襲うなか、電源が落ちて真っ暗になり、装置が止まった。とっさにキミさんは、机とパソコンを必死で押さえた。キャスター付きのファクスが揺れでガーッと近寄ってきた。地下にあるはずのバッテリーも駄目になったのか、冷却系の重要な電源も落ちた。建屋の中は粉塵(ふんじん)とゴミやホコリが舞い、暗いのに視界が真っ白だった。会社の携帯と懐中電灯だけを持ち、頭の中で緊急時の退路を思い浮かべながら、中腰になって手探りで道をたどった。タービン建屋につながる1階の「松の廊下」と呼ばれる長い通路には、常備灯がついていた。余震が続くなか、15分ぐらい歩いただろうか、キミさんは防護服を脱ぎ、下着一枚で建屋の外に出る。警備員に、

タンクパトロール中にベータ線とガンマ線の線量を測り、汚染水漏れがないか調べる作業員＝2013月9日3日
写真：東京電力

海側のゲートに誘導され、4号機で定検中の作業をしていた作業員ら何千人もの波と合流して、高台に走って逃げた。運良く、途中の控室に寄り、私服と財布を持ってこられた。大部分の作業員は正門に押し寄せた。だが、運転員には代わりがいない。逃げるわけにはいかなかった。キミさんたちはグラウンドに集まり、人数を点検。他の従業員が帰宅するなか、運転員らは指示を待ち待機した。

家族が心配だったが、電話はつながらなかった。妻とは震災前に死別して、子どもたちを男手一つで育てていた。キミさんの家は海から近く、津波の被害が心配だった。上司に「原子炉が止まった。後は(東電)社員がする」と言われた後、キミさんは双葉郡の家に戻った。

家族はみな留守のはずだったが、安否がわからなかった。近所の人に車を借りて、高校生の息子を迎えに行くが、海側は津波の被害に遭(あ)い、あちこちが通行止めになっていた。福島第一で働く長女は免震重要棟にいたはずだが、のちに地震の後、キミさんたちより先に、女性従業員らは東電のバスで福島第一を出ていたことを知る。教習所に通っていた下の娘は、彼氏の家にいて無事だった。だが海のすぐそばに住んでいた80歳近い母親の安否がわからなかった。

キミさんは情報集めに奔走(ほんそう)し、一睡もできずその夜を過ごした。翌日、息子と2人で自宅を見に行くと、津波で流された車や家、瓦礫などが見え、あるはずの自宅も近所の家も無かった。その時、息子が畑の中に転がっているオレンジ色の屋根を「友達の家の2階だ」と叫んだのを、キミさんは覚えている。「見えないはずの海まで見えていた。もう家は無いなと……」。家は、基礎を残して津波にさらわれ、跡形も無かった。福島第一から10キロ圏内の住民に避難指示が出るなか、海のすぐそばに住んでいた母親を捜したが会えなかった。周辺住民と一緒に避難バスに乗せられ、行った先の避難所でようやく母親を見つけたときは、母親は体調を崩してけいれんを起こしていた。母親はすぐに救急車で搬送され、家族は病院に向かった。その後避難所で生活しながらキミさんは、「イチエフに戻らなくちゃ」と焦（あせ）っていた。

同僚から電話が掛かってきたのは4月5日。「仕事に戻ってこい」と言われ、キミさんが福島第一に戻ったのは4月20日だった。

キミさんと会うのは、いつも休みの日の昼間だった。事故後は運転員の仕事は無くなり、キミさんは福島第一のさまざまな現場を転々としていた。「働いて食っていかないといけない。補償もどうなるかわからないし。ましてや家は津波で無くなったから……津波じゃなければ東電に補償されたのに」

震災後、家族と一緒に住めるアパートを探したが、適当な大きさのアパートはなかった。キミさんは、50歳を過ぎた自分の年齢を考え、新しく家を建てるか悩んだ。「仕事もどうなるかわからないのに、この年で借金を抱えることになる。でも子どもたちが住む家は必要」。キミさんの決

1～4号機護岸から汚染した地下水が染み出ないように、鋼管が打ち込まれた海側遮水壁。2015年10月に完成した＝2015年9月24日　写真：東京電力

断は早かった。すぐにいわき市内に土地を買い、家を建て、震災翌年には新しい家に子どもたちと引っ越した。震災後、いわきの土地の価格は高騰し、次々と避難者の家やアパートが建ち、土地もなくなる。「あのとき決断していなかったら、家は買えなかった」。キミさんはしみじみと語った。

福島第一では10月20日、3号機の格納容器内にカメラを挿入して撮影に初めて成功し、容器内の水位が推定していた通りの約6・5メートルで、放射線量が最大で約1Sv（シーベルト）と極めて高い値（あたい）だったことがわかる。そして10月26日、汚染した地下水が護岸から海に染（し）み出るのを防ぐための、総延長780メートルの海側遮水壁が完成する。海側遮水壁は、護岸沿いの海底に約600本の鋼管を打ち込んで「壁」をつくり、汚染水の海洋流出をブロックする（→巻頭図参照）。ただ、完成後に壁付近の地下水位が上がり、井戸からくみ上げ量を増やさなくてはならず、一日300トンの汚染水が新たに生まれることになった。

もうすぐ第2子誕生、被ばくの影響が心配――2015年11月23日　ヒロさん（37歳）

もうすぐ2人目の子が生まれる。無事生まれてくれるといいなと思う。

長男は震災後、イチエフで働いているときに生まれた。元気に生まれたときは、ほっとした。長男のときは、僕の被ばく線量はそれほど高くなかったが、その後かなり被ばくした。妻は2人目を欲しがったが、子どもへの影響が気になって、少し時間が経ってからと思っていた。だから、妻に2人目の子を妊娠したと言われたとき、正直どう考えていいのかわからなかった。

事故後、会社からイチエフで技術者が必要だと言われ、自分から手を挙げた。次々と起きる水素爆発をニュースで見て、自分も何か貢献したいと思っていた。高線量の現場で、線量計が鳴ってばかりでは仕事にならないと、線量計を持って行かなかったこともある。被ばく線量が上限ぎりぎりになって福島を離れたが、実際の被ばく線量は記録よりもずっと高い。

医者や国の相談窓口に子どもへの影響を聞いても、大丈夫だとしか言わない。でも放射線の人体への影響がわかっていないことが多いなかで、安心するようなことを言われても、子どものことはやはり気になってしまう。

子どもが大きくなったら、生まれる前に原発事故があって、みんなで力を合わせたんだよ、と伝えたいと思って作業してきた。今はとにかく元気に生まれてきてほしい。


福島第一から東京の現場に帰ってきていたヒロさんは、悩んでいた。2人目の子が生まれる日が日に日に近づいていたが、自分の線量が高い時期に命を授かったことで、子どもに何か影響が出るのではないか。ヒロさんは会うたびに心配していた。妻が出産直前に体調を崩して入院するなど心配が重なったが、数カ月後、赤ちゃんは無事に生まれる。ほっとしたものの離れていた時間が長かった夫婦の仲は、ともするとぎすぎすし、2人目の子が生まれたら、家族と一緒に暮らそうと考えていたヒロさんの気持ちは揺れ動いた。また、ヒロさんは福島第一での仕事を見届けたいという気持ちが強く、現場を離れて東京に戻ってからも同僚と連絡を取っていた。福島第一は被ばく線量が上限いっぱいになった技術者やベテランが次々離れ、現場で足りていなかった。現場もヒロさんを必要としていた。とはいえ、ヒロさん自身も累積被ばく線量が高く、福島第一に戻れる目処(めど)は立たなかった。

タンク解体と汚染水の回収

福島第一では汚染水漏れを繰り返してきたボルト締めだけのフランジ型タンクの解体が5月から本格化され、12月1日時点で313基のうちようやく26基の解体が終了した。当初、タンク内に残った汚染水は機械で抜き取るはずだったが、底に継ぎ目が多く予想外に時間がかかったうえに取りきれず、結局手作業になった。もともと超高濃度の放射性ストロンチウムなどを含む汚染水が入っていたため、タンクの底には、高濃度の放射性物質を含むさびや不純物が沈殿(ちんでん)。皮膚に触れると危険なため、作業員たちは重装備で作業をしていた。しかも解体するには、一基当たり1千個を超えるボルトを外す必要があった。

作業員は二重の防護服に、厚手のかっぱ上下を二重に着て、ウェットスーツのようなゴムの全身スーツ、手袋は綿手の上にゴム手を三重~四重、長靴を履き、全面マスクを装着する。線量計も通常の二つに加えて、ベータ線も測れる計器を手の指、太もも、全面マスク内の計五つ着ける。タングステンベストを着るような高線量の作業の場合は、さらに身につける線量計が増えた。この重装備でタンク内に入っての作業は動くだけでもきつい重労働で、体に熱がこもり「地獄」だったという。4年以上取材をしてきたなかでも、これだけの重装備は他に聞いたことがなかった。

タンク内に水が残っているうちは水が放射線を遮蔽(しゃへい)するが、水を抜くと遮蔽するものがなくなる。

タンク内で働く作業員のストロンチウムなどによるベータ線の被ばくが増えるため、深さ10センチほどの水を残したままで、作業をした。強力吸引車につないだタンク車からホースを伸ばし、長い柄(え)の水掻(みずか)きで底の水と汚泥を集めながら、丹念に水を抜いていく。底はぬめりがあり、気を緩(ゆる)めると滑る。重装備による体力の限界と被ばく線量の問題で、タンク底部の作業は30分ほどが限界となり、入れ替え制で作業をしていた。

汚染のリスクは、解体作業も同じだった。タンク内の汚染水を抜いた後に内部を塗装して解体。底部は汚染がひどく、ゴムマットを何枚も敷いて遮蔽する。この頃まさに、水抜き後の解体作業をしていたキーさんに現場の状況を尋ねると、「汚染検査でしょっちゅう引っかかっているよ。長靴は毎日捨てる。タンクの底(そこ)部分の汚染度が高いから、底の作業は大変。肘(ひじ)とか膝(ひざ)とかついたら終わり。水が残っているところで滑って転んだりしたら……。あっという間に汚染する」。作業時間は20〜50分。250cpm（カウント・パー・ミニット）以上は東電に報告しなくてはならなかったが、現場作業員の最高値はその100倍の汚染を記録したという。

「きのうは13人引っかかった。東洋一の汚染よ」。キーさんの言葉は冗談になっていなかった。

フランジ型タンクの解体作業。クレーンで鋼材を吊り上げている瞬間。内部の汚染度が高く、作業員たちは重装備で動くのも苦労した　写真：東京電力

従業員は家族。会社持ちの忘年会――2015年12月27日　ケンジさん（44歳）

年末の忘年会と夏の暑気払いは、会社持ちで飲み会をする。お疲れさんという意味を込めて。イチエフで一緒に働いていても作業によって時間が違うから、従業員全員が顔を合わせることはなかなかない。今は除染作業をしている人もいるから余計に。だから、年に2回はみんなで集まる。

事故後、所属していた下請けの社長が「もう原発は嫌だ」と会社を辞めたので、イチエフで働き続けるために仲間4人で会社を立ち上げた。うち2人は家族と一緒に避難して今はいない。でも少しずつ従業員が増え、今は20人を超えた。

人数が少ないときは、誕生会もしていた。みんなで祝うのは現場の結束にもなる。俺らの世界は人がいないと成り立たない。利益だけを求めても人はついてこない。従業員には恵まれたと思う。みんなまじめに仕事を続けてくれている。これ以上、会社を大きくする気はない。みんなが一つの輪になって仕事ができる会社であればいい。

昨年の俺の誕生日は、従業員がサプライズで祝ってくれた。知り合いと飲み屋に行ってドアを開けた途端（とたん）、みんながクラッカーを鳴らして迎えてくれた。俺の好きなケーキも用意して。何も言われてなかったから驚いた。従業員は家族。こいつらがいるから会社があり、仕事ができる。

「原発事故後、ボーナスが
4割カットのままなんだよね」

「収束作業に来てよかったと思う」

6章　東電への支援額、天井しらず――2016年

「防護服の肘から
汗がポタポタたれ、
下着まで汗だく」

「東電の負担を減らそう」とボーナス大幅カット――2016年1月6日　東電子会社作業員（50代）

定年まで10年を切った。いつまでイチエフで働けるんだろう。高線量の現場で働けば手当は増えるが、給料は事故前と変わらない。ボーナスは事故後、「親会社の東電の負担を減らそう」と大幅にカットされたまま。早期退職制度もあり、この4年半で150人ぐらい辞めた。今、うちの会社はイチエフ限定で人を募集している。求人ではけっこう、給料がもらえるようなことが書いてあるが、実際の待遇はよくない。「知り合いでも、自分の子どもでもいいから連れてきてくれ」と言うが、なかなか入ってこない。みんな大変なのがわかっているから。

事故後、現場に戻ったとき、「世界で一番危険な原発で働いてくれてありがとう」という、今は亡き吉田昌郎(よしだまさお)所長からのメッセージが、上司から伝えられた。今でも心に残っている。事故後、親戚から仕事をどうするのかと聞かれたが、30年以上働いてきた原発を辞めるなんて、考えられなかった。

他の原発にいる社員に来てもらおうとしても、「イチエフなら辞める」という人が大半。将来性がないから、ここで働けないという人もいる。でも誰かがしなくてはいけない仕事。定年まで、いや65歳まで働きたい。会社は人が足りなくて、3分の1を人材派遣で賄(まかな)っている現状なのだから、現場でこのままやらせてほしい。

「原発事故後、ボーナスが4割カットのままなんだよね」。長年、東電の子会社に勤めている50代の地元作業員の男性と、昼食のピークを過ぎた人の少ない時間帯に、いわき駅から少し離れたファミリーレストランで待ち合わせた。彼の所属する子会社は、原発事故時、かなりの人数が辞めただけでなく、東電の子会社3社が合併するときに、会社から「早期退職制度で、50歳以上は定年と同じ扱いになる」と言われ、さらに大量に辞めていったという。

「事故後は、親会社の東電が大変な状況だからと、東電を支えるために、経営陣が夏も冬も従業員のボーナスを6割カットすると決めた。それで収支をプラスにして、その分、東電に還元すると。全面マスクをつける作業の時は、一日1千円の危険手当がつくが、それ以外の手当はない。基本給は変わらなかったが、事故後は、被ばくするため作業時間が短くなったから、残業代も出なくなった。その後ボーナスは4割カットまで回復したものの、事故前の額面には戻っていない。東電社員は、事故後に給料が2割減になったが、それは一時のことで、今はそこまで減らされずにもらっている。何なんでしょうね」。男性の口調は、どこまでも静かだった。

男性は高卒で東電の子会社に入社し、30年以上、原発で働いてきた。一度、東電に出向したことがあるという。「その時は、給料がベースアップされ倍になった」と思い起こす。それだけ男性が勤めている子会社と東電では、給与に大きな差があったということだ。事故後も危険手当の加算で上がるどころか、ボーナスカットで給料は大幅に減り、事故前まで従事していた専門職の仕事にもつけなくなって、作業内容が大幅に変わった。給与の大幅な悪化を理由に、若手がどんどん辞めるなか、この作業員は何とか後輩を引き留め、次の世代を育てようとしていたが、その心はなかなか伝わらなかった。残っていた同僚も、避難する家族と離れた生活が長くなり、「今の子どもの成長を見られるのは、一生に一回しかないから」と少し前に、辞めていった。

「(うちの社では)イチエフの人間ばかり辞めていく。柏崎刈羽原発(新潟県)で働く従業員はみんな、『イチエフに行くなら会社を辞める』と言っている。被ばくもするし、本来の仕事もできないし、仕事も安定しない。それなのに給料が安いんじゃ……」と、男性は淡々と言葉を連ねた。上司に「縁故でも誰でもいいから連れてきてほしい」と頼まれても、条件が悪いと知りながら、知人を連れてくる人はいなかった。「もうすぐ事故から5年が経つのに、まだボーナスの額はもどらない」。従業員が次々辞め、1年以上前から派遣社員が入ってくるようになった。初めは2人だったのが、いつの間にか3分の1を占めるようになっていた。そんななか、男性は長年働いてきた原発で、何とか働き続けようとしていた。

政府と東電は1月25日、新年度の早い段階で溶接型にすべて切り替えるとしていたフランジ型タンクを当面使い続けると発表する。凍土遮水壁の完成が遅れ、また前年10月の「海側遮水壁」の完成後に護岸近くの地下水位が上がったことで、海側遮水壁を超えて海にあふれ出る危険性が高まった。これにより一日300トン近くの汚染した地下水をくみ上げることになり、汚染水の発生量を抑えることができていなかった。そのため、受け入れ先として、フランジ型の継続使用が必要だった。

「パパいらない」——2016年1月11日　ヒロさん（37歳）

会社が定めた5年間の被ばく線量限度がいっぱいになり、福島から家族の元に戻ってきて半年以上が経つ。事故後、イチエフで働いているときに生まれた息子は、ずっと離れて暮らしていたせいか、なかなか懐いてくれない。

たまに帰るだけだった父親を、息子は「パパいらない」と拒否する。抱っこしようとして「パパやめて」と手で押しやられたり、「パパ来ないで」と顔を引っかかれたりした。まだ、パパと呼んでくれているだけいいけど。少し距離が近づいたなと思っても、すぐうまくいかなくなる。妻ともうまくいっていない。何かとけんかになり、離婚の話が頻繁に出て気がめいる。

無理な工期に追われて週末も休みが取れず、家族が大変なときに、すぐ駆けつけることができなくて悩んだこともある。息子の運動会にも行けなかった。頻繁に帰ろうにも交通費の負担が大きい。家族を福島に呼んで、一緒に暮らそうとしたこともあった。でも結局、妻を説得できないままイチエフを去った。

地方から単身で来る作業員で離婚する人は多い。せめて家族と暮らす寮があればと思う。廃炉までは長い。事故が収束するまでに、いくつの家族が壊れてしまうのだろう。春には線量がリセットされる。イチエフにまた呼ばれているが、妻は何と言うだろうか。一度話したが、まだ返事はない。

ヒロさんは関東の建設現場で働きながら、家族のこれからについて悩んでいた。被ばく線量がかなり高いときに授かってその影響を心配した2人目の子も無事生まれ、ここしばらくは東京に帰り、家族と一緒に暮らせていたが、なかなか息子が懐かなかった。

4月になれば、事故から5年が過ぎるので「5年で100mSv（ミリシーベルト）」の線量枠が新しくもらえるため、福島第一に戻れるうえ、仕事の誘いもあったが、妻にきちんと話せていなかった。技術者として福島第一の仕事を見届けたいという気持ちと、2人目の子も生まれたので家族と一緒にいようと思いながらも、妻とぎくしゃくする家のなかで、心が揺れていた。

1～4号機を囲む凍土遮水壁、海側だけ先行

福島第一の建屋に流れ込む地下水を減らすために、1～4号機を囲む形で建設中の「凍土遮水壁」の工事も暗礁に乗り上げていた。東電は2月15日、全周を覆うと建屋内地下に溜まる高濃度汚染水の水位が地下水位より高くなり（→巻頭図参照）、汚染水が外に漏れる可能性があるとして、当面、海側だけを凍結すると発表する（3月31日に凍結開始）。320億円以上の国費が投入されたが、この段階でも目標通りの効果が得られるかわからなかった。

2月29日、東電の勝俣恒久元会長（75歳）、武黒一郎元副社長（69歳）、武藤栄元副社長（65歳）の旧経営陣3人が「大津波を予測できたのに対策を怠り、漫然と原発の運転を続けた過失がある」として業務上過失致死傷罪で、東京地裁に強制起訴され、原発事故の刑事責任が初めて裁判で問われることになる。

原子力規制委員会の「新規制基準」も揺れていた。規制委は2月24日、運転期間が7月に40年になる老朽化した関西電力高浜原発1、2号機（福井県）について、大改修を条件に新規制基準に適合するとの審査書案を了承する。２０１２年に改正された原子炉等規制法では、原発の運転期間を40年に制限。最大20年間の運転延長は「例外中の例外」（政府）のはずだった。早くも例外が認められ、今後、老朽化した原発が次々延命される可能性が出てきた。そんなか3月9日、大津地裁は福島第一原発事故の原因究明が進んでいない現状を重視し、「過酷事故対策や緊急時の対応対策に危惧すべき点がある」と新規制基準に疑問を呈し、高浜原発3、4号機の運転を差し止める決定を出す。ただし、この決定は翌年3月28日、大阪高裁で覆り、3、4号機はその後再稼働する。

福島第一では3月に入って敷地内にローソンができた。そして同月、東電は福島第一の敷地を汚染度などにより、三つのゾーンに分ける。1〜3号機の原子炉建屋内など、全面マスクに防護服やかっぱを着用の「レッド（R）ゾーン」、汚染水関連の作業などで全面や半面マスク、防護服を着用の「イエロー（Y）ゾーン」、敷地の大半を占め、除染で線量が大幅に低減した、使い捨ての防塵マスクと一般作業服着用の「グリーン（G）ゾーン」に色分けをする。しかし、汚染度の高い所で作業をした後、その靴で汚染度の低い所を歩いたり、YとGゾーンで同じ道具を使っていたり、敷地内を通る車が汚染していたりするなど、厳格に区分けをすることは不可

三つに区域分けされた敷地のうち、「イエローゾーン」の装備の着替え場所＝2016年3月　写真：東京電力

能だった。

「何も変わっていないのに、ゾーン分けって。安全になったっていうアピールしかねぇだろうなって、みんなで話している。移動用のカバーオール（つなぎ）から、現場で防護服に着替えしろとか時間がかかる。何より『安全』とされた所は、危険手当を下げると元請けに言われた。踏んだり蹴ったりだ」と、いわきで会った40代の作業員は訴えた。4月以降、他の下請けの作業員からも危険手当が下がったと連絡がきた。理由の説明もなく、半分以下に下がった企業もあった。

そして3月18日、6万6千立方メートル（約4千トン）を超える量の使用済み防護服や靴下などを燃やすために新設した焼却施設の本格運転が、ようやく始まる。

事故から5年、ベテラン戻るか

事故から5年経ち、事故後の被ばく線量が法定限度「5年で100mSv」に近づいたために現場を離れていた作業員の被ばく線量が「初期化」され、福島第一に戻れるようになる。福島第一では、多くのベテランや技術者が慢性的に不足していた。今後、核燃料取り出しに向けて作業が原子炉に近づくにつれ、現場を熟知したベテランや技術者がますます必要になってくる。しかし東京五輪に向け、公共事業や民間工事の募集が増え、東京では日当が2〜3割上がり、福島第一で危険手当がついたとしても、日当の差がつきにくくなっていた。さらに他の原発でも再稼働に向けた作業で募集が増え、日当も上昇傾向にあった。被ばく線量が上限近くになり福島第一を去った技術者から、東京周辺の作業で7〜8社から声が掛かったという話も聞いた。残業代を合わせると、東京での仕事のほうが、割がよかった。また元請けや下請けの比較的大手は、被ばくしない他の現場作業と組み合わせて、作業員が仕事を失わないようにローテーションを組むことができたが、2次下請け以下の小さな企業では難しいという状況は相変わらずだった。

「原発は景気が悪いほど人が集まる」。事故前から働く1次下請けの幹部の言葉だ。東京五輪に向け公共工事などが増え、建設業の単価が上がったことは、福島第一にとっては向かい風になっていた。「作業の中心になる班長や現場監督に戻ってきてもらうには、手当を一律ではなく能力差をつけたり、被ばくしても働き続けられるローテーションを組んだりするなど、長期雇用を保障する手だてが必要だ」と訴えた。作業員たちの要求は、事故後5年経った今もずっと変わっていなかった。

大地震の夢で跳び起きる――2016年6月4日　下請け企業社長

この5年間に起きたことを思い起こすと、幻のように感じる。事故後、余震が続き、夜中に何度も起きた。そのたびに「イチエフにいる作業員は大丈夫か。冷却は止まってないか」とテレビをつけて確認した。

その後、夜中に地震の夢を見るように。「あっ地震だ」と目を覚まし、収まったと思って寝ると、今度は轟音（ごうおん）がし、立っていられないような揺れを感じて跳び起きる。玄関まで出て、イチエフが気になり、慌てて部屋に戻ってテレビをつける。「あれ、何もやっていない。夢だったんだ」ということが何度かあった。2年ほど前まで続いた。

一時期、酒を飲む量が増えた。夜、眠れなくて酒を飲んでも、３時間ほどで目が覚めてしまう。そんな状態が半年ぐらい続いた。それで朝早くから仕事に行った。仕事があったから救われたと思う。東電関係の仕事をしていた妻は、「私はこれまで『原発は安全です』と言い続けてきた。原発が爆発したのはみんな私のせいだ」と落ち込んだ。電気をつけず暗い部屋の中にいたり、納豆ばかりを食べたり、ふさぎ込んだ。お互い普通じゃない状態がしばらく続いた。

震災から時間が経つにつれ、人に会うのがつらくなってきた。家族崩壊、引きこもり……。どんなに賠償金を積まれても治らない「原発患者」が増えている。


「人に会うのが何だか億劫(おっくう)になっちゃって、閉じこもりぎみになっている」。震災前から福島第一に社員を派遣していた下請け企業の社長に、久々に会いたいと連絡を取ると、電話口から沈んだ声が聞こえてきた。「断っていたら、みんながだんだん誘わなくなってきて。震災から時間が経つと、余計に何だか関係者に会うのがつらくて」

社長から、夜中に大地震の夢を見て跳び起きるという話を聞いたのは、震災の翌年だった。事故直後は余震が続き、夜中にいわきのビジネスホテルで大きな余震によく起こされた。「(原発にいる)うちの社員は大丈夫か？　4号機は大丈夫か？　原子炉の注水の水が止まったのではないか？」――。眠りは常に浅かった。社長は長年、福島第一で技術者として働いてきた。自身が作業員を引退してからも、従業員を現場に送り続けてきた。大地震の時に福島第一の現場にいる夢にもうなされた。夢の中で社長は「バルブ開けろ！」と大声で怒鳴っていた。

事故から1年間は、家や会社の避難に福島第一原発の作業も重なり、社長は必死だった。1年後ぐらいから、不眠症に悩むようになり、酒を飲む量が増えた。「酒を飲んでやっと眠って。だけど3時間もすれば目が覚めてしまう」。日本酒を一日3合。一升瓶が1週間もたなかった。それが半年続いた。「アル中ぎみだった。でも美味しいと思わないから、飲む量が減っていって」。目が覚めてしまうので、朝早くから事務所に行った。タバコも増えた。

東電関係の仕事をしていた妻も、事故後、精神的に不安定になった。仕事で原発が安全だと説明してきた自分のことを責め続けた。電気もつけない暗い部屋で、納豆をぼくぼく食べていたり、クリーニングに出したという服が出てなかったりした。「食器片付けるね」と台所に立っても、後から見るとちゃんと洗われていなかった。2人ともふさぎ込むので、社長は近くにもう一つ部屋を借り、離れて暮らしながら妻の元に通った。社長は「家内とは離婚したくない。だからなるべく顔を合わせないようにしている」とも語った。

社長の周りでも離婚や別居、また避難先で亡くなる人が増えていた。夫婦とも鬱状態になり、夫婦で精神科医にかかっている家族もあった。双葉郡から埼玉に避難し、そこで交通事故で亡くなった近所の人や、家族と離れて避難し、衰弱死する人もいた。高齢夫婦が広野町に帰ったものの、周辺で戻った住民は少なく、夜は特にひとけがまったく無くて怖いと、妻だけが息子家族の避難先に戻ってしまったケースもあった。広野町に一人残った夫に社長が会いに行くと、夫は「3カ月も妻と会っていない」と寂しそうに語った。

「3世帯で住んでいた家族は、避難でみんなバラバラになっている。高齢夫婦だけが故郷の家に戻っても、娘や息子は、被ばくを怖れて幼い孫を連れて遊びに来ることを嫌がる」。仮設住宅の人たちも事故から年月が経つにつれ、あまりものを言わなくなった。家を建てて次々仮設を離れていくなかで、残った高齢者たちは取り残されたような気持ちになっていた。「離婚、引きこもり、鬱、家族崩壊。残された家族は言いたがらないけど自殺も増えている。子どもを連れて避難しているお母さんたちも、いつまで旦那と離れて暮らすかという問題に直面している。福島の家族はどうなってしまうんだろう」

東電社長、「『炉心溶融』の言葉を使うな」

「5月末はサミットのせいで休みだよ」。作業員から、5月末に三重県で開かれる主要国首脳会議(伊勢志摩サミット)の開催中、福島第一の作業が休みだと連絡をもらう。すぐに東電に電話をすると、サミット開催前日の25日から3日間、原子炉冷却や汚染水処理、パトロールなど止められない作業以外は休止することを、3月末の福島第一廃炉推進カンパニーの会議で決定したという。広報担当者は「要人が集まるサミット期間中、なるべくリスクを減らしたいと当社の判断で決めた。余計なニュースが起きないようにということで国からの要請はない」と説明した。作業員の一人は「テロ対策と聞いた。何かトラブルが起きたら、問題になるのを避けるためじゃないのか。東京五輪やパラリンピック期間も、作業自粛になるのでは」といぶかった。休業補償の問題もあった。別の作業員は「休業補償は出ない。作業休止前と再開前は点検になることが多く、これじゃ作業が全然進まないよ」とこぼした。

作業が止まった25日早朝、普段は福島第一や第二に向かう作業員たちの車で渋滞する国道6号をいわきから車で走ると、閑散としていた。少しでも遅くなると、パンもおにぎりも無くなると作業員たちが嘆くコンビニにも人はまばらだった。作業員たちに電話をする。休業補償が出ないため、地方から来ていた作業員は「5月は10連休もあるから、日給の俺らにはきつい」と別の建設現場で働くため故郷に帰っていた。

そしてこの年、東電が事故直後に「隠していたこと」がぽろぽろ表に出始める。4月、東日本大震災発生から2時間半後に、原子炉の水位が下がっていた1号機の核燃料が「約1時間後に剝き出しになる」と予測しながら東電は、政府や福島県に報告していなかったことがわかる。5月には、事故当初、炉心溶融が起きていたのに「炉心の損傷」と東電が説明し続けてきたことについて、姉川尚史原子力・立地本部長は記者会見で「炉心溶融に決まっているのに『溶融』という言葉を使わないのは隠蔽だと思う」と認めた。さらに6月16日、東電の第三者検証委員会が調査結果を公表。清水正孝社長（当時）が、「『炉心溶融』の言葉を使うな」と幹部に指示していたことが明らかになる。そのうえ、東電は4年前の東電事故調の調査で、この社長の指示を把握していながら、報告書に盛り込んでいなかったことも判明する。報告書によると、２０１１年3月14日に記者会見に出ていた武藤栄副社長（当時）に、清水社長は広報担当者を通じてメモを差し入れた。担当者は「官邸からこれ（炉心溶融）と、この言葉は使わないように」と副社長に耳打ちしたという。東電のテレビ会議では当初から「炉心溶融」や「メルトダウン」などの言葉が飛び交っていたが、これ以降、東電は記者会見では「炉心損傷」などの言葉に言い換え、同年5月にようやく1〜3号機の溶融を認めた。官邸の指示について、清水社長は第三者検証委の聴取に「覚えていない」と繰り返し、当時の民主党幹部も関与を強く否定。第三者検証委の調査結果公表から5日後の6月21日、東電の廣瀬直己(ひろせなおみ)社長は記者会見で「隠蔽だった」と謝罪したが、官邸からの指示があったかどうかなどの疑問を残したまま、追加調査はしない考えを示した。福島第一では6月6日、海側を先行して凍結していた凍土遮水壁について、地下水位が下がりすぎて建屋の汚染水が外に漏れないよう(↓巻頭図参照)、全周を閉じずに7カ所を開けて山側も凍結を開始する。

8月19日には、福島県の機械修理会社に勤める50代の男性が、白血病で労災認定された。白血病で認定されたのは原発事故後、2人目だった。

凍土遮水壁の凍結管のバルブの開閉操作をする作業員ら。山側も7カ所を除いて凍結を開始した＝2016年6月6日　写真：東京電力

汗がチャプチャプ口(くち)に――2016年9月5日　作業員（38歳）

9月に入ってまた暑さが戻ってきた。午前中でも30度を超えて体調の悪い人が出る日もあるし、高線量の建屋周りの作業は、放射線を遮蔽(しゃへい)するタングステンベストを着るから大変。作業が終わると、へとへとになる。

最近になって、5キロの軽いタングステンベストが入ってきて助かる。前は13〜17キロのものしかなくて、本当にきつかった。それに、サイズが大きいものしかなくて重く、立ったりしゃがんだりするだけで疲れて、足腰はぼろぼろに。作業が終わると、酒を一滴も飲む気にならないぐらい体がぐったりした。

7月の後半は特にきつかった。全面マスクの中には熱がこもって落ちてきた汗が目に染み、あごにたまった汗がチャプチャプチャプ音をたてて口に入る。敷地はアスファルトで舗装されたり、鉄板で覆われているから余計に暑い。

せめて海風が通ればと思うが、建屋に遮られて来ない。防護服の肘から汗がポタポタたれ、下着まで汗だくになる。靴下までぬれると、汚染の可能性があるので交換させられる。溶接工はさらに大変。大型送風機を回したり、日差しを遮るテントを立てたりしている。

シャワーができたが、一緒にバスに乗って帰る仲間を待たせなければならず、使えない。毎年、熱中症対策にピクルスを作る。そういえば、今年は作らなかったな。

元作業員ら39人、手当未払い訴訟

福島第一は、敷地内の放射線量を低減させ、また雨による地下水増加を抑えるため、地面にモルタルを吹き付けたりアスファルトや鉄板で覆ったりしていた。地面の大半がこれらで覆われたこと、また林立するタンクの照り返しで、作業員の体感温度はさらに増し、熱中症のリスクを高めた。

9月9日には、危険手当が支払われていないとして、元作業員ら39人が東電や元請けの東芝、下請け会社の計6社に対し、未払いの手当約6860万円の支払いを求める訴えを福島地裁いわき支部に起こす。現役の作業員は、仕事がもらえなくなることを恐れ、なかなか声を上げられない。集団での提訴は、原発では初めてだった。

10月31日付の東京新聞朝刊で、東電社員で原発事故の損害賠償業務を担当し、３年前に鬱病と診断された一井唯史さん（35歳）がこの日、東京の中央労働基準監督署に労災申請をするという記事を掲載した。一井さんは２０１１年９月から原発事故で休業や廃業、移転をせざるを得なくなった企業や個人事業主を対象に、多いときで１８０社を担当。一井さんは、「上司から『審査内容や賠償金額は変えられない。とにかく謝れ』と言われた。相手から何時間も怒鳴られ続けたこともある。ひたすら謝って聞くしかできなかったのがつらかった」と訴えた。

「国は賠償支払いを早くするように求めたが、急ぐと審査が雑になり、支払うべきものが支払われないなどの間違いが起き、相手からの苦情が増えた」。２０１３年２月、賠償基準の適用の仕方を社員にアドバイスする担当になった。夜も眠れなくなり、睡眠不足になった。その後、朝が起きられない、吐き気がするなどの症状が出始め、同年９月、鬱病と診断され休職となったという。３年間の休職期間終了が近づき11月５日付で解雇されることも、

1号機の建屋カバーの壁パネルの最後の1枚の撤去作業＝2016年11月10日　写真：東京電力

東電から通知されていた。結局、一井さんの労災は認められなかった。取材をするなかで、他にも事故後、「東電社員として福島に関わる仕事をしたい」と希望して賠償の業務を担当したがその後、鬱病になって休職し、自殺してしまった社員がいることが判明する。事故後の対応や処理業務を任され、強いストレスにさらされている社員は少なくなかった。

福島第一では9月半ばから、1号機の原子炉建屋を覆うカバーの壁面パネルの撤去が始まった。カバーは放射性物質の拡散防止のために2011年10月に設置されたものだった。使用済み核燃料プールから燃料を取り出す作業に向けた準備で、カバー撤去後に瓦礫（がれき）を取り除き、燃料取り出し用のクレーンなどを置くための新しい建屋カバーを設置する。

事故多発！　気の緩み注意――2016年9月25日　ヒロさん（38歳）

しばらく事故やけがはなかったけど、今月に入って3日連続で起きた。暑いときは熱中症も出さないようにしていたのに。

8日には、タンク解体工事の作業員が鉄板を切断中に、電動のこぎりで指2本を切って救急搬送された。9日には工具箱からバールを引っ張り出そうとして、勢いあまって後ろにあった配管とバールの間に指を挟（はさ）み、8針縫う事故が。10日には、鳶職（とび）の人が足場から落ちて捻挫（ねんざ）した。

3件連続したので、朝礼で「指先事故が連発している。手足挟まれとか注意してください」と言われた。そういえば、休憩所のマットの上で滑っておでこを床に打ち、何針か縫った人もいた。事故は気が緩んだり、環境に慣れたりした頃に起きる。急に涼しくなって気が緩んだこともあるのかな。昔よく、鳶のおじいちゃんが、高い所より低い所のほうが気が緩んでかえって危ないと、語呂合わせで「死にごろ」と言っていた。１００メートルとか高い所だと気が張ってるから落ちないが、４メートル、２メートル、５メートル、６メートルなど低い所は気をつけろと。

事故が起きると現場が止まり、みんなに迷惑がかかる。現場に事故はつきものだけど、小さな事故が続き、大きな事故になるのが怖い。最近また、土木や建設現場の経験もほとんどない人が増えたのも気になる。経験が浅い人をいきなり原発に入れるのはどうかと思う。

ヒロさんは悩んだ末、4月以降、関東の仕事を辞め、福島第一に戻ってきていた。いわきで会ったヒロさんが「日本昔話じゃないけれど」と教えてくれた、トビのおじいちゃんから聞いた「死にごろ」の話は、植木の剪定の現場で言われていた言葉だそうだ。3日連続したけがの現場は、タンク解体現場や固体廃棄物の保管施設などまちまちだった。「お盆明けとか休み明けの気の緩みがあり、サマータイムに入るときや戻るときは適応するのに体が1週間ぐらいかかる。慣れたら慣れたで、また事故が起きたりするのだけど……」。現場には少しずつベテランも戻ってきていたが、工事現場にも慣れていないような人が相変わらず入ってきていた。「3分の1とか安い値段で、闇雲に仕事を取っていく元請けがあって、原発に詳しい元請けが仕事を取れない。技術者は日当も高い。それで、作業経験のない作業員ばかりが入ってきて、一から教えろってか。自分でやったほうが早い」。ヒロさんの不満は、たくさん仕事を抱えるベテラン作業員に共通していた。

お守りは金髪の無修正ポスター

トビの話でもう一つ思い出したことがある。元請けの寮に入っていた別の作業員が、福島第一を去っていくトビのおじいさんから「毎日これを拝め。作業が安全に終わる」と引き継いだ物は、外国人女性のヌードの大股開きの無修正ポスターだった。「開いてみて、なんだこれって！　こりゃどうしたらいいんだって。捨てるわけにもいかないけど、誰にバトンタッチすればいいのか……」。その作業員は大笑いしながら困った顔をして見せる。ポスターは飾るわけにもいかず、お風呂用具の後ろにたたんで置いてあるという。他の作業員にも聞くと、どうやら「男性の一人暮らし」を終え、福島第一を去る先輩から、故郷の家に持ち帰れない、電動こけしやらインドのバイアグラなど、いろいろな置き土産があるようだった。それにしても、その作業員も現場を去った後、ヌードポスターはどうなったのか。今はどこの現場の安全を守っているのだろうかと、ふと思う。

溶接工の男性、白血病で東電と九電を提訴

11月22日、前年10月に事故後初めて白血病で労災認定された北九州市の溶接工男性（42歳）が、東電と九州電力に計約5900万円の損害賠償を求める訴訟を東京地裁に起こす。男性は2次下請けの作業員として、2011年10月～13年12月に九電玄海（げんかい）原発（佐賀県）や福島第一と第二で、主に溶接を担当し、計19・78mSvを被ばく。福島第一では4号機原子炉建屋カバーの設置作業をした。三つの原発で働き、家に戻って1カ月も経たない14年1月に、急性骨髄（こつずい）性白血病と診断された。

白血病で死ぬかもしれないという不安から鬱病も発症し、鬱病でも労災認定された。

この夏に、男性に話を聞こうと九州へ飛行機で飛んだ。自宅を訪ねると家族みんなで迎えてくれた。小学生の息子3人がいる仲のいい家族だった。男性は黒いTシャツを着て金のネックレスをつけていた。部下の面倒見のいい兄貴肌だというが、明るくて愛らしい妻には頭が上がらないようだった。ダイニングテーブルに男性と斜め対面に座る。「今も息苦しくて眠れず、ふさぎ込んで外出ができない」。男性は白血病の再発の恐怖を抱えながら、今も鬱病の症状に苦しんでいた。

男性が福島第一に行けるメンバーの名簿を出してくれ、と社長に言われたのは2011年春。部下14人を選出した。部下たちのほとんどが男性についてきてくれたという。家族には反対されたが、男性は「自分が役に立てるなら」と引き受けた。「特攻隊みたいな気持ちだった。被ばくで自分がどうなるとは思わないから、怖いとは思わなかった。下の子はまだ保育園だった。親は心配して最後まで『行くな』と言っていた」

その年の10月、まずは福島第二に入る。福島第二では、津波対策で建屋の大物搬入口のシャッターから水が流入しないようにする工事を担当した。内部被ばくは200cpm(カウント・パー・ミニット)だったが、上司に「これ(この数字)は切り捨てだ」と言われて驚く。放射線管理手帳には、内部被ばくは「なし」と記録された。その後、玄海原発の定期検査で、原子炉建屋で腐食(ふしょく)した配管の取り替えをした後、2012年10月から、下請けを連れて福島第一に入る。そろそろ家族の元に帰りたいと思っていたが、自分だけ行きたくないとは言えなかった。

福島第一では、4号機の原子炉建屋カバー設置作業が担当だった。敷地はまだ瓦礫だらけで、高線量の瓦礫には赤いスプレーで線量が書かれていた。溶接工の男性は、750トンのクレーン設置のための走行路を造る鉄板溶接や、クレーンの架台(かだい)設置工事を任された。放射線量はまだ高く、全面マスクに防護服を2枚重ね、その上にタングステンベストを着用。だが数が足りず、タングステンベストを着ないで作業をする日もあった。その後、3号機のエレベーター設置のための作業などに関わった。13年12月に入り、現場でけがが続いて宿舎待機に。さらに危険手当の支払いが「ピンハネ」されていたとわかり、九州に引き上げた。

体に異変が起きたのは、九州に戻ってすぐだった。咳(せき)が止まらなくなり、37度の微熱が続いた。息苦しく体力が続かない。そんななか、原発退域(たいいき)のための電離健診を受けた病院に呼び出され、「白血病かもしれない」と告げられる。紹介された病院で、急性骨髄性白血病と診断された。「うそやろって思った。目の前が真っ暗になった。子どもたちもまだ小さいのに、何で自分が死ななきゃなんないんだと思うと、涙があふれた」

男性の白血病は、遺伝性でもウイルス性でもなかった。入院後、抗がん剤治療で髪が抜け、高熱と吐き気が続いた。「何もかもが灰色に曇って見えた。当時、保育園児だった子のランドセルを背負う姿が見られないと絶望した」。ひどい口内炎で食事も出来ず、免疫力が落ちて口内の細菌に感染し、歯を何本も

福島第一原発の収束作業にあたる溶接工男性。身につけなくてはいけないタングステンベストは数が足りず、着用していない＝2013年2月（本人提供）

抜いた。食べ物のにおいが生ゴミのように感じた。腹痛に七転八倒し、下痢で一日40回ぐらいトイレに行った。「幼い3人の子を残して、自分がおらんようになったら……。何が何でも生きなくては」。だが思いと裏腹に免疫力は落ちていった。

骨髄移植の後、敗血症（はいけつしょう）を起こし、41度の熱が続き、一時は危篤状態に陥る（おちい）。「真夏なのに、電気毛布がないとガタガタ震えて。もう生きていけないと思った。このまま弱って死んでいくのかと……」。当時を思い出して男性の声がしめった。その時、隣の居間で何個目かのアイスを食べていた小学生の息子が、父親のそばに来て真剣な顔をして「やめてよ」と強い声で父親の話を遮る。はっとして、「ごめん、お父さんにつらい話をさせて」と謝る私の前で、妻が涙ぐんだ。

辛い闘病のなか、男性は医師に頼む。「先生、家に帰らせてくれ。もう助からない。死ぬなら、子どもたちと過ごしたい」。医師はその時、大声で男性を叱り（しか）つけたという。「治りますよ！　いいほうに絶対行くと思う」。医師の声の強さに、男性は「もしかして生きられるかも」と一筋の希望を見いだす。「家族を残して逝ける（い）か。何としてでも回復しなくては」と力を振り絞り、吐き気と闘いながら、何か口に入れようともがいた。味噌汁を30分かけて飲んだこともあった。

今は症状が治まり、がんが縮小または消失する「寛解（かんかい）」の状態となった。だが再発の怖れは消えず、3人の子を残して死ぬかもしれないという恐怖は、その後も男性の心に重くのしかかった。気持ちの浮き沈みが激しくなり、眠れなくなった。鬱病だった。溶接工の仕事にも復帰の見通しは立たない。鬱病の労災も認定されたが「労災が認定されなかったら、家族の生活はどうなっていたかと思うとぞっとする」と男性は言う。男性の労災認定の時、「科学的に因果関係は立証されていない」と記者会見で繰り返した厚労省や、その労災認定後、「労災認定はされたが、科学的に因果関係がないので安心してください」と書かれた作業員へのアンケート結果をまとめた冊子を福島第一に通う作業員がもらったと聞いたときは、強い憤(いきどお)りを感じたという。「現場で働く作業員に、労災認定されても因果関係はないから安心しろって言っているんですよね。国や東電の姿勢が出ている」

「今は元気になったから、後悔していないって言えるけど、もしいいほうに向かっていなかったら。夫がいなくなったらと思うと、毎日が怖かった」と妻の目から大粒の涙が次々こぼれ落ちる。夫が危篤状態になったとき、無菌室の中に入れない子どもたちがガラス越しに「お父ちゃん、お父ちゃん」と呼んでいた光景が忘れられない。そんな思いは二度としたくない、もう耐えられないと、きっぱりと言う。

3、4時間話を聞いただろうか。その後、家族みんなで、私を車でホテルまで送ってくれる途中、一緒に食事をした。「そんなに頼んで、食べきれるか」「食べきれる」という父子の賑(にぎ)やかなやりとりを見ながら、家族の平穏を祈らずにはいられなかった。

2016年に入って、大きな地震が続いた。4月には熊本で阪神大震災と同規模のマグニチュード(M)7・3の大地震が発生。11月22日午前6時ごろには、福島沖を震源とするM7・4の地震が発生する。その朝、携帯電話のけたたましい音で目が覚める。東北の地震を知らせる上司からの電話で、仙台で140センチ、福島第一、第二に100センチの津波が到来していた。すぐに作業員たちにLINEを入れる。電話がつながったのは、福島第一に作業員を派遣している「東北エンタープライズ」の名嘉幸照会長（75歳）。名嘉さんはいわき市内の自宅で強い揺れを感じて目が覚めた。すぐに社員に連絡。すでに4人が福島第一に向かっていた。緊急事態が起きたときは、登録している作業員は、福島第一に駆けつけるルールになっているという。

名嘉さんの自宅は高台にある。海に近い小名浜の人たちが逃げてきて、家の周りは車でいっぱいだった。ガソリンスタンドには車の列が出来ていた。東日本大震災の時、ガソリン供給が断たれ、避難できなかった人や、途中で車を乗り捨てるしかなかった人が少なくなかった。その時を思い出し、みながガソリンスタンドに並んだ。「港の船は沖に避難して大丈夫だった。5年前を思い出してしまった」。名嘉さんの少し興奮した声が電話口から流れてきた。

福島第二では、この地震で3号機の使用済み核燃料プールの冷却が、1時間半にわたって停止する。揺れで水位計が水位低下と判断したために止まったもので、故障ではなかったが、その一報を聞いたときはひやりとした。早朝から福島第一に入った作業員は、津波の怖れがあると免震重要棟で待機していた。福島第一に向かう途中だった作業員は「無事です。どこの道路も大渋滞になっている」とLINEを送ってきた。

配管工のキーさんは、タンク解体の仕事を終え、福島第一を一度去っていたが、今度は別の元請けの下に入って、福島第一に初めて入ってくる作業員への講習の講師を担当することになった。暇でしょうがないというキーさんといわきで会う。「こっち来てから契約書出されて、講師だから日当が1万円とかそこらしか出ないって聞いて、びっくりこいたよ。来た以上、ケツまくって帰れねぇけどよ」。相変わらず、キーさんの会社の契約はいい加減だった。キーさんが担当するのは、新しく始まった講習で「危険体感訓練」。安全帯をつけて吊(つ)るされる体験や、男性一人に見立てた75キロの砂袋を4メートルの高さから落として、安全帯がなくて落下するとどうなるかを示したり、安全帯は腰骨の位置に装着するが、腹部につけてしまっていると、落下したときに鬱血(うっけつ)したり、命に関わったりすることを、実際に見せて体験させる1時間半の講習だった。内容は、実際に福島第一で起きた死亡事例や事故を参考にして作られていた。「安全帯って言っても絶対安全じゃないからね。でも唯一命を守るものだから。かなりまじめにやっているよ。繰り返しやって、もうセリフ覚えちゃったよー」。不満そうながらも、キーさんの声は元気だった。

「ポケモンGO(ゴー)」で起きた奇跡――2016年12月5日　ヒロさん（38歳）

イチエフで働くために単身赴任していて、家には月に一度しか帰れない。事故後に生まれた息子と一緒に暮らせたのも、イチエフを離れた一時期だけ。ずっと家にいなかった父親を息子は「パパいらない」と嫌がった。懐いてもらえないまま、この春から再び福島に。ところが、スマートフォン向けゲーム「ポケモンGO」で奇跡が起きた。

流行(はや)りだからと始めてみたが、帰ったとき息子に手に入れたポケモンを見せると、「こんなにいっぱい」と目を輝かせた。それ以来、帰ると飛んでくるように。東北沿岸部に珍しいポケモンが出ると話したら、息子が「パパの所に行く」と言い出し、家族で遊びに来ることになった。

今ではすっかり懐いた息子に、ポケモンになぞらえてイチエフの仕事を説明している。放射能は

「見えないお化け」、原子炉建屋は「お城」で説明。「お化けだらけのお城があって、パパはそこでお化けを捕まえたり、お化けが怒らないようにお引っ越しさせたり、（使用済み核燃料）プールから吊り上げる準備をしているんだよ」という具合に話す。

「えーっ。お化けついてきてないの？」と聞くから、「出てくるときに検査するから大丈夫」と答える。「どんなお化けなの？」という質問には、「見えないし、みんな怖がるけど、いっぱいいるとピュイーン、ピュイーンって（線量計の）音がするよ」と返す。

イチエフのことは世間から忘れ去られているが、今は息子がポケモンに興味がなくなる日が怖い。

スマートフォン向けのゲーム「ポケモンGO」で、ゲーム内で捕まえるポケモン（ポケットモンスター）が、原発にも現れると聞いて驚く。福井県の高速増殖原型炉「もんじゅ」や、関西電力高浜原発など、各地の原発にポケモンが出現。作業員たちに聞くと、なんと福島第一でもそれほど珍しいキャラクターではないが、出ていたという。東電は福島第一、第二、柏崎刈羽（新潟県）の3原発のいずれかで、ポケモンの出現を確認。作業員らに構内でのスマホの使用を禁止し、ゲームの開発会社に出現させないように申し入れたと7月に発表。政府も、福島第一の避難区域でキャラクターを表示しないように削除要請をする事態になっていた。

そんななか、ヒロさんには奇跡が起きていた。「パパいや」「パパいらない」と泣いて父親を拒否していた4歳の息子が、父親が捕まえた大量のポケモンを持ち帰ると、飛んでくるようになったという。この日、いわきの待ち合わせ場所に来る前にも、ヒロさんはポケモンが出る場所に立ち寄り、捕まえてから来た。「息子がすっかり懐きましたよ」。うれしそうに言うヒロさんのスマホを見せてもらうと、たくさんのポケモンが捕獲されていた。「お父さんのポケモンは自分のものって思っているから」。ヒロさんがくすぐったそうに笑う。この頃、ヒロさんは仕事が終わって疲れていても、体にむち打ってアイテム（道具）をもらえるポケストップやポケモンが出る場所を回っていた。「ラプラスっていうレアポケモンが東北沿岸部に出るんです。このあいだは、わざわざ海岸沿いまで行ったのに、いなかった」。今度は実に残念そうな顔をする。禁止されるまでは、福島第一の移動中のバスの中でもアイテムをゲットするのに毎日精を出していた。「『パパ嫌い』だったのが、『パパの所に行く』になって。急きょ、休みにこっちに来た。小名浜のアクアマリンに行って大興奮してた」。その後、福島第一では「ポケモン禁止」のポスターが貼られた。

他の作業員に取材すると、「ガソリンスタンドの所にポケストップがあった」「現場監督がゲットしていた。実は僕も捕まえた」と福島第一にポケモンが出ていたのは、みんな知っていた。1週間ぐらいで出なくなったらしい。小名浜に珍しいキャラクターが出たときは、人が集まるなかで、顔を合わせる作業員も。事前に「会っても声掛けないでね」と打ち合わせていた作業員もいた。

冒険ものの絵本のストーリーのように、ポケモンになぞらえ福島第一について息子へ語ったという話を聞きながら、ヒロさんとその家族のために、ヒロさんの息子のポケモン熱が一日も長く続くように、心の中で祈った。

避難していた作業員たちにも、いろいろ変化が起きていた。地元下請け企業の幹部で作業員のノブさんは、会社の寮が場所を変えるタイミングで、新しい寮の近くの復興住宅に入った。近くに家を建て、遠くに避難していた家族も来春には引っ越してくる予定だった。長女は中学生になっていた。子どもたちと一緒に暮らせるのは、高校生までと考えると、事故後5年間、家族とほとんど一緒に暮らせなかったノブさんにとって、これからの時間は貴重だった。これで、福島第一に通える家で家族と暮らせるようになるが、いつか双葉郡の故郷に帰りたいというノブさんの気持ちは変わらなかった。

11月15日、福島県から横浜市に避難してきていじめを受けた中学1年の男子生徒の手記が公開された。「ばいきんあつかいされて、ほうしゃのうだとおもっていつもつらかった」「でも、しんさいでいっぱい死んだからつらいけどぼくはいきるときめた」。この記事を読んだノブさんから、電話が掛かってきた。「生きることに決めたって。涙が出た。それ以来、その子の言葉がずっと頭の中にある」。ノブさんの声は震えていた。福島県内でも賠償金が出たり出なかったりの違いで、いじめが起きたり、それが辛くて不登校になる子どもたちがいた。ノブさんの頭の中に震災後のことが、走馬燈（そうまとう）のように巡ったという。その後、原発事故で県外に避難した子どもたちに対する学校でのいじめが次々発覚する。

3号機の燃料取り出し用カバーの部材を海上輸送し、福島第一原発に搬入する作業員ら＝2016年12月20日　写真：東京電力

12月16日、甲状腺（こうじょうせん）がんで初めて作業員が労災認定される。40代の東電男性社員だった。男性は1992年から2012年まで、原子炉の運転・監督業務に従事。福島第一の3、4号機の運転員を務め、1、3号機の水素爆発にも遭遇していた。累積被ばくは149・6mSvで、そのうち139・12mSvは事故後だった。

12月に入り、2カ月前に定期検査で停止した九州電力川内（せんだい）原発1号機（鹿児島県）が再稼働し、稼働している原発は前年10月再稼働の川内2号機と16年8月再稼働の四国電力伊方（いかた）原発3号機（愛媛県）と合わせて3基になった。そして21日、政府は、高速増殖原型炉「もんじゅ」を廃炉にすることを決める。

12月9日、経済産業省は財界人らでつくる「東京電力改革・1F（福島第一）問題委員会」を開き、福島第一の廃炉や損害賠償、除染にかかる費用を21兆5千億円とする試算を示した。2013年にまとめた11兆円の2倍となるその内訳は、廃炉費用が4倍の8兆円になったほか、被災者への賠償7兆9千億円、除染費用4兆円、中間貯蔵施設の建設費1兆6千億円。同省は膨れあがった費用を、東電の経営努力のほか、電気料金の上乗せなどの国民負担で回収する方針。今後もさらに増える可能性があり、国民負担の上限は見えない。また政府は除染費用を東電に負担させる原則を転換。帰還困難区域の除染に国費を投入し、17年度予算で300億円を計上することが決まった。そして27日、東電は賠償や除染費用のため、原子力損害賠償・廃炉等支援機構に7078億円の追加支援を申請したと発表した。同機構によると、2020年1月現在、東電への原子力損害賠償のための支援枠は約11兆3500億円で、9兆1512億円を公布した。

「お疲れさま」Jヴィレッジ——2016年12月18日　ヒロさん（38歳）

原発事故後、イチエフに向かう前線基地だったサッカー場のJヴィレッジが、年末で役目を終える。初めてイチエフに来た5年以上前から、毎日通っていた。以前は防護服などをもらって着替えたり、車の汚染検査をしたりしてもらった。イチエフに向かうバスに乗り換えるのも、ここだった。11月に閉まった売店のおばちゃんがしていた猫の餌やりは、掃除のおばちゃんが引き継いだ。掃除のおばちゃんもいなくなるとき、7、8匹いた猫は何人かにもらわれていった。

事故直後、作業員や自衛隊員らが懸命に作業をする姿を報道で見て、自分も役に立ちたいと福島に来た。自衛隊のヘリや装甲車も止まっていて、「すごい所に来た。最前線だ」と思った。みんな白い防護服を着ていて物々しく、覚悟して来たけど怖かった。袋に入った使用済み防護服が、山のように積まれていた時期もあった。

イチエフに作業員を運ぶバスは、いまでこそ観光バスのような大型バスになったが、以前は大半がひと回り小さいバスだった。疲れているのに座れないと、立ったまま眠りながら帰った。

5年で高速道路が開通し、一般の人も立ち入れる場所がどんどん増えた。状況が改善されたのを感じると、収束作業に来てよかったと思う。Jヴィレッジとの別れは寂しいけど、元通りになっていくのはいい。建て直しのための寄付金を集めているから、自分も出したい。ありがとう、お疲れさまという気持ちを込めて。

7章　イチエフでトヨタ式コストダウン　——2017年

ヤツが心を入れ替えて帰ってきた――2017年1月23日 ノブさん（46歳）

新年会をかねて、社員を旅行に連れて行った。福島第一原発事故からもうすぐ6年になるが、事故後いろいろ我慢して頑張ってくれた社員に何もできなかった。小さい会社だけど、少しでも何かしたいと思い、家族や彼女も連れておいでと家族ぐるみの旅行にした。

この旅行をまとめてくれたのが期間契約の社員。こいつは2、3年前、パチンコにはまって仕事を無断欠勤したまま失踪（しっそう）して、1週間かけて捜してクビにした。そいつが一文無しになり「自分に悔しい。絶対頑張ります」と戻ってきた。ダメだと言うと、「チャンスください」と頭を下げる。周りは心配したが、もう一回やってみないとわからないと思った。

でも雇うには会社としての信用もある。上の会社の人に「もし問題起こしたらあなたの会社も撤退するのか」と聞かれた。「俺を頼りにしてくれてきた。かっこつけるわけじゃねぇですけど、頼ってきたヤツは見捨てられない」と言った。

そのやりとりを見て、そいつが変わった。俺が毎朝、寮に迎えに行くこともあるが、一日も休まず、遅刻もしない。仕事も真剣。もともと腕のいいやつだったから、仕事が楽になった。

このままいくと正社員にできる。頼ってきてくれたときはうれしかった。寮でもみんなをまとめてくれて助かる。俺に怒られて、毎日涙を流していた若手もずいぶん成長した。人間は変わることができる。変わるから面白い。

地元の小さな下請け企業幹部で、作業員でもあるノブさんにとって、会社の部下や同僚はみんな家族だった。地元の人がよく来る路地奥にある鮨屋で会う。古民家のような造りだが、意外と広い。完全な個室ではないので、もし原発関係の人が来たらと気になったが、ちょうどこの日は空いていた。「事故後、5年間、社員に何もしてあげられなかったから」。年末年始どうしていたかと聞くと、温泉宿で催したという新年会の話になった。家族も恋人も呼べというのがノブさんらしい。社員もその家族もほとんどが参加した。驚いたことに、以前、パチンコにはまって辞めた男性が戻ってきているという。「心入れ替えて帰ってきた。遅刻も無断欠勤もない」とノブさんは目を細める。笑うといっそう人の良さが出る。責任をもって面倒をみると約束したにしても、幹部自らその社員を毎朝迎えに行くというからまた驚く。「見捨てたら路頭に迷うでしょ。そんなところ見たくない。それに、自分がいい加減だったときのこと思い出すとね」。ノブさんの目尻に寄った笑い皺が、実にうれしそうに見える。「帰ってきて正解。よかったよ」

人と話をするのが苦手な社員もいた。会話のキャッチボールが苦手で、どうも話が続かない。そのうえ、人を遠ざけようとする。それでも、ノブさんは放っておかなかった。「しゃべらないと伝わらない。他の人はわかってくれないぞ。自分のこと伝えたかったら、俺にはしゃべれ、いつまでも守ってやれないぞって、言い続けた」。そのうち、その若手が少しずつ話をするようになってきた。「若いやつが辞めないように怒らない親方もいるけど、俺がいなくなったときや死んだりしたときに、そいつらをかばうやつがいなくなったら、どうなるのかって思うと、俺は言うべきことは言おうと。俺がいなくても、一人でやっていけるように変わってくれたら、俺はうれしい。人間は変われるし、変われるから面白い」。ノブさんの話を聞いていると、救われる気がする。取材というよりも、一人の人間として教えてもらっているのだと思う。帰り際、ノブさんから言葉をかけられてうろたえる。「ありがとうね。福島のこと忘れず、ずっと来てくれて」

前年末、福島第一原発から22キロ離れた広野町で、事故後も患者の命を考え、避難をせずに、治療を続けてきた高野病院の高野英男院長（81歳）が自宅の火事で亡くなった。事故後、30キロ圏内で唯一診療を続けた病院だった。周辺の病院が閉じ、避難で医師や病院スタッフの人数が減るなか、病院に何日も泊まり込み、一人で病院を支えてきた医師だった。原発事故から6年。院長の疲労は、とうに限界を超えていた。「どんなときでも、自分のできることを粛々と」。それが患者に信頼され、慕われた院長の口癖だった。原発事故後、救急病院が周辺になくなり、福島第一の作業員たちも、現場でけがをして高野病院に搬送されてきたり、敷地内の福島第一の医務室にかかると、仕事がもらえなくなると怖れた作業員が病気になったときに、夜間外来で訪れたりしていた。

被ばく線量と体重ばかり増え――2017年2月19日　トモさん（51歳）

3年前、イチエフに来たばかりのとき、敷地内ですれ違った60歳前後のおじさんが「結局、残ったのはぜい肉と（被ばく）線量だけだ」と、仲間にため息交じりに話していたのが、強烈な印象として残っている。あのときは笑っちゃったけど、今は笑えない。

イチエフの作業は被ばくするから、他の建設現場に比べて働く時間が短い。敷地内の移動も車で、ほとんど歩かない。宿舎に帰ってからの時間も長い。夕方早い時間に帰って、風呂に入ってビールを飲んで、食事の後また部屋で酒を飲んで……。だからみんな太る。高線量下の作業は、放射線を防ぐために、5～十数キロあるタングステンベストを着るから、夏は特につらい。汗だくで1～2時間の作業後に休憩を挟んで、2回目の作業をしたら、帰って酒を飲む元気もない。生あくびが止まらなくなり、栄養ドリンクを飲んでも効かない。こんなつらい思いもしているのに。ストレスでも食べてしまう。平日はイチエフと宿舎との行き来だけ。帰ると男ばかりの宿舎に缶詰めで、同僚と作業現場も食事も風呂も一緒。それに仕事が減ってくると、業者間で仕事の取り合いが水面下で始まる。仕事のあるなしで急に呼ばれたり、クビになったりするし、今後は高線量下の作業が増えるから、被ばく線量の上限との関係で、現場にいられなくなるかもしれないと戦々恐々としている。

俺は、パチンコや女の人にはまったわけじゃない。でも仕事が無い時期もあるから、金は全然たまらない。被ばく線量と体重ばかり増えていく……。嫌だ、嫌だ、あのおじさんの言う通りになっちゃった。

一度仕事が切れて、福島第一を離れていたトモさんも、東京の仕事から戻ってきていた。ストレスが溜まると、食べることに逃げてしまうというのは、トモさんに限ったことではなかった。「みんな太るんだよね。10キロぐらい」。いわき駅前の若い店長が仕切る居酒屋で、トモさんは苦笑交じりのため息をつく。仕事があるときは急に呼ばれ、口もきけないぐらい忙しくて毎日ぐったりする。それなのに仕事が無いと、すぐに解雇されるという生活が繰り返されていた。

この日は、作業班のまとめ役をしていたトモさんから、また解雇されることが決まったと連絡を受け、会う約束をしていわきに来た。「クビになったのは、競合する同業者に仕事を取られたから。現場のこともよく知らないのに、こそこそ陰で上にすり寄りやがって。ふざけんな」。のっけから、トモさんは顔をしかめ、悔しそうに息を吐き出す。どうやら技術の高さより、上の会社に気に入られるかどうかで、仕事を別の業者に取られたようだった。

トモさんはこれまでも解雇されて2週間後に、上の会社から「また来てくれないか」と呼び戻されたこともあった。「今回来たときも、しばらく仕事があると言われたのに、全然話が違うんだよね。東京に戻るに戻れない。仕事断ってきたのに」。今回仕事を取られたという下請けは、福島第一に参入するときに、トモさんが口利きをしたいきさつがあった。「やられたよ。ずっとそんなことばかり。あまりに酷くてつい食べてばかりで、体重増えて。ちょっと炭水化物抜きダイエット頑張ったけど、また太るんだなー。ストレスで東京に帰ったときに家族に当たっちゃうし。イチエフで働くって意味、俺わかってなかった」。役に立ちたいと福島第一で働くことにこだわってきたトモさんの不満が、テーブルの上で爆発する。

仕事が無いときの下請け同士での仕事の取り合いは、熾烈な闘いになる。いかに元請けや1次下請けの機嫌を取るかが大切で、飲みやゴルフなどの付き合いや接待はもちろん、社長の家の草むしりやペットの世話、社長の家族のために車を出すなど、あの手この手で仕事を取りにいくという。

技術の高さと仕事で勝負しようとしてきたトモさんが嫌になるのも理解できる気がした。

「技術も経験もないところが仕事を取って、結果、工事がどうしようもなくなって、その後始末にまた呼ばれる。ごまかせと言われるときすらある。おかしいだろうと言うのも、もう疲れた。言われた通りすれば上から好かれて、また仕事がもらえる。そうしてりゃいいんだって、自分に言い聞かせるけど……」。その場しのぎばかりの現場に、トモさんは心底うんざりしていた。「働く俺らの被ばく線量のことも考えてくれない。毎回クビになったって言いながら、家に帰るんだよね。ほんと、残ったのは線量と体重だけだよ」

3号機で初めてデブリを捉える

福島第一では、年が明けて、3号機で使用済み核燃料プールから燃料を取り出す作業に向け、取り出し用の屋根カバーの設置工事が本格的に始まっていた。そして2号機の原子炉格納容器内の調査では、ロボット投入のための準備が進んでいた。1月30日のカメラ調査では、圧力容器の下に黒っぽい堆積物（たいせきぶつ）が見つかり、これまで2号機で存在をつかめていなかったデブリ（溶け落ちた核燃料）ではないかと調査の進展が期待されたが、デブリそのものは確認でき

3号機原子炉建屋の使用済み核燃料プールからの燃料取り出し用カバーの設置作業＝2017年2月7日　写真：東京電力

なかった。東電は撮影画像を分析し、最大毎時５３０Ｓｖ（シーベルト）を推定したと発表する。推定とはいえ桁違いの線量で、カメラも2時間で故障する。さらに2月の調査で、最大毎時６５０Ｓｖを推定する。調査結果が判明した後、以前、内部調査のために2号機の格納容器穴開け作業に携わった地元作業員のセイさんに会いに、いわきに行く。「単位はｍＳｖ（ミリシーベルト）じゃない、（1千倍の）Ｓｖ（シーベルト）。高いとは思っていたけど、人間が死ぬどころじゃない。でも、初めてここまで格納容器内の様子がわかり、画期的だった」。セイさんは、調査が進んだことに声を弾ませた。７Ｓｖ浴びれば人は確実に死亡するといわれるが、毎時６５０Ｓｖは約40秒でこの被ばく線量に達するレベルだった。

　調査のために開発された自走式のサソリ型ロボットは、堆積物付近で動かなくなり、回収できなくなった。「開発費用は十数億と莫大。初めてのことだから。改良してまた作るにしても時間がかかる。いずれにしても線量との闘い。遠隔操作をするにしても、ロボットを進入口まで運ぶなど、いくつかの作業は人間が近づかないとできない。何度も訓練して、いかに短時間で出来るかが勝負。初期は３ｍＳｖに設定した線量計が1分ももたずにパンクしたこともあった。1週間で15ｍＳｖを超える被ばくをした作業員もいた」とセイさんは思い起こす。中の様子がわからない状況下でのロボット開発は、困難を極めた。3月には1号機の調査で、格納容器底部に溜まった汚染水から最大毎時７・４Ｓｖが測定される。鮮明な画像が得られるが、デブリの確認はできなかった。そして７月、３号機の格納容器内の水中ロボット調査で、圧力容器下部でデブリとみられる黒い物質が複数確認される。初めて捉えられたデブリの姿だった。

「自主避難者」の住宅無償提供打ち切り

事故から6年経ち、避難指示が次々解除される。国は避難を終わらせ、「原発事故」を終わらせようとしていた。3月31日に浪江町、川俣町、飯舘村、4月1日に富岡町の4町村で一部を除き避難指示を解除した。原発立地地域の大熊町と双葉町は全域が避難指示区域のまま、また両町を含む計7市町村の帰還困難区域は避難指示が続く。しかし、すでに解除された地域の帰還率は、2月の時点で対象地域がごくわずかだった田村市の72％以外は、楢葉町で11％、葛尾村で9％、川内村で21％、南相馬市で14％と低かった。さらに3月末で、避難区域外から避難する「自主避難者」の唯一の拠りどこ

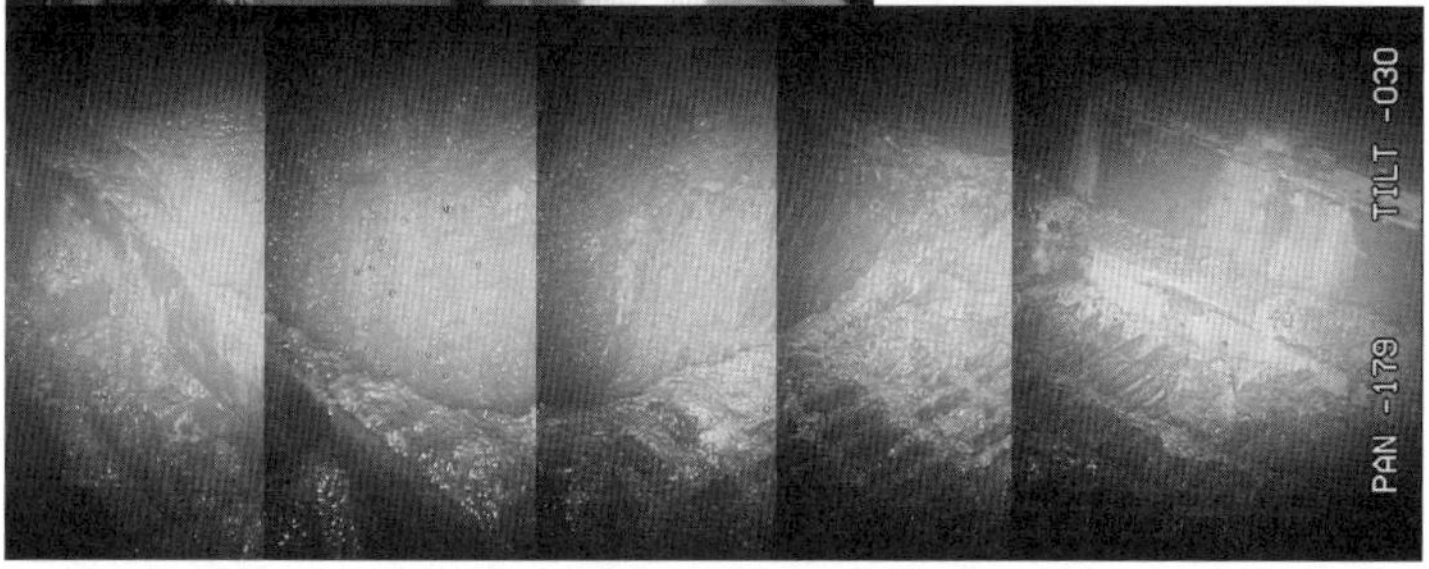

〈写真上〉2号機の格納容器内調査で、撮影カメラが先端に付いたパイプを格納容器に挿入する作業員＝2017年2月9日　写真：国際廃炉研究開発機構（IRID）
〈写真下〉2号機格納容器内の調査で撮影された画像。足場が縦横1メートルにわたって脱落。溶け落ちた核燃料によって生じた可能性がある2017年1月30日　写真：国際廃炉研究開発機構(IRID)が合成

ろである福島県の住宅無償提供が打ち切られる。独自に住宅支援策を打ち出す自治体もあったが、支援の幅は避難先によって変わった。この無償提供打ち切りは、福島で働く夫と離れて母子避難をする家族など、6年間ぎりぎりの生活を続けてきた避難者をさらに追い詰めた。そして各地の地方議会が、国などへ支援継続を求める意見書を続々と可決する。

　地元作業員のノブさんは、次々避難指示が解除されることに、複雑な思いでいた。「電気と水などライフラインがつながったってことだろうけど……。国は帰還する準備が整ったっていうけど、何が整ったのか。除染しきれないのは、初めからわかっていたはず。空間線量が落ちたというけど、問題なのは汚染。避難指示が解除されても、住民が戻ってこない。しかも小さい子どもがいる若手が戻ってこないなか、高齢者だけが帰っている」。福島第一での作業後、夜にノブさんと居酒屋で待ち合わせる。「復興住宅に住んでいて、子どもの声が聞こえるとうれしいですよ。だけど故郷の町では、避難解除されても子どもの声がしない」。自分自身も事故後の6年で、わずかな時間しか家族と一緒に暮らせていないことに、忸怩（じくじ）たる思いがあった。

「時々家に帰ると、あれ、息子の背が伸びた、とか思う。事故直後は、地元の人間だし、福島第一を何とかしなきゃと思って必死だったけど、この6年間でいろいろ犠牲にしてきた。朝、家を出て夕方帰るという仕事を選んだはずなのに、それができなくなった。子どもたちに我慢させたことが、心にずっと引っかかっている。この生き方を続けていいのかって最近思う。父ちゃんが子どもたちにかっこいいこと言えるのは、働いているからだけど、イチエフで仕事するために一緒に暮らせなかったのが、悔しくて、悔しくて」。ノブさんの声が震える。タバコに火を付け、一口飲んで自分を落ち着かせ、ノブさんは故郷の話に戻る。「故郷にね、若いやつが戻らなくて高齢者だけが戻ったら、そのケアを誰がするのかって。それに、いまだに汚染が高くて除染しているのに、帰還しろと言われたって、子どもが安心してはしゃいだり遊んだりできない場所に連れて帰れない。国会議員も自分や家族がいたらどうかって考えてほしい。賠償金打ち切りたいとか、金の問題で帰れと言っているのかもしれないけど、問題は国が避難者のことを本気で考える心がないこと」

そしてこの後、巨額が投じられた除染で、相次いで水増し請求などの不正が発覚する。

3月17日、福島県から群馬県などに避難した住民ら137人が、国と東電に計約15億円の損害賠償を求めた訴訟の判決で、前橋(まえばし)地裁は「東電は巨大津波を予見しており、事故は防げた」と判断。東電と安全規制を怠(おこた)った国の賠償責任を認め、原告のうち62人に計3855万円の支払いを命じる。この時点で、全国で約30件ある集団訴訟のうち、これは最初の判決だった。

地元の漁師と交流――2017年7月16日　チハルさん（43歳）

イチエフにいたときは、週末によくいわき市内の立ち飲みそば屋に通った。昼から焼酎や日本酒が飲めるけど、食事メニューはそばと定食のみ。地元の漁師さんたちがたむろしていて、顔を出すと「俺の持ってきたやつ出してくれ」と店の人に言って、朝、試験操業で獲(と)った魚などを振る舞ってくれた。

カレイや赤貝の刺し身、シラウオ、イクラのしょうゆ漬け……。タコの刺し身はうまかったなぁ。

関東から働きに来ていると話したら、「住む所あるし、仕事も紹介するよ」と言われて少し心が揺れた。漁師さんたちは毎日店に来ていて、いろいろ話してくれた。ただでさえ訛りがあるので、酔うと何を言ってるのか、わからなくなる時もあるけど。

漁師さんたちの話だと、東日本大震災の時は、揺れを感じたすぐ後に、船を沖に向けて出したという。津波を沖でやり過ごす間、港のほうを見ながら、無事帰れるのか不安だったそうだ。震災後も船を出し、津波で亡くなった人たちの遺体を集めたことも語ってくれた。体の一部しか無かったり、靴だけだったり……。ひどい状態だったけど、2、3日でその状態に慣れてしまったとも話していた。

地元の人たちと付き合いができると、仕事のやる気が増す。一日も早くイチエフを廃炉にしなくてはと思う。一方で、地元の若い兄ちゃんたちが「他に仕事が無いから原発で働くしかない」と話しているのを聞くと、結局、原発に依存しなくてはならないのかと複雑な気持ちになる。

入れ墨の作業員とヤクザの作業員

技術者のチハルさん（43歳、仮名）が関東から福島に来たのは、事故から1年後だった。妻とは「あなたが事故を起こしたんじゃないし、あなたがつくった原発でもない。責任感じることない」とけんかになった。母親はチハルさんが言い出したら聞かないからと、「気をつけてね」と送り出してくれた。中学生だった子どもたちも「1年ぐらいいなくなるよ」と告げたら、泣いていたが黙って送ってくれた。チハルさんは福島第一で1年働いた後、関東の仕事にいったん帰っていたが、前年秋に再び戻ってきていた。

「関東に帰って仕事をしている間も、もう一度、福島に戻りたいと思っていた。妻とはずいぶんもめて、それで離婚にもなってしまったのだけど。それに、福島では放射線量が高くて6年経っても立ち入れない場所があるのに、関東では東京五輪に向けた工事だとか、大型スーパーや商業施設とか。経済効果とか、そんなことやっている場合じゃない。そういう現場で働いているのは空しくて。福島に戻らなきゃと思った。といっても、仕事で呼ばれるまで待つしかなかったのだけど」

チハルさんはこの頃、福島の作業が一段落して再び関東に帰る時期が迫っていた。

「子どもたちの学校があるから、安定した収入がまだ必要。それに建設業も社会保険が義務づけられて厳しくなって、福島第一にスポット（短期）で入る人間や、一人親方が来にくくなってしまった。個人事業主で長年やってきた人は、今さら社会保険に入るのも、と言っている。この問題がなければ、次もまた福島に戻ってくるのだけれど」

作業員にはそれぞれ、福島で行きつけの店があった。チハルさんが2度目の「福島第一」入りとなった今回から通うようになった店は、10人入ればいっぱいになる地元の小さな立ち飲みそば屋だった。そこには、地元の漁師や建設関係のおじちゃんたちが集まり、きつい訛りが飛び交っていた。「店にたまっている人たちの子どもたちも、よく遊びに来ていた。地元の人と仲良くなって、綺麗ごとではない現実を聞かせてもらったのはよかった」

地元商店街の床屋とラーメン屋も、チハルさんの行きつけになった。「初めに行った頃は、地元の人がよく挨拶してくれた。それがうれしくて、また仕事に力が入った。今はイチエフが以前より綺麗になったのもあるし、全体的に放射線量が下がったのもあって、いい意味で最前線感がなくなった。それに今はイチエフがただ稼ぐ場になっている。人が集まらないから仕方がないけれど、それを前面に出されると辛い」

チハルさんは身体に、タトゥー（入れ墨）を入れていた。高校を卒業した頃に、かっこいいと絵柄を選んで入れた。元請けの宿舎では、大風呂に作業員みんなが入る。入れ墨を入れている作業員は思いのほか多く、和彫りに筋彫り、絵柄も観音様や龍など様々だった。「6人に1人とかそんな感じ。現場の仕事はそんなものですよ。原発に限らず建設現場には昔からいる。腕のいい技術者もたくさんいる」

実際、取材した入れ墨をしている作業員のなかには、単にファッションで入れている人もいれば、暴力団関係者もいた。原発で生活してきた50代のベテランは「組関係者で腕のいい技術者はたくさんいて、原発を支えてきた」と説明した。

国際原子力機関（IAEA）の勧告を受け、原子力規制委員会は前年9月、テロ防止のため原発作業員の身元を調査することを決定。この後、福島第一でも身元を確認する書類のほか、犯罪歴や借金の有無、自己申告だがテロ組織や暴力団と関連がないことを誓約する申告書や渡航歴も提出させ、面接を行う。元請けによる身元調査も厳しくなり、暴力団関係者は排除されるようになっていく。

イチエフに外国人労働者

少し前から、避難指示区域の除染作業には、フィリピン人などを中心に、外国人が多く入ってきていた。建設会社がフィリピンから、千人単位で人を連れてきているという情報も入る。実際、除染現場に行くと、女性も含めてかなりの外国人が働いていた。一時期、多い現場だと、外国人が3分の1から半分近くを占めていた。除染作業に下請けで入る企業の幹部は「本国から研修生（外国人技能実習生）名目で連れてきたりしている。日本人は危険手当が出てないとか要求してくるけど、外国人だとそういうことないし、まじめに働くから」と外国人の除染作業員が増えている理由を説明した。原発での作業は除染よりも研修や手続きが多いうえ元請けの審査が厳しいところもあり、働かせにくいという。だが、福島第一にもブラジル人やフィリピン人の溶接工などの作業員が入ってきていた。

日本で長く働く溶接工のフィリピン人男性の話を耳にした。男性は、勤め先の会社に「福島第一で働かないと次の仕事を与えない」と言われ、被ばくを不安がりながらも福島第一で働いているという。男性が福島第一に入った時期は、溶接工が特に足りない時期だった。東電はこの2月、福島第一で外国人技能実習生を働かせないことを関係省庁と協議して、元請けに周知していた。ところがこの年の11月から外国人実習生6人が福島第一の敷地内で、適切な放射線防護教育を受けずに、瓦礫（がれき）や伐採木（ばっさいぼく）などを処理する廃棄物焼却施設の基礎工事などの作業をしていたことが、翌春に報道される。そして除染現場と知らされずに連れてこられ、働いていた外国人技能実習生らが、国会で被害を訴える事態につながっていく。

6月6日、原子力関連施設で、国際評価尺度で「レベル2」（異常事象）とされる事故が起きる。

日本原子力研究開発機構の「大洗（おおあらい）研究開発センター」（茨城県）で、核燃料物質の点検作業で作業員が貯蔵容器を開けたとき、核燃料物質を密封していた容器を二重に包んでいたビニールが膨（ふく）らんで破裂。放射性プルトニウムなどが飛散し、５人が内部被ばくした。26年間未開封で保存され、内部でガスが発生したとみられた。機構は当初、一人の肺から2万2千ベクレルもの放射性プルトニウムを検出したと発表するが、その後の検査では、一部の作業員の尿から検出されたものの、肺からは検出されなかった。今後50年の内部被ばくは一番高い作業員で、１００ｍＳｖ以上２００ｍＳｖ未満と推計された。当初より被ばく線量の推計は大幅に下がったものの、作業員がプルトニウムなどを吸い込むという、まさに異常事態だった。放射性プルトニウム２３９の半減期は、２万４１１０年。人間が生きている時間よりもはるかに長い間、放射線を発し続ける。原発で働く作業員はみな、外部被ばくより内部被ばくを怖れる。それは体内に放射性物質を取り込むと、その後ずっと体内から被ばくし続けるためだった。

ヘリポートようやく、感無量——2017年8月1日　ハルトさん（34歳）

数年ぶりにイチエフに戻って、新しい事務本館や休憩所ができているのを見て、感無量だった。特にヘリポートが敷地内にできたなんて。近くの病院は原発事故後に閉鎖していたから、以前はイチエフで大きな事故に遭（あ）ったり急病になったりしたら、もう助からないと仲間と話していた。これで命が助かる可能性が高まった。

3年前、掘削作業中に土砂の下敷きになった作業員が、病院に運ばれたが亡くなった。この時は救急車での搬送だったが、救急要請から病院到着まで1時間かかった。当時は原発から数キロの所にヘリが発着できるようになっていたものの、救急車を呼び、発着所まで運び、それからヘリで病院へ……。助かる命も助からない。この事故の時は、通報も遅かった。

命に関わることなのに、なぜすぐヘリポートが整備されないのかと思った。いろいろな人が動き、ようやくできたと聞いた。じんときた。

新しい休憩所、食堂、それにコンビニまでできていて驚いた。事故直後は水も飲めないし、飯も無かった。休憩所でも被ばくし、放射能で汚染された床で缶詰やレトルト食品を食べた。

被ばく線量が高くなり、一生働くつもりだった地元の会社をクビになったときは、自分は使い捨てなんだと、愕然とした。しばらく現場を離れていたが、最近そういうものだと割り切るようになった。ずっと自分が関わってきた原発だから、関わり続けたい気持ちは変わらない。廃炉になるまで見届けることは無理だろう。だけど、今、自分にできることをしようと思う。

5月9日、福島第一の敷地内に設置されたヘリポートの運用が開始になった。事故から7年目にして、ようやく敷地の入退域管理棟の近くに、ドクターヘリが着陸できるようになった。

原発事故直後は、周辺の病院が閉鎖。救急車を呼んでも現場に到着するまでに約30分、病院にたどり着くまでは計1時間以上かかった。また福島市の県立医科大学附属病院からドクターヘリを呼ぶ場合でも、まずは救急車で原発から20キロ以上離れた広野町の運動公園まで運び、そこからドクターヘリに乗せた。一分一秒を争う容体に陥ったとき、作業員の命を救うには、敷地にドクターヘリが離着陸できる設備が整ったことは、大きな意味を持っていた。

事故前から原発で働く地元作業員のハルトさんは、福島第一で作業員が重傷を負う事故が起きたり、死亡したりするたびに「作業員の命は助からない」と繰り返していた。なぜ危険を顧みず、福島第一で働く作業員の命を救う方法が整備されないのか。この問題はハルトさんのなかで、作業員が使い捨てにされているという憤りと複雑に絡み合っていた。ハルトさんは事故初期に率先して高線量の現場に向かい、事故から半年で、一生働くつもりだった会社から解雇された。「使い捨て」にされたという思いは、これまで使命感に燃えて仕事に尽くしてきたハルトさんを苦しめ続けた。

そしてある日、ハルトさんのなかで、体の中のブレーカーが落ちてしまう。やる気を無くし、ふさぎ込む。ストレスがかかると耳が聞こえなくなる突発性難聴も起きていた。それがどのくらい続いただろうか。

久しぶりにいわきの割烹店でハルトさんに会った。このとき、ハルトさんは自分のなかの山を一つ越えていたようだった。

「久しぶりにイチエフに行ったら、ヘリポートができていて。命が助かる確約じゃないけど。感無量。人が死ぬことは大変なことだから。それに事故直後にいた顔が、けっこう戻ってきている。そういう時期なのかもしれないですね」。これまでは福島第一のことが、片時もハルトさんの頭から離れることがなかったが、少し距離を置けているようだった。この日、ハルトさんは静かだった。

「イチエフに長く携わりたい気持ちは変わらない。これまでずっとイチエフで働いてきたプライドがある。でも、（何十年先になるかわからない）廃炉まで見ることは、難しいでしょうね。俺たちは使い捨て。そういうものなんだよね。まずは目の前のことをしよう。できることをすればいいって、最近考え方が変わった」。突発性難聴の症状はまだ続いていたが、福島第一に囚われる気持ちから、少し解放されたようだった。

俺たち線量役者か

配管工のキーさんは、ストレスを溜めていた。新人作業員の研修講師の仕事は、キーさんにとっては何の魅力もなかった。前年4月に会社から呼ばれて来たが、しばらく仕事が無く宿舎で待機となり、6月にようやく福島第一の作業が始まった。「やることなくて食っちゃ飲んで、食っちゃ飲んでで、15キロ太ったよ」。この日は、キーさんの宿舎近くの韓国焼き肉の店で会った。キーさんはビールを人につがせない。自分で泡を綺麗にたてて、うまそうに飲む。しばらくは現場の仕事をしていたが、冬前には研修の仕事になり、この年桜の咲く頃には「苦痛でしょうがない。さっさと辞めたい」と会うたびにぼやくようになった。「俺はずっと配管の仕事をしてきた。あぁ、現場の仕事がしてー」。キムチを箸でつまみながら、キーさんは大きくため息をついた。

この日はキーさんの生い立ちから、原発で働くまでにたどってきた人生の話になった。キーさんの両親は共稼ぎだったため、キーさんはおばあちゃん子だったという。幼い時、おばあちゃんがコトコトとよく煮込んでいた甘酒の香りを、キーさんは今でも覚えていた。小学校の時から、書道と水泳の得意な少年だった。教会の日曜学校のシスターに一目惚れをする、ませた少年でもあった。

小学校5年生の時にビートルズが初来日して、衝撃を受ける。小遣いをかき集め、中古レコード屋に通い、海賊盤から何から集めた。もちろん水泳も続けていた。「400メートルの個人メドレーとかで、大会新とか出してよ。中学1年の時には、水泳で全国大会に出るほどだったが、そこまでだったよ。限界を感じたよ」。中学2年の時、アポロ11号のニール・アームストロング機長らが、人類で初めて月面着陸するのをテレビで見て、宇宙に憧れる。それから夜空の写真を撮り始め、それは高校生まで続いた。ダイビングを始めたのは大学生から。卒業後、車の性能を調査するトヨタのテストドライバーを経て、父親の仕事の関係で建設系の会社に就職した。その後1度目の結婚をするが、後に「宗教にはまった」という妻とは離婚。自ら会社を経営していたときは「年商1億円」と羽振りが良く、年に何度かサイパンやグアム、ハワイなど海外にダイビングをしに行っていた。その間に2度目の結婚をするが、妻は贅沢な生活を好んだ浪費家で、結局離婚することになる。

この2度の結婚で、子どもを4人もうけていた。その後、母親の具合が悪くなり、一緒に暮らすために40代半ばで故郷に戻った。それから、原発などで働き始める。東日本大震災が起きた日は、下請け会社の作業員として福島第一で働いていた。キーさんにとって震災は、阪神大震災、中越地震、中越沖地震に続いて四つ目だった。

福島第一での仕事の話になると、途端に不満が噴き出す。「4年前は、原子炉周りの作業とか高線量の現場ばかり行かされて。被ばく線量上限ぎりぎりまで働かされて、みんな『俺たち線量役者か。ふざけるんじゃねぇー。まだ死にたかねぇよ』と怒っていた」。現場で働けば、大なり小なり被ばくをする。これまで、タンクの設置作業の時も、汚染水の浄化装置の作業の時も、配線工事や配管取り替えの時も、だいたい3カ月ぐらいで線量が年間上限に近くなり、福島第一を去っていた。それでも、キーさんの現場で働きたいという気持ちは強かった。今回は福島第一に入ってくる作業員たちの危険体感訓練の研修講師として、1年近くいたことになる。「異様に長かった。毎日毎日同じ話をして、うんざりする。あした車飛ばして、故郷に帰るよ。ほっとするよ」

この頃、キーさんは家族とうまくいっていなかった。「最近、（結婚して独立した）息子や娘に会えてない。3番目の孫にも、まだ会ってない。もう4番目の孫が生まれているかもしれない。連絡しても返事もない。息子は高校生の時は、俺が残業して朝方帰ると、熱いおしぼりを用意して待っていてくれたのにな」。キーさんは、ひどく寂しそうだった。今回、キーさんが故郷に帰る決意をしたのは、末期のがんのおじさんのためだった。しばらく故郷にいて看病したいという。「おじさんには世話になったから。家族だもん」。悪ぶった言い方をするが、キーさんは家族思いだった。

お盆は妻の墓に――2017年8月13日　キミさん（59歳）

お盆には妻の墓参りをする。海沿いにあった家は、原発から6、7キロ。東日本大震災の津波に跡形も無くさらわれ、土台だけしか残らなかった。10年以上前に逝った妻の眠る墓も津波に流され、昨年高台の墓地に移した。

墓をどこに移すか。さんざん迷った。震災翌年に、悩んだ末に建てた家はいわき市内。津波の被害だから賠償はない。墓もいわきにと思ったが、妻の母親が「故郷の墓に入りたい」と望んだ。なんぼ空間線量が低くても、子や孫は墓参りに行かせられない。俺しか行かないよと話したが、それでも妻の母親は故郷がいいという。それで町が移した高台の墓地に移すことにした。

古い墓地から死者の魂(たましい)を抜く儀式は、町が合同でやってくれた。だが、遺骨はどうすればいいのか。役場に聞いたが、「うちの仕事じゃない」と言われた。困り果てて、息子と2人で遺骨拾いに行った。墓は津波で、台座もふたもずれ、中に海の砂が40〜50センチ積もっていた。泥水混じりの砂をすくい上げ、ふるいにかけて骨を拾う。この辺は納骨するとき、土に還(かえ)すといって骨つぼを割って、骨を納める。だから妻と妻の姉の骨は混ざって区別がつかなかったが、遺骨は流されてなかった。新しい墓に納骨し、僧侶に魂を入れてもらった。

近ければ月命日に行けるけど、お盆とお彼岸しか行けない。いずれ故郷に戻りたい。でもどれだけ人が戻るのだろう。もうすぐ定年になる。息子も地元の会社に就職したし、イチエフのことは後進に任せよう。次は故郷の復興に携わりたい。


原発事故後、避難指示区域内の墓地は住職らも避難で離れるなか、しばらくの間、地震被害で墓石が倒れたまま手入れされずにいた。事故直後は、墓参りに行くのも一時帰宅の許可を得るなどしなければいけなかった。

津波で家を失った地元作業員のキミさんは、妻の墓をどこに移すか悩んでいた。墓地は津波でさらわれたが、幸い妻の遺骨は残っていた。妻はがんで41歳の若さで亡くなった。早期発見だったが、後に骨への転移が見つかった。小学生〜大学生の子どもたちがいた。その後、男手一つで子どもたちを育ててきた。

キミさんは辛い話をするときも、静かに淡々と語った。「家は土台以外、跡形も無かったけれど、後から津波で流された品を探してくれた人たちが、息子のランドセルや妻の写っていた写真が入っていたアルバムを見つけてくれた」。幸いにも、家族の写真はかなり出てきた。キミさんの家は震災の時で、築10年だった。海から100メートルあるかないかの距離に立っていた。

「津波の後、家を見に行ったら、あまりにも何もなくて」。福島第一に通いながら、何か残っていないかと家のほうに何度も様子を見に行ったが、探しようがなかった。「妻の生命保険で、家のローンを10年経たないうちに返したのに、津波で跡形も無くなった。原発事故で避難した家は賠償されるけれど、津波だと何もしてくれない。うちは賠償が出ないのに、東電は書類を送ってきて『この地区のものは出ない』ってわざわざ言うんだよな。全員に抜けがないようにするためなのだろうけど」

周辺の地域の人たちは、津波の被害ではないので、家が残っていても、原発事故の賠償で家を建てている状況のなか、キミさんの心は複雑だった。「津波で家が無くなったとき、上の子は高校2年で、子どもたちが住む家が必要だった。俺はいわきに家を建て、80歳まで働かなくてはならない借金を背負った。来年、定年だからどうしようかと思っている。息子が結婚でもする年になったら、いわきの家を息子に渡して、中古の家でもいいから、震災の前に住んでいた町に帰りたいなぁと思っているのだけど」。悔しさや複雑な気持ちを内包しながらも、キミさんの口調は穏やかだった。

そんなキミさんが、小さな声でつぶやく。「事故さえなければ」――。

「トヨタ式」のコストダウン

1年後に定年を迎えるが、キミさんはずっと、定年後も同じ会社に勤め、後輩を育てたいと考えていた。福島第一の運転員は、事故前のように仕事ができなくなった。だが必要な知識や技術を、現場での作業や後進を育てることに使いたいと考えていた。この頃、福島第一では「トヨタ式」の労働環境改善とコストダウンを目指し、徹底的に無駄を排除することによる効率化が進められていた。トヨタ自動車の製造ラインを手本としたものだが、リストラしない「トヨタ式」に対し福島第一ではコスト削減と同時に人員削減も起きていた。キミさんの職場でも、これまで3人でやっていた仕事を2人や1人に減らすなど、人減らしが進んでいた。メーカーが製造し、運転してきた専門的な仕事も、コストカットで、東電の子会社などにやらせるようになった。「トラブルが起きたときに、専門家じゃないから、対応できないことも多々ある。メーカー側も頭にきているだろう。メーカーにやらせると高いからと、仕事を奪っておいて、その仕事内容を、東電の子会社など単価が安い会社に教えろと言うのだから。その東電子会社の作業員が、メーカーに教えてくれと言っても『そこに取説（とりせつ）（取扱説明書）があるから』と言われて、分厚い説明書を渡され、教えてくれなかったりする。でもそれはそうだと思う」。キミさんの会社は事故から数年後、人を減らすために早期退職を促した。50歳以上は残り年数×100万円と退職金を払うと言われ、キミさんの同僚は次々辞めていった。

それでも、キミさんは定年後も働き続けようと考えていたが、そんな気持ちが折れそうになる出来事が起こる。定年となる誕生日の半年前、会社から定年後も働くか、上司と面談して決めるようにというメールを受ける。キミさんが上司のところに行くと、上司は面談用紙を持ってきて、立ち話のまま「もう少しいたら」と言いつつ、今後どうするかをキミさんに尋ねた。大切な話を立ったまま、事務処理をするように聞かれたことで、キミさんのなかで何かが切れた。「自分は会社に必要とされていない。もういいかなって」。キミさんは、その場で辞めることを上司に告げた。引き留められなかった。定年後に残った同僚が、仕事内容がまったく変わらないにもかかわらず、給料が40%以下になったり、現場作業から外されたりして、再雇用されても1、2年で辞めていく姿も見てきた。「福

〈写真上〉３号機の燃料取り出し用屋根カバーなどの設置作業=2017年9月6日　〈写真下〉屋根カバー内に、核燃料の輸送容器をプールから取り出し、地上に降ろすクレーンを設置しているところ=2017年11月20日　写真：ともに東京電力

島第一のためにずっと働いてきた。事故後も、片手で足りないほど作業を掛け持ちしてきた。その技術も知識も必要とされていない」と感じたことが、キミさんに決断をさせた。

3号機では使用済み核燃料プールから566体の核燃料を取り出す作業に向け、7月から原子炉建屋上部を覆う屋根カバー設置作業が進んでいた。屋根カバーは八つのブロックを組み立て、その中にはプール内で核燃料を輸送容器に移す燃料取扱機や、輸送容器をプールから取り出して地上に降ろすクレーンが設置される（→巻頭図参照）。東電は2018年半ばに核燃料の取り出し開始をする予定だった。

蒸し暑さ尋常じゃない――2017年9月6日 ノブさん（47歳）

夏は熱中症対策でサマータイムになるので、作業は明け方に始まり、午前中には終わる。昼夜逆転の生活になり、眠れなくて毎年、体がきつい。それで元請け企業が今年はサマータイムをやめようかと言っていたが、7月に入って朝8時に30度を超える日が続いた。あまりに暑くて、これじゃ作業にならないと、結局サマータイムをやることに。お盆休みを挟み、気温は少し下がったが湿度が高い。蒸し暑さは尋常じゃない。

明け方の作業だと体感温度がずいぶん下がる。それでも水回りの作業で、厚手のかっぱを着る日は大変。下着、防護服、かっぱ……と、重ねて着るだけで汗が噴き出す。お盆休み明けの作業で久しぶりに装備をつけると特につらい。全面マスクの中に汗がたまり、チャプチャプ音をたてる。下を向くと汗が目や口に入るから、なるべく下を向かない。作業中に立ちくらみがして、やばいと感じることもある。一度休憩してまた作業に入るときもあるが、夏はとてもじゃないけど、二度入るのは無理。作業が終わる頃は、汗でぐちゃぐちゃ。かっぱを脱がせてもらうと一気に楽になる。ゴム手を外すとジャバーッと汗が落ちる。休憩所でマスクを外し、クーラーの利いた所でスポーツ飲料を飲むと、水分がじわじわと体に染みてくる。この時が天国。

前の日に寝不足だったり、飲みすぎたりすると、あっという間に熱中症になる。現場に出て10分とか15分でなるからびっくりする。早く寝ようと思うけど、早い時間にはなかなか眠れない。

寝ている家族を起こさないように、午前2時にそっと起き出し、3時前にはコンビニで朝飯を買って福島第一に向かう。それが、地元下請け幹部で作業員のノブさんのサマータイム中の毎日だった。この夏も暑さと湿度との闘いだった。6月まではさほど暑くなかったが、7月に入って急に気温が上がる。作業によっては、防護服の上にかっぱを2枚着る作業もある。

この時期は昼間か夕方か、早い時間しか作業員の人たちに会えない。ノブさんも、夜7時半には眠りにつく。ノブさんの仕事帰りに、駅前の中華料理店のランチを一緒に食べながら、短い時間で様子を聞く。サマータイムになっても、ノブさんは作業後の2時間ぐらい、寮で若手とお酒を飲む習慣を大切にしていた。「テレビ見ながら、あーでもないこーでもないと話したり、明日は仕事こうしようとか話す。そうやって話すだけで全然違う」。震災後、ホテルや会社の寮で同僚や部下と一緒に暮らしてきた。「長いやつで6年、短くても3年。家族より一緒にいる時間が長い。おかしいよね」。ノブさんは食後の一服をうまそうにのむ。

ノブさんは春に家族が近くに引っ越してきた後も、新居と復興住宅を行き来していたが、大半を家族と過ごすようになる。漫画に夢中だった娘は高校生になり、息子は中学生になった。友だちもたくさんできて、ひと安心だった。「6年は長かった。ずっと何かに追われている感じだった」。ノブさんがしんみりとする。福島第一は、敷地の大半が普通の作業着と使い捨て防塵(ぼうじん)マスクでいい「グリーンゾーン」とされ、手当が下がっていた。「いま支給されている調整金の月2千円も、打ち切られるかもしれない。仕事はもらえるのか、会社は大丈夫か。家族はどうしよう……。そう考えると眠れなくなり、寝ても夜中に起きてしまう」。ノブさんの不眠は、何年も続いていた。

9月に入り、原子力規制委員会は、東電が再稼働を目指す柏崎刈羽(かしわざきかりわ)原発6、7号機（新潟県）は耐震工事などすれば、新規制基準に「適合」とする審査書案の最終議論に入る。東電の会長や社長を呼んだ7月の面会では、田中俊一(たなかしゅんいち)委員長が「福島第一の廃炉を主体的に取り組めない事業者に、再稼働の資格はない」と批判した。しかし、9月6日の会合では「柏崎刈羽を動かすことで事故の責任を果たそうというのは、一定の理解ができる」などと、東電の姿勢に理解を示す委員からの発言が相次ぎ、田中委員長も「東電の適格性に、積極的な否定意見はなかった」と一転する。一方で新潟県は独自の事故の検証が終わるまでは、再稼働の議論はしないとしていた。この後、規制委がごく短い議論で東電の適格性を認めたことを批判する声が噴出し、少し先延ばしになったものの、10月4日、安全対策を講じれば「適合」するとの審査書案が了承され、12月に正式に決まる。

これに対する作業員の反応は複雑だった。再稼働されれば、働く場所が増えると歓迎する声や

「柏崎刈羽が動くことで、東電の予算が増えて、福島第一の作業も増えるのではないか」と期待する声がある一方、「今春以降、柏崎刈羽の再稼働をにらんでなのか、福島第一の予算が抑えられて仕事が無い」と、福島第一への影響を懸念する元請け幹部らもいた。実際、福島第一で仕事が無い、作業が進まないという話は、さまざまな現場の作業員から寄せられていた。また柏崎刈羽の再稼働に向けて、福島第一からベテランや技術者が取られることを懸念する声も上がった。「来春からは、柏崎刈羽に一気に人が集められる。ゼネコンなどは先行して、もう人を動かしているよ」。この頃、いわきで会った1次下請けの社長はそう述べていた。

9月22日には、原発避難者による集団訴訟の千葉地裁の判決で、「巨大津波の予測はできたが、対策を取っても事故を回避出来なかった可能性がある」と国の責任を否定。事故は防げたとして国や東電の責任を認めたこの年の3月の前橋地裁の判決と大きく分かれる。そして10月に福島地裁で、国の責任を再び認める判決が出る。

デブリの取り出し何十年先？――2017年10月5日　セイさん（60歳）

初孫が1歳になった。今は歩きたくてしょうがない時期。前はじいちゃんってわからなかったけれど、最近行くとすぐに「抱っこー」と飛んで来る。娘も小さいとき、そんな感じだった。かわいくてしょうがない。

デブリ（溶け落ちた核燃料）の取り出しの準備が進んでいる。イチエフの外で、モックアップ

（同型の模型）を使ってどう取り出すのかを、いろいろなメーカーや研究者が研究している。超高線量の核燃料を、コンクリートを流し込みブロックのように固めて取り出す方法も、検討されている方法の一つ。水の中だと、放射線が遮蔽されるので、水を張って作業ができないかも模索している。格納容器内を見るために、どこに穴を開けるか、どこからロボットを入れるか、一つひとつ検証する。でも、実際にやってみないことにはわからない。中の状態がわかったとしても、デブリを取り出せないとわかることもあるだろうし。それでも、何とかして取り出せないか、メーカーも大学教授らもあの手この手を考えている。

前回の2号機の調査中、堆積物の所で止まってしまい、回収できなかった自走式サソリ型ロボットの次のロボットを開発するのにも、莫大な金と時間がかかる。いくら超高線量だからと言っても、遠隔操作でやるにも限界があり、必ず人がやらなくてはならない作業がある。それを防護服や全面マスクをつけて、どのくらい時間がかかるか、ストップウォッチで測りながらやっている。ロボットを挿入口から入れるときは、人力でないとできない。ロボットをセッティングして、急いで離れるのにどのくらい時間がかかるか。それは作業員の被ばくに関わる問題だ。実際に取り出し作業がいつできるのか。自分が携われるのかもわからない。だから技術や知識は、後輩に伝授していく。

デブリの取り出しは、何十年かかるかわからない作業。その先駆者として、誇りをもってやっている。子や孫が安心して暮らせる福島にしたい。

セイさんはイチエフの現場を離れ、デブリ取り出しのためのモックアップに携わっていた。原子炉建屋の格納容器周辺の超高線量の中で、どう作業員の被ばくを減らして作業をするか。各メーカーがプロジェクトチームを立ち上げ、さまざまな検証が進んでいた。格納容器の穴開け作業にしても、以前よりも研究され、作業員がより被ばくしない方法が開発されていた。

他の作業員の話も総合すると、現場に置く鉛（なまり）の遮蔽板は下にキャスターを付け、運べる所までフォークリフトで運び、そこから先は人力で押す。穴開けの機械のセッティングも、セッティングするチームの被ばくを少なくするように、あらかじめくり抜いた鉛の遮蔽板を、事前に置くようになった。機械を置くのにも2～3人が1組で10組。つまり20人以上の人手が必要だった。遠隔操作でモニターを見つつ、穴開け機械の高さを調整して穴を開ける。穴を閉じるときは、「ぱっと行って、ぱっと鉛の板を入り口に掛けてボルトで締めて遮蔽する」という。実際の作業は時間との闘いだ。タングステンベストを着て、小走りに30メートル行き、右に曲がって20メートル、搬入口まで急ぐ。「走ると転んだりして危ない。作業には20代など若い人もいる。前回とメンバーは入れ替わっている」とセイさんは言う。ロボットを挿入する場所の周辺は、毎時５００ｍＳｖあり、その１メートル近くまで人が近づく必要があった。

福島第一では春以降、作業が減っていたが、秋に入ってより顕著（けんちょ）になる。事故前から仕事を請け負っている元請けは春以降、８００人いた作業員を一気に半分に減らした。この1～3号機のデブリ取り出しに向けた作業も、予算がまわらず、モックアップ作業が中止になったりした。セイさんもこの後、いったんモックアップの現場を離れ、倉庫の片付け作業などをしながら、作業再開を待つことになる。冬に格納容器内部の調査の準備作業に入る予定が、延期されて結局、翌年以降になる。「神戸製鋼による一部のアルミや銅、鉄鋼製品の検査データ改ざんが発覚したことも、現場作業に響いている。原発の配管などにも使っているからね。大迷惑。11月から作業に入るはずだったのに、急きょストップ。東電から発注もされないし、金も出ない。準備は出来ていたのに。来夏以降になるかもしれない」。

セイさんは、仕事が進まないことに、珍しくイライラしていた。格納容器内の調査をする別の下請けの幹部にも話を聞く。「イチエフは年度末まで、どんどん仕事が減る一方。急に金が出なくなった。新しい仕事も全然出ない。デブリの取り出しの計画があるけど、そのためのモックアップ装置の開発が1年半ぐらいかかる。それも予算が出なくて、発注してくれない。また遅れる。このままだと、3年遅れになるだろうな」

1～4号機を取り囲む「凍土遮水壁」は8月に残り1カ所の凍結を開始し、11月におおむね完成した（↓巻頭図参照）。国が凍土遮水壁の導入を決めた2013年春には、毎日400トンの地下水が、1～4号機の原子炉建屋に流れ込み、新たな汚染水になっていたが、原子炉建屋近くにある地下水位を制御する井戸からの地下水くみ上げや、凍土遮水壁のせき止め効果で、この9月には一日120トンまで減少する。しかし、台風の襲来などで大

凍土遮水壁の残り1カ所の未凍結箇所の凍結作業を始める作業員ら＝2017年8月22日　写真：東京電力

雨が降ると、凍土遮水壁の隙間をすり抜ける地下水が増えるのか、汚染水が増える現象が続いた。
10月末、除染で出た汚染土壌などを保管する中間貯蔵施設（双葉町、大熊町）が本格稼働。12月、四国電力伊方原発3号機（愛媛県）の運転差し止めを求めて広島市の住民らが起こした訴訟で、広島高裁は、熊本県阿蘇カルデラで大噴火が起きたとき「火砕流が到達する可能性が小さいと言えない」として運転差し止め命令を出した。そして12月、安全対策費が膨らみ、採算がとれないという理由から、関西電力が運転40年を迎える大飯原発1、2号機（福井県）の廃炉を決める。

原子力御三家と原発カースト

いわきで会った地元の若手作業員に、何の作業をしているのかを尋ねると「末端にいると、どこで何の作業をしているのか、よくわからない」という答えが返ってきた。「聞こうとすると怒られる。それに、放射線量が書き込まれたイチエフ全体の地図を見せてもらおうとしても、見せてくれない。何なんでしょうかね」。確かに取材をしていて、作業の全体像を把握していない作業員は多い。監督クラス以上や下請けの幹部などだと、ある程度把握しているが、そうでないと、何のための作業なのかを聞いても理解していない場合がある。「自分のしている作業でも、詳しく知ろうとすると怪しまれる」。若手作業員は困ったような顔をする。「最近は除染も終わったので、地元の若者がけっこう現場に入ってきていますよ」

事故前から働く30代の地元作業員に「原子力御三家って知っています？」と聞かれたことがある。この作業員は上司から「公家の三菱重工、侍の東芝、野武士の日立」と、仕事や社風の違いでそう言われてきたと教えられた。「三菱重工は公家、つまり貴族。東芝はもう少し荒々しい感じ。殿様商売と一時期言われていたけど、どうやらそのイメージは違ったようだ。日立は野武士。どんどん新しい場所を開拓し、売り込んでいく」。もちろんこれはイメージであり、実態とは違うかもしれない。ただ関係者の間でそう言われているということだった。さらに江戸時代の身分制度になぞらえ、話は進む。

「元請けに呼ばれると、下請けは馳せ参じる。下請けに所属する作業員は、現場で実際に作業をする、つまり田を耕す百姓。どんどん手当も日当も減り、（田畑を自ら所有しなかった）水呑み百姓になっている。今は東電からの発注が少なくて、イチエフ全体の仕事が減って元請けや下請けも苦しい。仕事があるとき、必要とされたときに、そこに行く。そして、仕事が無いときは仕事を失う」

作業員は諦めともつかないため息を吐いた。

「原発カーストがあるんだよね」

8章　進まぬ作業員の被ばく調査 ――2018年

原発で働いてきた俺たちが作業しなくてどうす

2万円出ているはずなのに1万円しか渡されない」

「息苦しくなり、
衝動的に全面マスクを外したくなるときもある」

「いま娘が進もうとしている

道、震災前だったら地元

俺はがん検診の対象にはならないんだよね」

「もし昔にかえったら、

原発では働かない」

「会社の存続を

考えると不安で

「一緒に働いた同僚と別れるの、

敷地は安全？　作業員の労務費下がる

前年末から、福島第一の作業員から持ち上がる話題は、もっぱら4月から手当が下がるということだった。前年12月21日、東電は「敷地の放射線量が下がったため、環境に応じた労務費（作業員の賃金など人件費）にする」と発表した。それは２０１８年４月から約95％、つまり大半の敷地での作業で、減額するという内容だった。

大幅に減額されるのは、敷地で最も放射線量が低いとされ、使い捨ての防塵マスクと普通の作業着で作業が出来る「グリーン（Ｇ）ゾーン」。東電は事故直後、高線量など危険な場所で働く手当分として、作業や現場によって異なるが平均１万円を日当に加算する計算で労務費を支払ってきた。２０１３年11月には、福島第一で働く作業員の確保が難しくなったことの打開策として、廣瀬直己社長（当時）が、さらに平均で「１万円アップ」すると発表した。つまり、東電からは基準単価に一日平均２万円加算された日当が支払われていたことになる。今回、減額されるのは事故直後に加算された手当分で、Ｇゾーンは数百円〜数千円に下がり、福島第二原発の低汚染の場所の作業と同水準となる。

引き下げの発表に、作業員らは「ゾーン分け後、下がるとは思っていた」と予想していたとはいえ、落胆した。この後、東電による計算上は、減額されないはずの手当分も、実際、Ｇゾーンではほとんど作業員らに出なくなる。30代の地元作業員は「さらに下がったら、通常の工事現場と日当が変わらないか、それより安くなる」と悲鳴を上げた。２０１６年の春に、敷地が三つにゾーン分けされた時点で、Gゾーンに限らず手当を下げた元請けもあった。地元の50代の2次下請け社長はこの時点で1次下請けから「売り上げが大幅に下がった。理解してくれ」と言われ、一人当たり一日1万円出ていた手当分が半分以下になった。この社長は「東電の引き下げ発表後は、まだ何も言われていないが、Gゾーン以外のエリアも下がる可能性が高い。人を確保するために少しでも日当を上げたいが、一日1万数千円を出すのが精いっぱい。仕事が薄くなったこともあり、会社の存続を考えると不安でたまらない」と嘆（なげ）いた。

前年に引き続き年が明けても、東電からの仕事の受注が入らない状態が続いていた。事故前から働く1次下請けの50代幹部は「やらなければならない工事案件はいっぱいあるのに。東電から発注されないから、仕事が無くて給料が払えない。税金すら払えなくて倒産する会社が増えている」と切羽（せっぱ）詰まった表情をした。元請けの一つは前年夏以降、900人弱いた作業員を300人ほどまで削った。東電子会社の50代の幹部は「仕事が薄くなって月の3分の1は休み。トラブルが起きたときの必要な人材を確保するために、仕事が無くても雇用を保たないとならない。だから以前の倍以上の人数で同じ作業をしているが、会社に入る金は少ないので、人件費を下げるしかない」と説明する。社会保険の加入が義務になったことが追い打ちをかけ、小さな企業がもたず、上位の1次や2次下請けに吸収合併される例や廃業が相次いでいた。

なぜ工事の予算が出なくなったのか。事故直後からツイッターで福島第一の状況を伝え続けている作業員ハッピーさんに会う。ハッピーさんは「事故前は、1億円以下の作業はイチエフで決めたが、今は本店決裁。元請けや現場の東電社員が必要な作業の計画を立てても、本店で却下されてしまう」と説明。この工事の受注が激減した背景には、２０１７年５月に抜本的に見直された東電の再建計画があるという。福島第一の廃炉と賠償が最重要課題とされ、年５千億円の資金確保を目指すが、十分調達できていないことや、柏崎刈羽原発（新潟県）再稼働のための費用を捻出したい思惑があるのではと推測する。「建屋調査のためのロボット開発費用の一部も、元請けが持ち出しで進めている。今の作業工程どおりには進まない。どの元請けも先が見えない、お先真っ暗だと話している」

新規の工事が受注できないなかで、原子炉建屋内や汚染水処理関係の仕事は途切れなかったが、高線量下の作業が多く、年間被ばく線量に達して現場を去る作業員も引き続き多かった。この点について、ハッピーさんは「汚染水のくみ上げ作業をした作業員は、２カ月で企業の定める年間被ばく線量限度の20ｍＳｖ（ミリシーベルト）近くなって、次々解雇されていった。東電は、長期雇用を保つために、低線量と高線量の仕事を合わせて発注すると言うが、現場はそんな状況にはなっていない」。心配はまだまだあった。「このうえ、労務費が下がったら、イチエフの仕事にどこまで魅力があるのか……。現場のモチベーションも下がっている。次に人が必要な時は集まらない」。ハッピーさんが訴えたのは、作業が切れている間も、必要な人材を確保し続けるための資金が必要

1号機最上階の瓦礫撤去作業。大型クレーンで瓦礫の吸引装置を吊るし、遠隔操作で行う＝2018年1月22日　写真：東京電力

だということだった。「イチエフの作業は、廃炉作業として、国営で安定して続けられるようにしないと、企業も作業員ももたない」

イチエフには戻らない──2018年1月11日　リョウさん（38歳）

イチエフの仕事を離れ、住宅の水回り設備工事の職人として仕事を始めてから、4年が経とうとしている。毎日仕事が忙しくて充実している。頭も体も、今のことや先のことでいっぱい。次の工事はこうしようとか、そんなことばかり考えている。一緒に働く親方から技術を学び、自分一人でもひと通りの作業ができるようになった。体もずいぶん鍛えられた。

原発事故時に住んでいた双葉(ふたば)郡の家も解体し、去年の夏に新しく建てた家に家族で移った。原発事故時、保育園児だった息子は小学生に、娘はこの4月で中学生になる。2人ともどこをどうまちがったのか、かけっこは速いし、勉強はクラスで一番。妻と誰の子だろうね、なんて話している。2人もすっかり落ち着き、元気いっぱい。避難先の小学校に入ったときは、避難者は賠償金をもらっているからと、いじめられるのではないかと心配して、避難区域の町出身であることを言わないでほしいと、担任の先生に頼んだ。でも2人とも今は、自分たちが双葉郡の町出身であることを理解したうえで、落ち着いている。

原発事故後のつらかった時期のことを、思い出すことはほとんどない。記憶がないというか。イチエフのニュースは見なくても気にならなくなった。なぜあれほど、イチエフで働くことに囚(とら)われ

ていたのだろうかと思う。今は、自分の生きていく道ができたから。もうイチエフには戻らない。

「元気ですよ。忙しいです」。電話口から、弾むような明るい声が響く。4年前職人として再スタートを切ったリョウさんの仕事が終わった頃を見計らい、携帯電話を鳴らした。リョウさんは県内だけでなく、宮城や群馬、茨城県など近県の現場に飛び回っていた。

リョウさんが職人になってから、忙しくて長らく会えなかったが、いつ電話を掛けてもリョウさんは落ち着いていた。以前はあれほど福島第一で働くことにこだわり、テレビやラジオで福島第一のニュースが流れてくると、音量を上げ、ピリピリしていたリョウさんが、ニュースを見なくても気にならなくなったという。少し迷ったが聞いてみる。「今も、イチエフに戻りたい気持ちはありますか」。間髪入れず返事が返ってきた。「イチエフにはもう戻らないですよ」

関東に避難していたリョウさんの義父も、家族を連れて福島に戻り、以前のように店を再開する準備をしていた。少し先の話になるが12月に入って、義父は事故後8年ぶりに店を再開し、弟も店の手伝いを始める。それぞれが自分の道を歩き始めていた。

リョウさん以外にも、イチエフを離れて戻ってこなかった人もいる。他の原発や火力発電所に行った福島の40代男性は「やっぱりフル装備はつらいよね。好きなときに水が飲めるし、それに本来の技術が生きるところのほうが……」。50代の技術者は建設現場で働く。「壊すものでなく造ることが本業だから……」と理由を説明した。

2号機のデブリ見つかる

1月19日、東電は2号機の格納容器内の調査で、圧力容器から落下した燃料集合体の一部が格納容器下部で見つかり、その周辺にある小石状の堆積物が、デブリ（溶け落ちた核燃料）の可能性が高いと発表する。調査はカメラが付属した長さ13メートルの伸縮式のパイプを、格納容器の横側貫通部（かんつう）から差し込んで実施。デブリの高熱で圧力容器の底に、大きな穴が開いて落下したとみられた。そして22日、小石状のものはデブリだと断定する。圧力容器直下では毎時7～8Sv（シーベルト）を計測。調査はまた一歩前進したが、デブリを取り出す目処（めど）はまったく立たなかった。

3号機の使用済み核燃料プールから燃料を取り出すための、屋根カバー設置工事も大詰めを迎えていた。屋根カバーはかまぼこ形をしていて高さ約18メートル、全長57メートル。プール、燃料取扱機、クレーンをすっぽり覆（おお）う構造で、敷地外で作製したパーツを、3号機上部で組み立て、2月中に完成する予定だった。原発事故後、建屋最上部や使用済み核燃料プール内部には汚染した瓦礫（がれき）が散乱し、人

2号機の原子炉格納容器内の調査。格納容器の貫通口前で作業をする作業員ら＝2018年1月19日　写真：国際廃炉研究開発機構（IRID）

が近づけなかったが、遠隔操作で瓦礫を撤去し、放射線を遮る鉄板を建屋上部の床面に敷き詰めたことで、１～２時間であれば人間が作業できるようになった。以前、３号機の作業に携わった作業員の一人は「プール内に（放射線で）大きくなったヤゴとかゲンゴロウとかがいるんじゃないかって、作業員同士で、冗談で話していたけど見つからなかった。初期は、プール内は瓦礫だらけで濁っていたことを考えると、よくここまで瓦礫が取り除かれたと思う」と長期にわたる作業の苦労に思いを馳せた。

３月、東電は１～４号機の全周を取り囲む凍土遮水壁について、一日95トンの地下水流入を防いでいるとの試算を発表する。凍土遮水壁は地中に長さ30メートルの管約１６００本を打ち込み、零下30度の冷却液を循環させて周辺の土を凍らせており、維持費用は電気代などで年間十数億円に上る。しかし建屋東の海側は、トレンチ（電源ケーブルなどが通る地下トンネル）があって、全周を完全に凍らせることは難しく、効果は限定的だった。

３月22日、避難区域となった8市町村から避難した住民ら２１６人が東電に損害賠償を求めた訴訟の判決で、福島地裁いわき支部は２１３人に計約6億円を支払うように東電に命じた。避難者らの国や東電に対する訴訟は、２０１７年３月の前橋地裁の判決を皮切りに、千葉地裁、福島地裁、２０１８年に入って東京（２例）や京都、福島地裁いわき支部と計七つの地裁判決が出て、すべて

３号機の屋根カバーの最後のパーツの設置作業＝2018年2月21日　写真：東京電力

の判決で原発事故に対する東電の責任が認定され、四つの判決で国の責任が認められた。

「イチエフ病」――2018年2月14日　ダイキさん（56歳）

昨年の大型連休以降、仕事が少ない状態が続いている。仕事があるのは、高線量の建屋周りの仕事で、あっという間に人が入れ替わる。

今は東電が作業員の年間被ばく線量上限を20mSvとしているから、イチエフに長くいられない。高線量下の人海戦術は、半分ずつ人を入れ替えている。先週も5人入ってきて、きのうも6人入ってきた。同じだけイチエフを去っていく。特に格納容器内部の調査などで、ロボット操作をする作業員は被ばく線量が高く任期が短い。1週間ほどで、はい、終わりということになる。

遠隔操作をするクレーンオペレーターのような特殊な専門職は、仕事が無いときでも、元請けが雇い続けていたが、それも難しくなってきたようだ。クレーンオペは他の技術職に比べても賃金が高く、事故初期は日当7万~8万円に危険手当がついたのが、今じゃ半分ぐらいになったと嘆（なげ）いていた。

「イチエフ病」というのがある。事故直後は特に、被ばく線量が高かったから、現場で作業ができる時間が短く、数時間で宿舎に帰れた。重装備での作業とはいえ、ほかの工事現場のように朝から長時間働かなくてはならないのと比べて楽。イチエフ以外で働けないと言うヤツがいると、あいつも「イチエフ病」にかかった、なんてみんなで話す。オレもそうだけど、イチエフ病のヤツは何人

もいる。イチエフで稼いで、いずれ飲み屋でもやりたかったけど、これだけ仕事が無いといつまでいられるか。でもイチエフに残りたい。

「イチエフ病っていうのがあるんだよね」。ぐーっとビールを一気にのどに流し込み、技術者のダイキさん（56歳、仮名）は、つまらなそうに言う。飲むピッチがとにかく早い。あっという間にグラスが空いていく。事故後、東京から福島に来たダイキさんに初めて会ったのは、2017年の春だった。気取った店は嫌いで、安い居酒屋を好んだ。「東京の家に家族はいる。でも今は東京で働く気はない。オレもイチエフ病だから。イチエフの仕事は中身がそんなに濃くなくて時間が短い」。ダイキさんは同僚が誘っても、なかなか宿舎の外に出ない人だと聞いていた。出不精のダイキさんを誘い出すのは難しかった。

福島第一は海沿いのため、塩害で重機は錆びやすく壊れやすいという。「それに敷地内には年代ものの重機がたくさんある」。福島第一では大型クレーンだってじいさんクレーンの油漏れや故障などが続いた時期があった。その話題になるとダイキさんは「大型クレーンだってじいさんクレーンばかりで、ぼろぼろ。油は漏れるし壊れるし。通常、クレーンなどは15年で入れ替える。それ以上だとメンテナンス費用が嵩むから。けどイチエフには30歳クラスのクレーンがある」と説明する。福島第一の敷地で作業をすれば重機が汚染するので、リースが買い取りになるという話は、以前から聞いていた。それに敷地に重機を置きっぱなしにすれば、こまめにメンテナンスに出すこともできなくなる。クレーンでしょっちゅう故障が起きるのには、そういう理由があるということだった。

地元作業員が福島第一で働き続けたいという動機には、「自分たちで故郷を何とかしたい」「子どもたちが安心して住めるようにしたい」「地元で暮らし働きたい」など、いろいろな気持ちがある。また地元も地方も含めて、原発で働いてきた作業員からは「原発で働いてきた責任がある」「原発で働いてきた俺たちが作業しなくてどうする」という声もあった。地方から駆けつけた作業員には「福島や日本のために」と命を賭す覚悟を語る人もいるが、震災や災害時のように「何か自分にできたら」「困っている人たちがいたら助けたい」という等身大の気持ちから来ている作業員が多かった。また自分が関わった作業を最後まで見届けたいという人もいた。もちろん、稼ぎに来ている人たちもいる。もう一つ、ダイキさんの言うように「イチエフ病」という理由もあったのかと思う。確かに事故初期は被ばく線量が高く、数時間もすれば宿に帰ってくる作業員もいた。いずれにせよ、事故初期と比べ、作業員たちのモチベーションは下がっていた。

進まぬ疫学調査、受診者は2割強

２０１１年12月16日に政府が発表した事故収束宣言までの緊急作業に従事した約２万人の作業員を対象にした国の疫学調査は、難航していた。疫学調査は２０１４年度から開始。先行調査の予算は約９千万円で、その後は毎年約５億４千万円の予算が組まれていた。

原発事故後の緊急作業に従事し、国の疫学調査の検診を受ける作業員㊨＝2015年３月24日　福島県いわき市

調査をする公益財団法人・放射線影響研究所（放影研）によると、調査に同意したのは約7千人。2万人の対象者のうち2割強の約４２００人が1回目の検診を受けた。ただ宛先不明で連絡の取れない作業員が約１７００人。調査拒否が約3千人、残りの約８３００人からは返信がなかった。放影研の喜多村紘子・副主任研究員は「住所が変わっていたり、孫請け、ひ孫請けの下請け企業では、すでに辞めて所在不明になっていたりする人もいる。東電や元請け企業にも協力を要請しているのですが……」と悩む。また事故直後は線量計が足りない状況下で仕事を続けた作業員も多く、被ばく線量は記録通りとは限らない。調査では企業が保存していた膨大な作業記録を元に、作業員一人ひとりの被ばく線量を評価し直す必要もあった。大久保利晃・顧問研究員は「受診率が上がれば精度が上がる。健康状態を追うことで、病気の予測や早期発見にもつながる。何とか受診率を半分以上にしたい」と述べた。

作業員に取材をすると検査を受診しない理由は、主に二つあった。一つは検診のために仕事を休まなくてはならないこと。調査では交通費と3千円の謝礼金が支給されるが、日給制の作業員にとっては、一日分の賃金がほぼマイナスになる。また二つ目には、原発作業員は通常の健康診断のほか、電離放射線障害防止規則で定められた、白血球数など詳しい検査をする電離放射線健康診断（電離健診）を半年に一度受診しなければならなかった。このほか東電などの無料のがん検診や、福島県民なら県民健康調査の検診も受けられた。多数の検診が乱立していることも問題だった。

義務の検診と東電のがん検診、国の疫学調査を受けた50代の作業員は「いろいろな検査があって面倒くさい。同じ調査もいくつもある。二つの検査でそれぞれ胸部X線検査を撮ると言われて一つは拒否した」と言う。事故後の緊急作業中に50mSv超の被ばくをした40代の作業員は「会社は検査に理解があるが、忙しいうえ、疫学調査は受診できる期間や医療機関が限られており、都合がつかない。それでなくても元請けを通じて、東電のがん検診を受けるように催促される。検査を一本化してほしい」と訴えた。他にも理由があった。60代の地元作業員は「検査で病気が見つかっても、治療費も生活費も何の補償もない。受けて何になるのかとみんな冷めている」と淡々と語った。

事故後、大量被ばくした30代の作業員は「仮にがんになったとしても、被ばくとの因果関係が証明されないと、裁判はもちろん労災でも認定されない。その意味では疫学調査に協力してデータを残したほうがいいのだが……」と悩む。この男性は結局、被ばく線量が上限に近づき会社を解雇され、他の現場で働きながら検査を受ける時間を取れないでいた。

原発作業員の労災申請で意見書を書いてきた阪南中央病院（大阪府）の村田三郎副院長は「全国から寄せ集められた作業員の調査なので、実施は難しいと思っていた」と当初から難航は予想されたとする。そのうえで「検査は一本化し、曜日や受診場所についても受けやすくするべきだ。国は作業員の休業補償をするべきだし、治療費の負担も考えるべきではないか」と指摘する。未曽有の原発事故が起きてしまったとし、「病気と被ばくの因果関係の研究が進む一つのチャンスでもある。原発を推進してきた国も東電も、福島第一原発事故で被ばくさせた労働者に対し、きちんと調査をすることは義務だ」と訴えた。

☢ 事故無ければ――２０１８年5月1日　カズマさん（42歳）

イチエフで次々と水素爆発が起きたとき、もうあんな所には戻らないと思ったが、小学生だった息子に「父ちゃん、行って闘って」と背中を押され、再び原発で働くことを決意した。イチエフに通うために、避難する家族と離れて暮らして7年があっという間に過ぎた。息子も高校生になった。

月に一度しか家族の元に帰れないが、息子は今も俺が帰る日を心待ちにしてくれている。「一緒に住みたい」と言ってくれるが、家族の住む避難先からイチエフに通うのは厳しい。息子がまだ小学生の時、電車とバスに乗って一人で会いに来てくれたことがある。ランドセルをしょって一人で帰っていく背中を見て、切なかった。

身長もあと3センチで追いつかれる。運動部で頑張っていて、県大会でも上位にいく。大会や遠征の時は、息子に頼まれ、大型マイクロバスを運転して選手たちを送迎する。事前に「その日空いている?」って聞いてくるから、かわいい。息子の活躍はおやじとしてうれしい。家に帰ると「たまには行くべ」と息子を誘い、ラーメン屋やすし屋で、二人で並んで語り合う。

一緒に暮らして、息子の成長を見守りたいと思う。でも25年ローンを10年で返した家は、除染で空間線量が10分の1に落ちたといっても、まだ所々高い。息子は将来、故郷で農業や養鶏をしたいというが、田んぼは草ぼうぼう。避難指示は解除されたが、すぐに帰れる状況ではない。

原発事故さえ無ければ。事故後、何度考えただろう。イチエフで働き続けたいが、今は仕事が半

減。給料が下がるという話もある。気持ちがなかなか保てない。

原発事故当時、小学生だったカズマさんの息子は高校生になっていた。事故から7年経っても、カズマさんはいわきの借り上げマンションで、家族と離れて一人暮らしを続けていた。いわきでカズマさんが兄貴、姉貴と慕う夫婦の店で会う。この二人やいわきにいる仲間が、家族と離れて一人で暮らすカズマさんの気持ちを支えていた。

広々とした座敷で、前回より少し髪の短くなったカズマさんと向かい合う。この日はすぐに息子の話になった。「試合の送迎でこき使うんだよね」。途端に相好を崩す。カズマさんの息子は中学から運動部に所属し、高校では1年から選抜選手に選ばれ、チームも県大会で上位になるほど強かった。「会うとふざけてハイタッチしたりね。試合は絶対諦めんなよと言っている」。父子の関係は良好だった。カズマさんは釣りが好きで、震災前はよく息子と一緒に釣りに行ったという。カズマさんの息子は高校卒業後の進路に、就職を希望していた。働きたい職種も将来の夢も明確だった。妻は大学に進学してほしいと就職に反対だったが、カズマさんは息子の自由にすればいいと考えていた。「大学に行ってもいい。働いてもいい。息子には自分の道をやりたいように走ってほしい」。カズマさんにとって、自分で将来の道を拓こうとしている息子は誇りだった。

「事故が無ければばって思う。もし昔にかえったら、原発では働かない。95歳のおじいちゃんは『お前はやっちゃくないこと（人がやりたくないこと）を自分で進んでやるから。（原発の仕事をお前に）やらせたくない』と言う。いいよ、俺はやるからって言うんだけど」。現場班長を務めるカズマさんは、事故後、何度か辞めたいと所長に申し出たが、いつも引き留められていた。「お前はイチエフに骨を埋めろ。指示もできるし、現場もお前がいるから回っている。震災前からずっとやってきただろう」。カズマさんが退職したいと言うたびに、所長は繰り返した。

現場では、特に班長クラスのベテランが不足していた。カズマさんには、他の企業からの誘いもあったが、震災前から同じ元請けの下でずっと仕事をしてきた。「震災前からの地元企業は、発注が減るなかでも、仕事をし続けられるように考慮されている。元請けに信頼されないと、下請けは仕事がもらえないけど。それに今の現場で全部の仕事ができるのは俺だけだから……。責任もある。でもね、現場は効率化で人が半減し、給料も下がった。モチベーションが上がらない。逃げてもしょうがないけど、逃げたいって気持ちがある」

カズマさんの住んでいた故郷の部落は、十数軒の家族が住んでいたが、まだ3軒しか戻ってないうえ、高齢者ばかりだった。今も行われている部落全体の草刈りに行くと、子どものときのように下の名前で呼ばれ、「お疲れさま」と声を掛けられる。部落の高齢者しかいない生活は大丈夫なのかと心配になる。「若手がいないと。自分ももう戻ろうか」と、カズマさんの心は揺れた。だが、除染は何度かされたとはいえ、まだ汚染が残っており、放射線量も所々高かった。

事故が奪った当たり前の豊かな生活

福島を取材していると、故郷への思いが強い人たちによく会う。原発事故後、避難した人たちも、少しでも故郷の近くに住みたいと、地の利のあるいわきで暮らす人が多かった。また、原発周辺の双葉郡を取材すると、隣近所やその集落に暮らす人々のつながりはとりわけ強かった。

双葉郡に家があった作業員たちに故郷の良さを聞くと、「山があって海があって。田んぼが広がっている。特に何があるわけじゃないんだけど。いいんだよな」「やっぱり故郷はいいよ。隣近所もみんな知っていて家族みたいだし。子どものときに世話してくれたおじさん、おばさんや、地元の仲間もいる」と返ってきた。

２０１７、18年春の5月の大型連休前に、楢葉町で畜産業をしていた根本信夫さん（80歳）夫婦の山菜採りに同行した。根本さんの運転する軽トラックに乗り、飼い犬クロを連れて、楢葉町の山に入る。背の高いまっすぐな木々が続く緑豊かな山道を通り、拓けた場所に着く。木戸ダムの奥の乙次郎地区。沢にはクレソンやワサビが自生し、その脇には美味しそうなタラの芽も。日当たりのいい原っぱには、あちこちにワラビが生えていた。さらに奥に入ると、根本さんが以前使っていた牛小屋が立っており、その周辺はコゴミが大量に自生する。「ほら、そこにもここにも。採ってみ」。根本さんに言われて、夢中で採り続ける夫妻につられるように山菜を採る。「ここで休むべ」。腰を下ろすと奥さん手作りのおにぎりや唐揚げ、卵焼きや先週採ったという山菜の煮付けの入ったタッパーを広げてくれる。

楢葉町の山の中で山菜採りをする根本信夫さん夫婦＝2018年4月28日

ぽかぽかと暖かい日差しに照らされ、頬(ほお)に心地いい風を感じながら、山菜の漬物とおにぎりをほおばる。フキの煮付けはしっかり味がしみこみ、白い握り飯とよく合った。

さらに山の奥に入ると、コシアブラが生えていた。斜面をどんどん上る根本さんを追うが、早くて追いつかない。「これがうまいんだ」。ようやく追いついた斜面で、根本さんは目を細めながらコシアブラの芽を摘んでいた。このあたりの生活は山との関わりが深い。根本さんたちは毎年、山菜を採っていた。だが採取した山菜を東京に持ち帰り、放射性セシウムの値(あたい)を原発班の山川剛史(やまかわたけし)キャップが測定すると、2018年の採取分で、コシアブラは食品基準（1キログラム当たり100ベクレル）の37倍、ゼンマイで2・7倍。コゴミ、ワラビなどは超えなかった。事故から7年経っても、コシアブラとゼンマイは基準値を大幅に超えたままだった。

事故後、山菜採りに行かなくなった家もたくさんある。避難先で山菜採りも田んぼや畑仕事もできず、足腰が急に弱ったという高齢者の話をあちこちで聞いた。原発事故が奪ったのは、この豊かな生活なのか。事故から何年も経ってから、ようやく実感した気がした。

待遇どんどん悪くなる――2018年6月1日　ガンさん（54歳）

新年度になった4月から、イチエフの大半の場所の作業で、危険手当がほとんど出なくなった。俺らは高線量の原子炉建屋周りの作業だから、危険手当の額は下がらなかったけど。でも本当は一日2万円出ているはずなのに、1万円しか渡されない。同じ作業をしている別の下請け企業の作業員は、3千円だと話していた。被ばくするのは俺らなのに、会社が大半を持っていく。

元請け会社の経費削減で、寮のガードマンが解雇された。食堂の食事もまずくなって苦情が殺到。それに有料になった。朝食が140円、夕食が430円。それでも平日は会社が半分負担しているというが、作業が休みの土日の夜は、全額負担で860円と言われた。有料だし、とにかくまずい。それで毎日、コンビニ飯になった。

初めてイチエフに来た6年半前が懐(なつ)かしい。その時は、食事も豚カツとか、カレーとかボリュームもあった。同僚と「太るなー」って言っていたら、作業時間が短かったこともあるが、本当に10キロ太った。

食事が有料になるのと同時に、電子レンジやポットを使うのも禁止に。ガスがダメなのは危険だからわかるが、電気機器は何でダメなのか。ブレーカーが落ちたというが、急に禁止になったのは、有料の食事を食えということじゃないのか。経費削減で、原発の外に借りていた事務所も返した。

5月から携帯電話の持ち込みもダメになった。イチエフの写真の流出を防ぐためらしい。カメラ機能を使えなくした携帯を許可制で、班で1～2人が持ち込む。何かあったときは携帯でというが、自分の携帯は持ち込めない。

いろいろ条件が悪化しているが、せめて同じ作業なら、もらう金は平等にしてほしい。俺なんかまだもらっているほう。同じだけ被ばくしていることを考えると、切ない。

「日本が終わる」と感じて、原発事故の1年後から福島第一に入るトビのガンさん（54歳、仮名）

に、いわきで会ったのは2018年の年が明けてすぐだった。福島第一で作業をして（退域期間を除いて）足かけ5年。原子炉建屋周りの作業などで、累積被ばく線量は80mSvに達していた。ガンさんは事故収束宣言後に福島第一で働き始めたため、国や東電の無料のがん検診の対象にはならなかった。「まあがん検診が受けられるのは、戦争（原発事故）が起きた直後だけに限っちゃったんだよね。だからその後に働いた人には何もない。俺には（検診を知らせる）はがきは来なかったよ」。ガンさんは以前、3号機の原子炉建屋の鋼鉄の囲い建設に携わった。「2ミリの（上限）設定の線量計を持っていくんだけど、近くの待機所出た途端にピーピー鳴ってね。どんどん被ばく線量が上がるのを感じて、気持ち悪くなった。足場の急階段をはぁーはぁー言いながら駆け上がるのが、もう大変で。途中でちびりそうになる。でもネジ入れないとしょうがない。1本じゃ『お前何していたんだ』って笑われるから、何とか4本突っ込んで必死に戻った」。ガンさんが遠い目をする。「それでもがん検診の対象にはならないんだよね」と言うガンさんに、言葉を返すことができなかった。

ガンさんは若い頃、陸上自衛隊に所属していた。「戦車の免許を持っているよ。落下傘部隊にはなれなかったけど」。この時は、そこからどうしてトビになったのか聞けなかった。次に会った時にと思っている間に、ガンさんは福島第一を離れ、関東の現場に戻ってしまった。

作業に区切りがつく段階で、ガンさんは近く福島第一を離れるように会社から言われていた。「足かけ5年。もうすぐ俺の長い長い福島生活が終わる。一緒に働いた同僚と別れるのはつらいな。今週で作業は終わり。終わった後は、朝からお別れパチンコに行くよー」。胸の中のもやもやを吹っ切るような明るい声だった。

3月14日、関西電力大飯原発3号機（福井県）が4年半ぶりに再稼働し、5月9日に4号機も再稼働する。その一方で6月14日、前年6月に就任した東電の小早川智明社長が福島県庁を訪れ、福島第二原発1～4号機すべてを廃炉にする方針を内堀雅雄県知事に伝える。

8月に入り、福島第一では、汚染水から放射性物質62種を除去した後に残る放射性トリチウムのみを含むはずの処理水に、他の放射性物質が残留していることが判明する。17年度に多核種除去設備（ALPS）で処理した後の測定で、最大で法令基準値の約7倍のヨウ素129などが検出された。トリチウムを含む処理水の処分法は、2016年、経産省の作業部会「トリチウム水タスクフォース」が地層注入、海洋放出、水蒸気放出、水素放出、地下埋設の5案を提示。17年9月に就任した原子力規制委員会の更田豊志委員長は「希釈すれば法定基準を下回るのは明白」として、他の放射性物質が残留していても「唯一の（処分）方法」として早期の海洋放出を求める考えを改めて示した。これに対し、政府の有識者会議が開いた公聴会では、地元漁業者らが、海洋放出に強い反対意見を述べた。東電はこれまで浄化後は、トリチウム以外はほとんど除去できているとしてきたが、9月28日、タンク群に保管するうち8割以上に当たる75万トンの浄化が不十分で、他の放射性物質が法令排出基準を超えて残留しているという調査結果を発表する。

また厚労省は9月4日、原発事故後の作業などに従事した後、肺がんを発症して死亡した50代男性の労災認定をしたと発表。原発事故後の作業に携わった作業員のがんの労災認定は5例目だったが、肺がんによる労災認定は過去に例がなかった。男性は１９８０年６月から各地の原発で放射線管理業務に従事し、２０１１年３月の原発事故以降は、福島第一敷地内で放射線量を測定するなどの業務に携わった。男性の累積被ばく線量は１９５ｍＳｖで、このうち事故後は74ｍＳｖだった。

９月６日午前３時過ぎ、最大震度７を観測した北海道胆振東部地震が発生。大規模な土砂崩れなどで41人が亡くなった。この地震によって道内のほぼ全域が停電となり、新規制基準の審査中で稼働していなかった北海道電力泊原発１～３号機の外部電源が一時喪失するなどした。

酷暑に重装備、医務室行けば「健康管理不十分」――２０１８年８月16日　ノブさん（48歳）

今年の夏の暑さはきつい。午前3時半に起きるが、この時間でも暑い。朝、少し気温が低い日でも湿度が高くてまいる。サマータイムの時期で、午後2時から5時までは作業ができないから、夜間に作業をする現場もあるんじゃないかな。

盆休み前も暑かったなー。原子炉建屋周りのほか、タンクや水処理関係の作業は、重装備だからきつい。全面マスク、防護服、作業によってはさらにかっぱを着て、綿手袋にゴム手と何重にも重ねる。気温が32度でも、装備を着た分の体感温度を気温にプラス11度で計算するから、軽く40度を超える。汚染した地下水を増やさないように地面を覆ったアスファルトや、タンクの照り返しも強烈。何とか日陰をつくろうと工夫する現場もあるが、日差しが強くてどうにもならない。

朝6時には30度を超える。現場に出る前は「今日はやっちゃくないなー」とほぼ毎日思う。毎年、暑い、暑いと言うけれど、だいたい途中で天気が悪くなって涼しくなる。今年は一気に猛暑になり、そのまま続く。長時間の作業はとても体がもたない。

長靴の中は全身から流れた汗がたまり、脚が汗の中で泳いでいる感じになる。顔全体を覆うマスクの中は熱がこもって、顔が真っ赤になる。額(ひたい)から垂れた汗は目に染(し)み、あごにたまった汗はちゃぷちゃぷ音をたて、口の中に入ってくる。

このあいだは、やばかった。体が急に重度の疲労のように重くなって、息切れが激しくなり、物がつかめなくなった。息苦しくなり、衝動的に全面マスクを外したくなるときもある。立ちくらみもひどい。後ろにどーんと倒れるような強烈なのが来る。今年の夏は異常だ。

作業中は気が張っているが、作業と作業の間が危ない。医務室に行くと細かく経緯を聞かれたり、健康管理ができてない企業とチェックされるから、行けない。現場に水が飲めて休憩できる車があり、ずいぶん助かっている。もう夏はいい。早く終わってほしい。

毎年夏に来る作業員たちの猛暑との闘いも、7年目に入った。ノブさんはこの4月から復興住宅を引き払い、家族と完全に一緒に住むようになっていた。「娘が掃除しないから俺がやる」と愚痴を言いながらその目尻は下がり、一緒に暮らす喜びを隠しきれないようだった。「高校卒業後、ファッション系の仕事をしたいと言っているけど、また変わるんじゃないかな。自分の道を模索するのはいい」と微笑(ほほえ)む。長男も中学でサッカーに明け暮れるようになっていた。「毎週末家族と会っていたのに、毎日一緒に暮らすようになって違和感というか。以前一緒に暮らしていたときは、小学校低学年だったから。あれっ、俺どういうふうに子どもたちを怒っていたっけなって思う」と苦笑する。長女は否定するが、彼氏もできたみたいだとノブさんはにやりとする。どうやら相手がわかっているらしい。長男も避難後、転校した学校でいじめられて友達がいなかったときの影はなくなり、今では友達に囲まれる明るい息子に育っていた。「娘も息子も勝手に大人になったみたい。かあちゃんがそばにいてくれたのだけど。家族全員で暮らせるのはあと2年。貴重な時間」

地元作業員のケンジさんは、娘と離れて暮らしていた。事故当時小学生だった娘は中学卒業後、関東の専門学校に入り、寮生活を送っていた。「やりたいことはやったほうがいい。いま娘が進もうとしている道は、震災前だったら地元でもできた。でも震災後、福島ではいろいろ事情が変わってしまった。震災の時は小学生だったんだよなぁ。よく育ってくれた」。いわきで会ったとき、ケンジさんは何杯目かのレモンチューハイを飲む手を止めて、しみじみと語った。妻と離婚した後、男手一つで育てた娘だった。「原発事故後、ホテル暮らしで家に帰れない俺の代わりに、俺の母親が一緒に暮らしていたとはいえ、寂しかったと思う。今は離れて暮らしているけど、毎日メールでなんやかんや連絡を取っているよ」。地元のたくさんの仲間に囲まれて暮らすケンジさんだったが、娘のことを話すときはしんみりとした。原発事故後、いわきの宿泊先で共同生活をして家族と離れていた数年間に、ノブさんの子どもたちもケンジさんの娘も進路を考える年齢になっていた。

長時間労働で過労死

「福島第一で亡くなった作業員の遺族が、夫の死の真相を知りたいと情報を集めている」。少し遡(さかのぼ)

るがこの年の3月に、福島第一敷地内で倒れた別の作業員の死を追って取材しているとき、そんな話が舞い込んできた。遺族がフリーランスライターの木野龍逸さんに相談をしていると聞き、木野さんを通じて作業員の妻にアポを取り、いわきに会いに行った。

亡くなったのは、1次下請けの自動車整備・レンタル業「いわきオール」（いわき市）の整備士、猪狩忠昭さん（当時57歳）。猪狩さんは2012年3月にいわきオールに入社し、福島第一の敷地内専用車両の点検や整備をしていたが、17年10月26日の昼休み後、同僚と車で現場に着いた直後に意識不明となり、体が痙攣。すぐに車で敷地内の救急医務室に運んだが、すでに心肺停止の状態だった。救急車で敷地外の病院に搬送され、約1時間半後に死亡が確認された。死因は致死性不整脈とされた。

東電は猪狩さんが亡くなった日の記者会見で、「病死で作業と因果関係はない」と発表した。後日、ネットでその東電の会見を見た妻（52歳）は衝撃を受けた。夫は亡くなる1年前に心臓手術を受けたものの、1カ月前の診察で「問題なし」と確認されたばかりだった。妻は「変わり果てた夫に再会したとき、いつもは穏やかな顔が苦しそうで、涙の跡もあった。夫はなぜ死ななくちゃならなかったのか。私と娘が病院に到着する前に、東電が『作業と因果関係がない』と発表したことはショックだった」と涙ぐん

亡くなった猪狩忠昭さん。家族思いで娘の成人式を楽しみにしていたが、見ることはかなわなかった。大型バイクや車が好きだった　写真：遺族提供

だ。納得ができず、妻は自分の妹と2人で、夫の勤務先、東電、元請け、診察した医師など、当たれる先はすべて当たり、会えるとなればどこでも行き、膨大な資料をかき集めた。

遺族の調査で、猪狩さんは亡くなる半年ほど前から作業に追われて疲労や体調不良を訴えるようになり、死の3日前からは血圧が上がって、歩くのも辛そうだったということがわかる。タイムカードなどを調べると、時間外労働が月100時間を超える異常な勤務実態が発覚する。猪狩さんが亡くなる直前の1カ月では時間外労働が122時間、直前6カ月の平均は月110時間だった。妻らは18年3月に労災申請。10月16日、長時間労働による過労が原因として、いわき労働基準監督署が労災認定をする。同労基署は亡くなる直前1カ月に100時間、また2〜6カ月にわたる期間で月当たり80時間超の「過労死ライン」の基準を満たすと判断した。遺族から労災認定の知らせを受け、了解を得て11月5日付の東京新聞朝刊一面に、その記事を掲載した。

原発事故後、長時間労働を原因とした労災認定は例がないという。また労基署は遺族に、福島第一までの車での行き帰りの通勤時間も認定したと説明する。これは福島第一に通う作業員が事務所などに集まってから、乗り合いの車などで福島第一に行き、作業後も乗り合いの車で事務所に寄って帰るなど、自由に通勤できないことから移動時間も労働時間として考慮されたことを意味する。特に猪狩さんは事務所でタイムカードを押してから、福島第一に向かう往路、また復路でレンタカーの車の納品などもしていた。

妻らは夫の原発内での重労働の実態も知る。原発敷地内には、事故後一度も点検せずにきた重機や工事車両などが300台以上もあり、整備・点検は困難を極めた。敷地外に出せないほど汚染された車が多く、猪狩さんら整備工は全面マスクに防護服を着込んだ重装備で、車両の下に潜り込むなど汗だくになって作業をしていた。当時は、猪狩さんを含め5人で、一日に5～6台の点検整備を終えるハードスケジュールだった。作業前に会社で測定した血圧は、死亡の3日前から160を超えていたこともわかる。「会社は健康管理をしていたというが、適切にしていたと言えるのか。夫は3日前から歩くのもつらい状態だった。血圧が高い傾向があったのも会社は知っていた。夫の葬式には東電関係者や会社の幹部も来たが、お悔やみの言葉はなかった」と妻は憤る。

猪狩さんは技術力が評価され、部下に慕われていたという。妻、息子と娘と4人の、仲のいい家族だった。娘の成人式を楽しみにしていたが、その晴れ姿を見ることなく逝った。妻は亡くなる1カ月前、夫から体が辛いと聞かされたときのことを振り返る。「あのとき、辞めさせていれば……」。猪狩さんが亡くなるまで、福島第一で働いていたことを妻も家族も知らなかった。「家族に心配かけさせたくなかったのだと思う。それほど家族思いの優しい人だった。夫のような人は二度と出さないでほしい」と妻は訴えた。

東電が車両整備場を構内に設置したのは2014年6月。その翌年の5月、東電は廃炉・汚染水対策現地調整会議の資料で「今後、すべての構内専用車両（791台）を整備するには、（現状の一日5人の整備士に）プラス一日3～5人が必要」としている。ところが4カ月後の資料では、「6月より4名態勢（工場長＋整備士3名）で整備を実施」とあり、整備士の数は減少。さらに17年1月、東電は翌年9月末までに登録された敷地内専用車両（整備対象車両809台、うち未点検331台）すべての整備を終える工程を発表する。猪狩さんは17年4月以降急激に労働時間が増え、この頃、整備場の稼働日が週4日から5日に増えていた。
２０１９年2月、遺族らはいわきオールや元請けの宇徳（横浜市）、東電に計約４３００万円の損害賠償を求め、福島地裁いわき支部に提訴する。訴訟の準備書面などで、東電は「時間外労働の状況は不知（知らない）」「過酷な作業環境であったとまでは言えない」と記載。宇徳は「請負契約の発注者として労働時間の把握や管理義務はない」とした。いわきオールは猪狩さんが朝4時半に出社してタイムカードを打刻していたにもかかわらず「就業時間は基本的に8～17時」などと、遺族が訴える時間外労働を否定。２０２０年1月現在も裁判は継続している。

年末になって他県の現場の仕事からいわきに帰ってきた地元作業員のハルトさんから、電話が掛かってくる。次は福島県内の仕事になりそうだという。ハルトさんの関心事は、福島第一で翌年3月から行われる1、2号機共用の排気筒の上部解体だった。この排気筒（高さ１２０メートル）は損傷しており、倒壊の恐れがあった。事故発生当初、爆発で原子炉が壊れるのを防ぐために放射性物質を含む蒸気を放出するベント（排気）で使われ、中が高濃度の放射性物質で汚染されていた。「線量が高いからと、原発メーカーやゼネコンなどが次々撤退したと聞いた。引き受けた設備メンテナンスの会社は、実績も技術もない。大丈夫なのか」。そして残念ながら、ハルトさんの予感は的中する。

9章　終わらない「福島第一原発事故」――2019年

2号機格納容器内でデブリ持ち上げに成功

２０１９年の年明けは、静かに始まった。敷地内ではピーク時の一日平均７４５０（15年3月）人に比べるとずいぶん減ったが、まだ一日平均４１９０人の作業員が作業をしていた。元号が変わるこの年、福島第一では、3号機・使用済み核燃料プールからの核燃料取り出しや、亀裂が入り破断した1、2号機共用排気筒の上部解体など大きな工事が控えていた。

2号機では原子炉建屋の汚染状況が調査され、最上階では２０１２年の調査で最大値の毎時８８０ｍＳｖ（ミリシーベルト）あった場所が、毎時79～１４８ｍＳｖと6分の1に減ったことがわかる。東電は、放射線量の自然減衰、また流入した雨で放射性物質が流されたためではないかと推測した。

今後、2号機・使用済み核燃料プールからの核燃料取り出しに向け、作業員が立ち入る必要を考えると、この線量低減は大きな意味があった。

そして2月13日、2号機の原子炉建屋内、格納容器側面の貫通部から2本の「指」が開閉する機器を遠隔操作で挿入。格納容器の底で「指」をデブリ（溶け落ちた核燃料）とみられる堆積物に接触させた。5カ所で数センチの小石状の堆積物や棒状の構造物を動かせることを確認し、一部を最大5センチまで持ち上げることに成功した。東電は２０２１年に「デブリ取り出し」を開始する計画だが、2号機が先行する可能性が高まった。そして8月5日には、政府と東電が、デブリ取り出しを2号機から始め、原発敷地内に一時保管する方向で検討していることが報道される。

事故当時の中高生がイチエフで働くように――2019年3月15日　ハルトさん（35歳）

原発事故から8年。この時期は急に原発や被災地のニュースがたくさん流れて、いろいろ思い出したり考えたりしてつらい。気分が悪くなるので、ニュースは見ないようにする。今年の3・11は、県外に出て重機の資格を取り、次の福島での仕事のために道具を買いそろえた。被災地では、やらなくてはならないことがたくさんある。事故はまだ終わっていない。

最後にイチエフを離れてから1年半が経った。事故後の累積被ばく線量は、あと数ミリで100mSvに達する。生涯線量が300mSvとか400mSvになる猛者（もさ）もいるが、元請け企業からは100mSvを超えたら、原発の現場にもう入るなと言われている。

福島の現場では、地元の20代の若い衆と仕事をした。彼らは原発

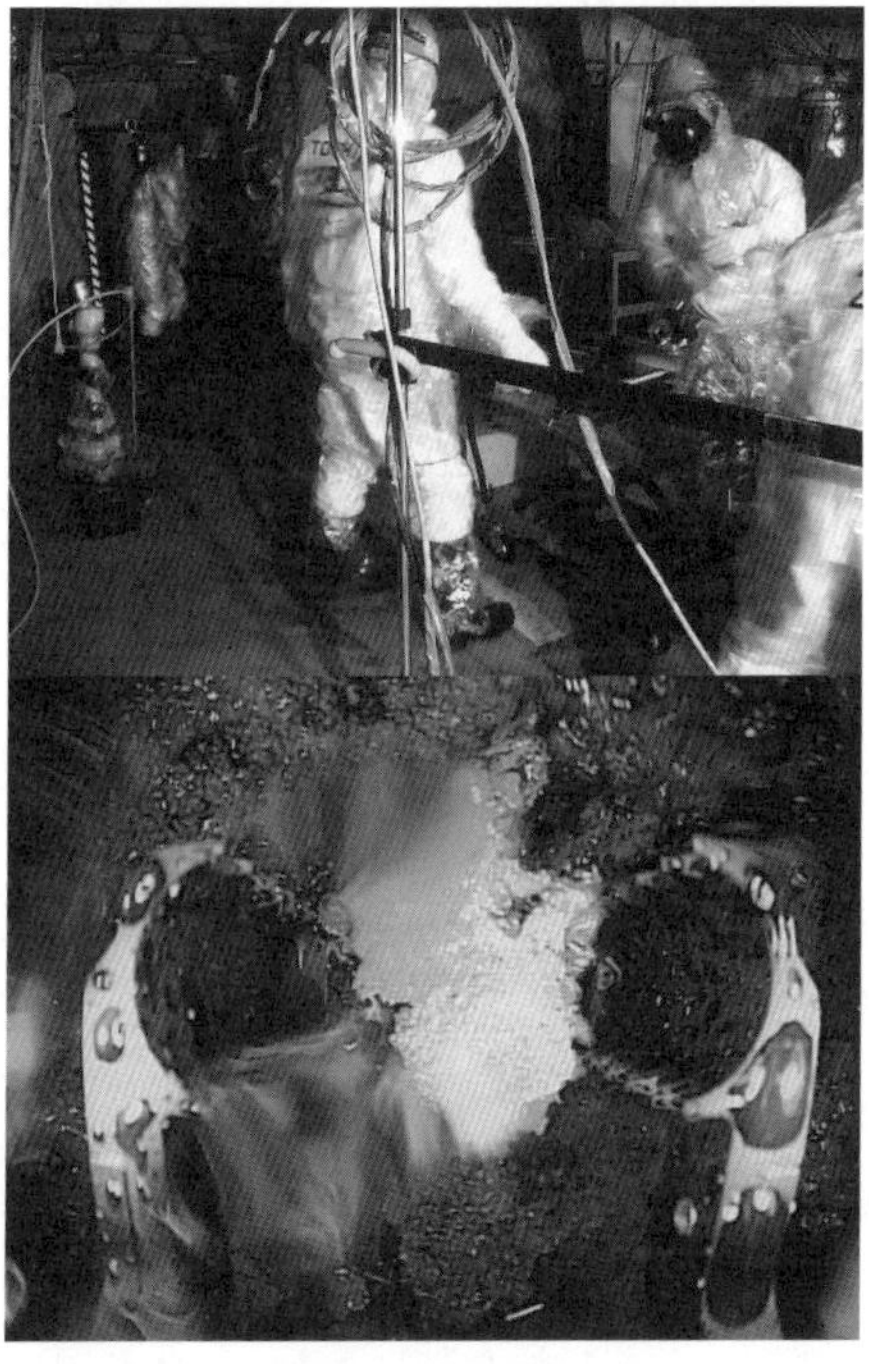

〈写真上〉２号機の原子炉格納容器の調査のため、貫通部前で作業する作業員ら＝2019年２月13日
〈写真下〉２号機格納容器内で、デブリとみられる堆積物を機器で持ち上げた調査の様子＝同日　写真：ともに東京電力

事故のときに中高校生で、当時の様子はテレビで見たと話していた。

そんな彼らが卒業後、建設業の仕事に就いて、同じ現場にいる。そのうえ、次はイチエフの原子炉建屋周りの仕事だという。やる気のあるやつらで、初めてのイチエフも怖がったりせず「やらなきゃいけない」と話していた。彼らにイチエフの話をしながら、事故直後のことを思い出した。

当時、敷地内は1号機や3号機原子炉建屋の水素爆発で瓦礫が散乱し、放射線量もわからないなか、電源復旧や炉内冷却のための作業に奔走した。建屋が爆発しているのに「炉心溶融という言葉は使うな！」とか言う上司もいて、情報も錯綜していた。「何とかしなくては」とみんな必死だった。あの時の現場の一体感は今も忘れられない。

「事故当初のことを話す人はみんな顔が真剣になる」と地元の若い衆に言われた。自分は被ばく線量が高くなり、イチエフに入れないけど、福島のために働きたいという気持ちは変わらない。そして、イチエフの作業を彼らが引き継いでいく。こうやって少しずつ世代交代をしていくんだと思った。


「次世代を担う地元の若手をイチエフに送り出すことができました」。２月末のある日の夕方、ハルトさんから電話があった。累積線量が１００ｍＳｖ以上でも国が定めた上限を超えない限り、原発で働かせ続ける元請けは多いが、ハルトさんの所属する元請けは違うようだった。福島第一の現場で地元の20代の若者が働き始めているとは聞いていたが、彼らが原発事故当時に中高生だったことを考えると、私にとっても感慨深い話だった。原子炉建屋周りといえば、高線量下での作業になる。若手が入って大丈夫だろうかとふと気になる。高線量下でフル装備となる仕事について、「やらなきゃいけない作業ですよねと、さらっとしていたよ」。ハルトさんの話を聞きながら、ふと下請け幹部のケンジさんが以前、「雇うなら地元作業員を雇いたい」と言っていたことを思い出した。「除染をするにも、原発で働くにも地元への愛があると、作業の仕方が違うから」。別の下請け幹部のノブさんも、地方から福島第一に駆けつけてくれた人たちに感謝しつつ、「やはり地元の俺たちが何とかしないと。息子がどうしたいかわからないけど、小さいときから物を作ったり解体したりするのが好きなんだよね。もし仕事を継いでくれたらなぁ」と少し照れたように語った。

関東の仕事に戻っていた東京のヒロさんが、2年ぶりに福島に戻ったと聞いて連絡を取る。緊急時対策本部があった免震重要棟の壁を飾っていた、全国から寄せられた応援の手紙やメッセージ、千羽鶴が外され、殺風景になっていたという。「手紙やポスターをはがしたテープの跡が壁に残っていて。8年経って劣化したのか、もう通常だということなのか。1階の大部屋に中学2年の生徒たちのメッセージがあったのを覚えている。すでに成人しているんだよな。元気かな。もう子どもがいたりするのかな」と応援メッセージを書いてくれた子どもたちに思いを馳せた。

選曲は「負けないで」から「宇宙戦艦ヤマト」に——2019年4月5日　ヒロさん（40歳）

2年ぶりにイチエフに入る初日はやはり緊張する。高線量下で手間取らないよう、必要な道具をすぐ出せるか何度も確認する。防護服に顔全体を覆う全面マスクをつけ、場所によってはその上に重さ15キロのタングステンベストを着る。年度末近くは特に、年間の被ばく線量上限まで残り少なくなった作業員が増えるから、高線量の場所での仕事にお呼びがかかる。

　道具を抱え作業をするときは、タングステンベストと持ち上げる道具の重さが肩や腰にかかり、体の負担がすごい。特に上向きのときはきつい。それなのにトビさんたちは5、6キロの道具を持ち上げ、何時間も作業をする。あの体力と根性には脱帽する。

　3号機の近くを通ったとき「宇宙戦艦ヤマト」の主題歌が聞こえてきて、あれっと思った。原子炉建屋をコの字形に取り囲む壁にはエレベーターが付いていて、上下するたびに周囲に注意を促すメロディーが大音量で流れる。前にいたときはZARDの「負けないで」だった。工事をする元請け企業が代わり、選曲も変わったのだろうか。もちろん歌は付いていないが、聞くと歌詞を思い出す。「さらば地球よ　旅立つ船は〜♪」

　2号機の周りの壁のエレベーターは童謡「静かな湖畔」だ。高線量で和(なご)むような場所じゃないけど、「カッコウ、カッコウってうるさいな」と言いながら同僚と笑ってしまう。エレベーターで屋上に上がりながら、同僚の名を叫んでいた陽気な作業員もいたな。3号機建屋上部のドーム状カバー設置のときは、爆風スランプの「Runner」を流しながら機器が動いていた。超ノロノロ運転で、曲とのギャップがおかしかった。

　今回は高線量の場所ばかりで作業して数週間で終わり。次はいつ呼ばれるのか。ずっとはいられない。でも、イチエフの作業を最後まで見届けたい気持ちは今も変わらない。

イチエフに流れる「音楽」のことは、以前から気になっていた。原発事故初期に、西日本から来たシンさんも、よく大型クレーンが動くときの音楽の話をした。どうやら重機やエレベーターが動くときに、周囲への注意喚起のために曲が流れるらしい。福島第一は海沿いで周辺に何もなく、事故後は特に工事車両や重機が動く音以外、目立つ音はなかった。そんな静かな所に、突然に大音量の音楽が流れ出すという。ヒロさんは「オルゴール音楽のようで歌声は入っていない。イチエフは静かだから、けっこううるさい」と言う。3号機のエレベーターは最上部まで35メートル。下から上がるのに1〜2分かかり、その間ずっと周囲に音楽が鳴り響くことになる。それにしても「宇宙戦艦ヤマト」とは。はるか彼方の惑星に放射能除去装置を求めて、戦艦ヤマトが250年の眠りから蘇り宇宙戦艦となって旅立つというストーリーではなかったか。「さらば地球よ〜」という音楽とともに、作業員が3号機の上部に上がっていく光景を想像して、少し複雑な気持ちになった。

だが作業員たちは相変わらず陽気だった。放射線の遮蔽などのため地表をアスファルトで覆う作業をした50代の作業員は「音楽じゃないけど、強風のとき、風速計が女性の声で『風速10メートル超えてます』って何度も警報として流れるよ」と笑う。この作業員は現場の線量が高くて、線量計の値がどんどん上がっていくと「おばけなんてないさ」の替え歌を歌うという。「汚染なんてないさ、汚染なんか嘘さって歌うと、歌っているうちに、ピピピと線量計のアラームが鳴る。それにね、放射線管理員が『嘘ではありません。間違いなくあります』ってまじめに俺の歌に返すから、面白くてつい歌っちゃう」。作業員はいたずらっ子のような表情を見せた。

4月10日、大熊町の一部で避難指示が解除された。福島第一の立地する町（大熊町と双葉町）では初めての解除だった。福島第一では4月15日、3号機・使用済み核燃料プールからの核燃料取り出しが始まる。4号機は2014年末に1535体の核燃料すべてがプールから取り出されたが、炉心溶融を起こした1～3号機では初めてだった。3号機の5階に設置されているプールには、使用済みと未使用の核燃料計566体が保管されており、未使用の7体から取り出す。取り出した核燃料は福島第一敷地内の共用プールに移すが、566体すべて取り出すまでに約2年かかる見込みだった。現場は放射線量が高く、燃料取り出しのほとんどの作業が遠隔操作になるため、難航が予想された。3号機の後は、さらに現場が高線量の1、2号機から取り出す作業が控えていた。

モニターに映し出された、3号機の使用済み核燃料プールから核燃料が取り出される様子。周囲には瓦礫が散乱している＝2019年4月15日　写真：朝日新聞社

五輪工事現場に違和感――2019年5月10日　チハルさん（45歳）

3号機の使用済み核燃料プールからの燃料取り出しをネットニュースで見たとき、感慨深かった。

事故後に入ったイチエフでは、燃料取り出しのための土台となる原子炉建屋周りの囲（かこ）いの建設から関わった。瓦礫だらけだった高線量の現場を思い出す。それにしても機器などのトラブルが続いたから、もっと時間がかかると思っていた。

イチエフを離れて1年が過ぎた。原発事故をすっかり忘れたかのような東京で、五輪関連の現場で働いていると、強い違和感がある。来年の開催に向けて人も資材も足りないなか、工期に追われている。食べていかなきゃならないとはいえ、先にやるべきことがあるのに、俺はここで何をしているんだろうと思う。今の東京の現場には、イチエフで同じ寮だった人や一緒に働いていた人がいる。顔を合わせれば福島の話になる。福島を離れても、福島のことがめちゃくちゃ気になる。でも、ほとんど報道されなくなった。

五輪招致で「汚染水の状況はコントロールされている」と首相が世界に宣言し、イチエフはますます事故現場ではなく、普通の工事現場だとアピールされるようになった。防護服や全面マスクがいらない区域も広がった。そんななか、一緒の現場で働いたことのある人が白血病で労災認定された。俺の被ばく線量の3分の1だったのに。怖いと思う一方で、やはりイチエフの作業はやらなくてはならないと思う。

最近、都内の福島のアンテナショップに通っている。いわきの酒やしそ巻きを食べながら、しょっちゅう福島に思いを馳せる。地元漁師と飲んだそば屋、除染や原発作業員が集まるスナック……。俺のように原発に反対の人もいれば賛成の人もいるから、そこは深く話さない。いろいろな人間模様があった。今、一番にすべきことは福島のことだと思う。福島の仕事に呼ばれたら、いつでも行ける準備をしている。

東京では2020年の五輪・パラリンピックに向けて、関連施設の工事がラストスパートに入っていた。1年前、息子のために関東に戻ったチハルさんに、久々に夜電話をする。「資材も人も足りなくて。3〜4カ月工期が遅れている」。開催を前に、追い込まれているようだった。

話題はすぐ福島第一の3号機の使用済み核燃料プールからの核燃料取り出しに移る。当初は2014年末の予定だったが、現場があまりにも高線量で作業開始が遅れた。瓦礫の撤去、鉄板の敷設、屋根カバーの設置……。東電は前年11月に燃料を取り出す計画を示していたが、クレーンなど機器の不具合が相次ぎ、ようやくこの4月15日に開始された。

「2012年ごろと現場の線量は全然違う。桁違いに下がった。今一番やらなくてはならないのは、福島の事故収束だと思う。パンを食えないと理想は語れないけど、今この国はあまりにもパンを食べることばかりで……」。チハルさんは、工程が遅れ続ける福島第一の現状を嘆いた。

完成の4カ月前、建設が進む東京五輪・パラリンピックのメイン会場となる新国立競技場＝2019年7月24日

原子力規制委員会は4月24日、原発に航空機を衝突させるなどのテロ行為が発生した場合に、遠

隔操作で原子炉の冷却を続ける設備などを備える「特定重大事故等対処施設」を、原発本体の工事認可から5年以内に完成させないと運転停止にすると決定する。すでに再稼働している九州電力川内原発1、2号機（鹿児島県）は2020年3月と5月に期限を迎えるが、完成が間に合わずに停止する見通しになった。作業員の身分チェックも厳しくなった。しかしそれだけで実際に原発がテロに狙われたときに、しのげるのかわからなかった。

イチエフにうまみがなくなってきた——2019年5月31日　ユウスケさん（40歳）

ブランド店や老舗デパートが立ち並ぶ東京・銀座の工事現場から、イチエフの仕事に入るとギャップがすごい。今は野球の助っ人選手のように、呼ばれたときだけイチエフに行き、他の現場の仕事と行ったり来たりしている。

以前に比べ、イチエフで働くうまみがなくなってきた。事故発生直後は敷地全体が高線量だったため、一日に働ける時間が短いうえ、危険手当もそれなりに出た。だが、今は作業時間が前より長くなったし、危険手当も下がってきている。

原子炉建屋や排気筒のある辺りは海側で土地が一段低くなっていて、僕らは「坂の下」と呼ぶ。以前は坂の下に下りれば、きちんと危険手当を出す元請けで一日2万円払われたが、東京電力が放射線量などで敷地をゾーン分けするようになったため、坂の下でも手当が下がる場所が出てきた。すぐ近くには、超高線量の原子炉建屋や排気筒があるのに。それに今は、敷地全体の95％が、危険手当がほとんど出ないエリアになった。

東京五輪に向け、東京周辺は仕事も多いし、賃金が高い。日当だけ比べれば、東京のほうが2〜3割高い。さらにイチエフは放射線管理区域だから滞在時間の上限が決められ、残業ができない。残業代が加われば、さらに東京のほうが高くなる。今は、危険手当で辛うじてイチエフのほうが高いが、それも少なくなるなら、メリットは減る一方だ。

会社にとっては、もっとうまみがない。作業員の労務単価が安いうえ、出張手当を付けたり、作業員を管理する社員を派遣しなければならず、経費がかかる。うちの会社は、イチエフの仕事から撤退したがっている。

もうひとつ深刻な問題がある。東電は数年前から、作業員一人当たりの被ばく線量を減らそうと、年間20mSv以下に抑えるよう指導している。核燃料の取り出しに向け、今は高線量下の仕事が多いのに、これでは全然働けない。


「会社は東京のほうが、うまみがあるんですよね」。いわき駅から少し離れた小さな店で下請け作業員のユウスケさん（40歳、仮名）と顔を合わせる。ユウスケさんは、事故直後から、イチエフと他の現場を出たり入ったりしている作業員だった。ユウスケさんの働く現場では、危険手当がまだ出ていたが、所属する下請けはその分をすべて作業員に渡しているため、会社にとってのメリットはない。東京周辺での労務単価が上がっている一方、福島第一に作業員を出すには出張代や宿泊代がかかる分、会社に入る金額は減る。東京から作業員を出していた会社は、どんどん撤退しているということだった。また東電の要請を受け、2年前から元請けが福島第一で働く作業員の年間被ばく線量の上限を20mSvにしたことも、会社にとっては撤退する大きな理由だった。作業員一人当たりの被ばく線量が高くならないようにという配慮だったが、現場では核燃料取り出しに向けて高線量の作業が増える一方で、さらに短期間でしか働けなくなった。「ゼネコン社員でずっといる人はいるけど、下請け作業員でずっと現場にいる人は本当に少ないですよ」

重装備　外国人受け入れ困難――2019年7月5日　ノブさん（48歳）

蒸し暑い日が続く。今年は湿度が高くてまいる。顔全体を覆う全面マスクに防護服やかっぱを着る重装備の日は、気温よりも湿度が高いのがこたえる。

靴の中は全身から滴（したた）った汗がチャプチャプいうし、密封されたマスクの額（ひたい）から流れた汗が目に入って染（し）みるが拭（ぬぐ）えない。作業が終わると体から水分が絞り取られたようになり、全身がだるく猛烈に疲れる。梅雨が明ければ、サマータイムになるが、作業開始時間が早まり、午前1時や2時に起きなくてはならなくなる。その分、早く寝るけど、体が慣れるまではなかなか眠れない。睡眠不足でさらに疲労がひどくなる。

4月から始まった改正入管難民法の在留資格「特定技能」で、外国人をイチエフに受け入れる話があったが、うまくいくとは思えない。東電は国の要請を受け、管理体制が整うまで当面凍結するみたいだけど。以前、除染作業と知らされずに連れてこられた外国人技能実習生がいたが、そういうことがまた起きるんじゃないか。

　重装備だと、問題は日本語が理解できるかだけではない。放射性物質を防ぐフィルター付きの全面マスクをつけると、ただでさえ声が聞こえにくい。危険なときなど、とっさのときに言葉が通じるのか。伝わらなくて死んでしまうようなことがあったら、取り返しがつかない。イチエフでは、日本人の作業員だって大けがをしたり、命を落とした人が何人もいる。高線量の現場では、被ばくを減らすために少しでも早く作業を終わらせないとならない。日本語ペラペラならいいけど、言葉の壁があると難しいと思う。

　放射線教育だって東電や元請けがしてくれればいいが、下請けではとても無理。それに危険な作業だから（金を）いっぱいもらえるイメージがあるが、危険手当は下がる一方だし、日当だって1万円ちょっと。日本人の俺らだってピンハネはひどいし給料も安いのに、外国人労働者にはもっとひどくなる気がする。


　久々の雨だった。現場では再び猛暑が作業員を疲弊させていたが、夜だけ雨がぱらついた日だった。居酒屋の個室に座るなり、ノブさんが顔をほころばせる。「ずいぶん久しぶりですね。子どもたちも大きくなりましたよ」。前回会う約束をした日の直前に、私が急きょ入院することになり、半年ほど時間が経っていた。スマホを手に取り、私の記憶より一回り大きくなった中学生の息子の写真を見せてくれた。「娘はもう写真なんか撮らせてくれませんよ」。この日は福島第一への外国人労働者受け入れの話になった。

4月に始まった新たな在留資格「特定技能」外国人労働者を、東電が福島第一の廃炉作業などに受け入れる方針であることを朝日新聞が報じたのは4月。東電は協力会社数十社に向けた会議で、特定技能外国人の受け入れについて、廃炉作業に関連する建設や事務棟などでのビルクリーニングなどが対象になると説明。線量計の携帯が必要な作業は、放射線の正しい知識や日本語の指示を理解できる能力が必要だとした。翌月、厚生労働省から慎重な検討を要請する通達を受け、東電は受け入れを凍結。言葉の問題を含め、福島第一などで働く日本人と同等以上の安全衛生水準を保てるか慎重に検討することになった。

「イチエフに外国人労働者は来ていたけど、特定技能の受け入れは難しいと思うな」とノブさんが考えこむ。焼酎水割りの入ったグラスの中の氷が溶け、音を立てた。「被ばく線量の上限など、外国人の線量管理はどうするのか」。ノブさんの懸念はもっともで、外国人労働者の生涯被ばく線量の管理をどうするのかという問題もあった。

大手ゼネコンのベテラン技術者は「イチエフでは、タンク増設現場などで、日系ブラジル人とか東南アジア系の作業員が入っていた。高線量下の作業現場にはいなかったけど。埼玉や（愛知県の）豊田(とよた)の自動車工場の期間工とかね。原発に入る前の放射線教育で一緒になった外国人技術者のなかには、日本語をちゃんと理解できていない人もいた。避難指示区域の除染は半分近くが外国人のこともあった。フィリピン人なんかは除染で働くことも知らずに連れてこられてるしね」と話す。他の技術者は「特殊な作業のために、技術協力とかで専門家が来るならいいですけど。今は必要な人数も少ないので、技術者やベテランが確保し続けられる方策を考えたほうがいい」と外国人労働者の受け入れには否定的だった。安い労働力として、高線量要員のように外国人労働者が使われるのではないかと危惧する作業員もいた。

福島第一原発事故のコスト

7月31日、東電は福島第二原発の全4基の廃炉を正式に決める。これで廃炉の決まった福島第一の6基と合わせて、県内全10基の廃炉が確定した。約1万体の使用済み核燃料は、敷地内に新設する貯蔵施設に保管し、廃炉終了までに県外に運び出すとしたが、最終的な行き先は未定で、搬出できる目途は、まったく立っていなかった。同日、福島第二の廃炉関連費用は総額で4千億円超に上ると明らかにした。またその4日前には、東電が再稼働を目指す柏崎刈羽原発（新潟県）の安全対策費用として1兆円超がかかるとする新たな試算をまとめたと、共同通信が報じた。2016年の経済産業省の試算では、福島第一の廃炉費用8兆円に加えて、被災者の賠償に7兆9千億円、除染費用に5兆4千億円など事故対応で21兆5千億円がはじき出されていた。19年3月には民間シンクタンク「日本経済研究センター」（東京）がデブリや汚染水の扱いによって振り幅はあるが、事故処理費用は総額35兆～81兆円になると算出した。東電は柏崎刈羽の再稼働を柱に、福島第一の廃炉や賠償費用を賄うと説明するが、最優先となる福島第一の廃炉費用が十分に確保されるのか、具体的な試算や道すじは示されなかった。

そして8月1日には1、2号機共用の排気筒の解体作業が始まった。

120メートル排気筒を輪切りで解体

排気筒は事故当初の水素爆発の爆風などで損傷したとみられ、排気筒の支柱の接合部などが何カ所も破断していた。倒壊の恐れがあり、年内を目処に上半分を解体する予定だった。この排気筒は事故直後、1号機の原子炉格納容器の高まった圧力を下げるため、放射性物質を含む蒸気を放出する「ベント（排気）」に使われた。排気筒の根元付近は、2011年8月毎時10Sv（シーベルト）超、15年10月の調査でも毎時2Svが計測されるなど、屋外では福島第一で最も線量が高い場所だった。

この排気筒は高さ120メートルあり、これほどの高所作業は福島第一では初めてだった。上半分60メートルを23のブロックに分け、上から輪切りにして解体する計画。3月に始める予定だったが、1月に3、4号機そばの排気筒の地上76メー

〈写真左〉解体される予定の福島第一原発1、2号機の排気筒。奥は1号機の原子炉建屋＝2019年4月23日　写真：朝日新聞社
〈写真右〉1、2号機の排気筒の解体作業中の様子。クレーンで吊った切断機器で排気筒を輪切りにしていく＝2019年10月21日　写真：東京電力

トル付近から、点検用の足場の鉄板が落下。幸いけが人はいなかったものの、周辺の安全確保や機器の修理のために解体作業は5月20日に延期になった。

ところが、作業直前に大型クレーンで切断装置を吊り上げたものの高さが足りず、筒の先端部分にぶつかってしまうことが判明。再び作業が遅れる事態となる。ゼネコン関係者は「高さ不足の原因は、（吊り上げる）ワイヤーの巻き上げ機器の安全装置の位置を確認していなかったこと。クレーンを扱う者にとっては安全装置があるのは常識だ」とあきれかえった。

排気筒を輪切りにする作業は200メートル離れたバス内で、約160台のカメラ映像を見ながら遠隔操作をするが、排気筒近くに設置したクレーンは有人操作で、運転室内を鉛(なまり)の板で囲み放射線を遮(さえぎ)る。作業員の一人は、「被ばく線量が嵩(かさ)めば、ベテラン作業員が途中で抜ける心配が出てくる」と表情を曇らせた。

「原発で働いている」と言えない――２０１９年８月９日　ヤマさん（62歳）

原発事故が起きた当初、保育園に通っていた孫たちに「じいじ、どこで働いているの?」と聞かれて、とっさに「ガソリンスタンドで働いているんだよ」と答えた。イチエフで働いているとは言えなかった。後日、保育園の先生から孫が「じいじはガソリンスタンドで働いているんだよ」とうれしそうに話していたと聞いた。

当時、仮設住宅に花火が打ち込まれたり、県外に避難した福島の子がいじめられるという話も聞いていた。一緒に住む私が原発で働いていると知られれば、孫が放射能を持ってくるみたいに言われて、いじめられるのではないかと思うと、怖くて告げることができなかった。それに低賃金で過酷な労働の現状を考えると、軽く見られているのを感じ、胸が張れなかった。

夜中の12時を過ぎると「日またぎ」と言われる。事故直後は緊急の突貫工事も多かったし、しばらくの間は交代制で作業時間がよく変わった。早朝からの日もあれば、日中の時も。夕方から始まり明け方まで働く日もあった。こんな毎日を送っていると時差ぼけのようになる。睡眠時間はシフトによって変わる。眠れず、疲労が蓄積し、疲れが抜けないまま仕事に向かう日が続いた。明け方までの勤務の日は疲労困憊に。「今日も日またぎか」とよく同僚と愚痴をこぼし合った。

事故後、敷地は高線量や汚染した場所だらけになり、被ばく線量が上がった。命懸けで作業をしているといっても日当は安く、誇りをもてなかった。とにかく孫を連れて戻ってきた娘と、私たち夫婦の生活のために必死だった。金があれば、幼い孫たちを避難させたいという気持ちもあった。事故後は理不尽なこ

福島第一原発に並ぶ汚染水の貯蔵タンク＝2019年7月10日、朝日新聞社機から
写真：朝日新聞社

とが多く、この8年、孫たちがいてくれなかったら俺はつぶれていた。
その孫たちも中学1年と小学校6年になった。今も剣道を一緒にやっている。原発で働いていることは2人とも、もうわかっているけれど、何も言ってこない。

地元作業員のヤマさんも、福島第一で働き続けていた。週に何回か孫2人と行く剣道の稽古も長らく続いていた。「生意気になってきたよ」。夜、電話を掛けるとヤマさんの太い大きな声が聞こえて、温かい笑顔を思い出す。「もう犬も2匹とも逝っちゃって。今は後釜がいる」。震災後に拾ったという大きな白い犬がヤマさんの家の庭で吠えていたのを思い出した。「原発で働いていることは、もう孫たちに話している。でも、俺自身がね。できれば、(原発作業員だと)言いたくない気持ち」

8月8日、東電は福島第一で増え続ける、トリチウムを含む処理済み汚染水について、タンクでの保管は2022年夏ごろ限界になるという試算を公表した。東電によると、7月18日時点で敷地内のタンクは約970基あり、保管中の水は約114万トン。東電は20年末までに敷地内で137万トン分のタンクを確保する計画を立てているが、その後の対処方法は決まっていなかった。以前に比べれば一日に発生する汚染水の量が減ったとはいえ、現在も毎日170トンのペースで増え続けていた。もし一基約1400トンの現行のタンクより大容量の10万トン級のタンクに交換したとしても、大型クレーンで設置するため、間隔を広く取らなければならず、保管容量は増えないという。翌日、福島第一における汚染水浄化後も残るトリチウムを含む処理済み汚染水の処分を検討する経産省の小委員会が7カ月ぶりに開かれ、東電がトリチウムを含む処理済みの汚染水の敷地保管の限界を説明。この会合で長期保管も含めて議論されたが、話し合いはほとんど進まなかった。9月には原田義昭(はらだよしあき)環境相が「海洋放出しかない」と発言し、全国漁業協同組合連合会など漁業者から強い反発が起きた。

敷地区分けしても汚染管理はずさん――2019年8月23日　ユウスケさん（40歳）

毎年そうだが、お盆明けの作業はきつい。サマータイムのため、朝3時には起きなくちゃならないから時差ぼけみたいになるし、休み明けの重装備は体が慣れるまでつらい。夜は涼しくなったが、少し前までは蒸し暑くてまいった。熱中症もけっこう出ている。数日前に、帰りのバスの中で、倒れて病院に搬送された人も重度の熱中症だと聞いた。

他の工事現場では、腰のあたりに扇風機がついた空調服が使えるけど、イチエフでは汚染したチリが飛ぶから使えない。朝9時を過ぎると日差しがきつい。全面マスクや防護服の中は蒸(む)れ、全身汗だくになる。全面を半面マスクにすれば楽になると東電は推奨するが、汚染が高い現場では、放射線管理の担当者から全面でやるように言われている。

敷地内が放射線量や汚染度に合わせて、三つのエリアに分けられてから3年半が経つ。当初は汚染水を扱うエリアで作業した靴で汚染の少ないエリアを歩いたり、高線量の場所での作業後に、汚染が付着した可能性のある重装備のまま、普通の作業服の人と行き交ったり、めちゃくちゃだった。

今は、汚染の高い場所の作業をするときは現場近くの鉄板の上で専用靴に履(は)き替えるが、あちこちで靴が外に出しっぱなしだったり、簡易の靴箱が雨ざらしだったり、管理がずさん。靴を履き替えるときに誤って鉄板の上に、足をつけてしまったりするし。地面に敷かれた鉛のマットの上で測ると、汚染の低いエリア近くでもかなりの高線量でびっくりする場所もある。そもそも建屋外を区分けすること自体に無理がある。

４月ごろ、安倍晋三首相が来て、背広で敷地を見学していたけれど、観光バスの通る道路は除染されて普通の服でいいエリアになっている。でも道路両脇が汚染の高い場所もあり、道路の端の放射線量はけっこう高い。アピールなんだろうけど、そんな区分けで危険手当を下げられたりするのはやりきれない。

福島第一を訪れる見学者は年間約1万組。数年前、東電幹部にその数字を聞いたとき、思わず聞き返した。「そんなに?」。廃炉作業をしている現場に、毎日のように観光バスで入る見学者。作業の邪魔にならないようにコースは決められるというが、邪魔にならないのだろうか。幹部は「現場を見てもらうのが一番」と、将来的にはもっと増やしたいと話した。訪れるのは、国やＩＡＥＡなどの国際機関、国内外の報道、県知事や町の幹部、それに地元の人たちなどで現在は年間2万人が見学に訪れている。4月に安倍首相が、背広姿で、5年7カ月ぶりに福島第一の現場を訪れた記憶はまだ新しかった。見学バスや見学者が通るコースの道は除染されているが、道のすぐ脇が全面か半面マスクに防護服を着なくてはならない「イエローゾーン」だったり放射線量が跳ね上がる場所があるというから、それで安全と言っていいのかと思う。ユウスケさんが言う。「綺麗なところだけしか見せないんですよ」。それは、ずっと変わっていないようだった。

被ばく上限「命のためじゃない」——2019年9月4日　作業員（54歳）

原発事故後、被ばく線量の基準がいろいろ変わった。イチエフでは、事故直後に作業員が足りなくなるからと、緊急作業の被ばく線量の上限を100mSvから250mSvに引き上げた。そして政府の事故収束宣言で突然、緊急作業ではなくなり、通常の「年間50mSv」「5年で100mSv」に戻った。

世の中に基準はたくさんあるけど、被ばく線量の上限は、人間の命を守るためのものだと思っていた。でも原発に関する基準は人の命のためじゃない。一般の人の被ばく線量の年間許容限度は1mSvだったのに、事故から8年経っても、福島では避難解除の基準は、年間20mSvのまま。しかも、大人も子どもも同じでいいのか。それにこの基準は、作業員の5年間の上限を守るための年間被ばく線量平均と同じ値だ。

国際基準で大丈夫だからと言うが、それなら今までの1mSvはなんだったのか。20mSvは、住民を帰還させるためと経済のための基準じゃないのか。また事故後、科学的にわかっていないことを「被ばくとは（因果）関係がない」とか、安全だと言い切っているのも気になる。

作業員は現場作業以外の生活でも被ばくする。基準が別々にあるが、一人の人間が放射線を浴びていることに変わりない。緊急時はしょうがないにしても、次に原発で大事故が起きれば、被ばく

線量上限はただちに250mSvに引き上げられる。原子力規制委員会などでも、事故が起きるのが前提で、議論されている。

作業員の被ばく線量は年度ごとに管理され、4月に「リセット」されて新年度の線量枠がもらえるが、浴びた被ばく線量が減るわけではない。俺の生涯線量は500mSv近い。作業員は金をもらったのだから、病気になっても自業自得だと言われるだろうけど、事故後に来た特に若手が病気になったときは、被ばくとの因果関係を証明しろと言うのではなくて人間的な観点から補償してほしい。そうしなければ、次に事故が起きたときに来る作業員はいなくなる。

国際放射線防護委員会(ICRP)の1990年勧告では毎年ほぼ均等に被ばくしたとして「生涯1Sv」を超えないようにすべきとし、それを基準に算出した「5年で100mSv」を勧告している。日本もこれに沿って原発作業員の被ばく線量上限を定めている。つまり原発作業員は、法で定められた被ばく線量上限を守っていても、最大で生涯1Sv近くまで被ばくする可能性があるということになる。

住民についても、「年間被ばく線量20mSv以下」の場所は大人も子どもも避難指示を解除するという「基準」は、原発事故からまる8年が過ぎても変わっていなかった。この数値は2011年4月6日に原子力安全委員会が示した、「20mSv超」で避難区域(場合によっては屋内退避)とするという緊急時の数値がそのまま、踏襲(とうしゅう)されている。

福島第一では排気筒解体のトラブルが続いていた。この作業のために開発された切断装置の不具合が頻発。切断装置の発電機の燃料切れで停止したり、装置に四つ付いている、回転のこぎりの刃の磨耗が想定より早かったり、通信異常で動かなかったりした。当初、筒の頂部から約2メートルを切断する作業を1日で終える予定だったが、結局1カ月かかった。

9月19日、福島第一原発事故をめぐり、業務上過失致死傷罪で強制起訴された東電の勝俣恒久元会長（79歳）、武藤栄元副社長（69歳）、武黒一郎元副社長（73歳）の3被告の判決で、東京地裁は「大津波の予見可能性は認められない」として、3人に無罪（いずれも求刑禁錮5年）を言い渡した。公判の争点は、海抜10メートルの原発敷地を超える高さの津波を予見して対策を取ることで事故が防げたかどうかだったが、3人は一貫して「大津波は予見できなかった」と無罪を主張していた。検察官役の指定弁護士は30日、東京高裁に控訴した。

10月12日、大型で非常に強い台風19号が襲来。記録的な大雨をもたらし、東日本の広い範囲で甚大な被害を及ぼす。福島も夜から翌日未明にかけて直撃を受け、県内で26人が死亡。いわきなど広範囲で停電が起き、作業員宿舎や寮、ホテルなども停電した。また市内の氾濫した夏井川や好間川などの川沿いは以前田んぼが広がっていたが、原発事故後、いわきの土地が高騰するなかで、分譲地として売りに出され、多くの避難者が移り住んでいた。原発事故で故郷を追われた避難者が、台風による浸水などで再び被災する「二重被災」が起きていた。

☢ もし強風襲ったら…背すじ凍る——2019年10月25日　セイさん（62歳）

10月12日に台風19号が福島県を襲った夜、いわき市内のアパートにいた。雨が窓にたたきつけられ、携帯電話の警告音は鳴りっぱなしに。夏井川、好間川、鮫川が次々氾濫。水が上がってきたら2階に逃げようと、常に窓の外を気にしていた。とても眠れる状況じゃなかった。明け方に雨がおさまった後は、今度はパトカーや消防車、救急車のサイレンが鳴りっぱなしになった。

市内では、氾濫した川のそばの地域で、たくさんの人が亡くなった。高さ3メートルまで水が上がった地域もあった。夜中、急に水がきたらとても逃げられない。あれ以上、降り続けていたら、もっと被害が大きかった。

翌日、イチエフに行くと、一部でたまった水をポンプで排水したものの、思ったほど水浸しにはならず無事だった。敷地内には汚染物がいろいろあるから、放射線管理員が現場の放射線量を測ってから、作業を開始する。台風前日には、大型クレーンをたたんだり、他の資機材が飛ばないように固縛したりと準備作業に追われた。まいったのは浄水場が浸水し、市内約4万5千戸が断水したこと。アパートの水も出なかった。従業員の半分の家は水が出なかった。

俺らがイチエフで働く間に、事務所にいる人が給水所から水をもらってきてくれ、それを持って帰る。一日20リットルのポリタンク一つではとても足りない。30リットルぐらい使う。風呂は隣の湯本駅前の温泉に行く。作業後すぐ風呂に入れないのはつらい。混んで行きも帰りも渋滞。それに、

風呂に入る前に1時間半は待つ。3日前に水が出るようになったときは、ほっとした。

もし千葉のように、送電線が倒れるような強風がイチエフを襲ったら、どうなっていたのか。切断作業をしている排気筒もそうだが、敷地に何百とある汚染水の入ったタンクも危ない。仮設の配管も配電盤もある。また燃料が冷却できない事態になったら……。大雨より強風、そしてやはり地震が怖い。

1、2号機の排気筒の切断作業は、その後もトラブルが続いた。11月末には遠隔操作で動かす切断装置の回転のこぎりの刃が排気筒の切れ目に挟まって外れなくなった。そのため、12月3日には、とうとう作業員3人が、クレーンで吊り上げられた鉄製のかごに乗って、排気筒の約110メートルの高さに上がり、電動工具で切断作業をした。約3時間半の作業で、作業員の被ばく線量は最大で0・52mSvだった。

政府は12月2日、廃炉に向けた工程表の改訂案を公表。2021年から2号機でデブリ取り出しを始めると明記する。デブリ取り出しの工程が公表される一方で、汚染水を浄化処理しトリチウムが残った処理水の処分方法は決まら

夜間、1、2号機の排気筒上部に上がり、グラインダーで切断作業をする作業員（写真中央）=2019年12月3日　写真：東京電力

ないでいた。処理方法を議論する経産省の小委員会は23日、「薄めて海洋放出」「蒸発させ大気放出」「両案を併用」の3案を提示した。小委員会は、技術的な議論をした作業部会「トリチウム水タスクフォース」の報告書に示された五つの案について、16年11月から議論してきた。この日3案に絞ったとりまとめ案が議論されたが、結論は出なかった。

12月17日、福島県から山形県に「自主避難」するなどした734人が国や東電に計約80億7千万円の支払いを求めた訴訟の判決で、山形地裁は国の賠償責任を認めず、東電に対して原告5人に44万円を支払うように命じた。他の原告については「東電が既に弁済した額を超えない」「事故による権利利益はない」などと判断した。全国で約30ある避難者らの集団訴訟の判決の13件目。すべての判決で東電の責任は認められたが、国が被告になった国自身の責任を認めたのは6件だった（認めないのは4件。他は国が被告になっていない）。

12月26日、福島第一の立地町（大熊町、双葉町）で、事故による全町避難が県内で唯一続いている双葉町の一部避難指示の解除が2020年3月に決まった。

12月27日、政府は東京電力福島第一原発の廃炉・汚染水対策の関係閣僚会議を開催。1、2号機の使用済み核燃料プールにある燃料搬出開始目標を、2023年度から最大5年遅らせることを正式に決めた。1号機では放射性物質の飛散防止のため、建屋上部の全体を覆う大型カバーの完成が23年度ごろになる見通しで、核燃料の取り出し開始は27〜28年度。2号機のプールには615体の燃料が残り、その取り出し開始は24〜26年度。いずれも2年ほどかけて搬出する。また溶けた核燃料（デブリ）の取り出しを2号機から21年度中に始めることも、この日改訂した工程表に明記された。事故後30～40年とする廃炉完了目標の期間はそのまま維持した。

「福島第一原発」廃炉まで

東京五輪・パラリンピックが開催される2020年を迎えた。今年の3月11日で、原発事故から丸9年が経つ。もう9年が経ったというべきか、まだ9年というべきか。作業員日誌が始まった2011年8月から取材を受けてくれた作業員たちとも同じだけの時間、付き合ってきたことになる。園児や小中学生だった彼らの子どもたちも、中高生や社会人になった。その間、福島第一では溶け落ちた核燃料（デブリ）や使用済み核燃料を安定的に冷却できるようになり、敷地内に散乱していた瓦礫は撤去され、1～3号機の格納容器内の調査、使用済み核燃料プールからの燃料取り出し計画が進む。核燃料の冷却と建屋への地下水の流入で、毎日400～500トン生まれていた汚染水の発生量も、1日150～170トンと格段に減り、19年12月に改訂された工程表には、汚染水の発生量を25年までに1日当たり100トン以下にまで抑えると目標が記された。

一方で、110万トンを超える放射性トリチウムの残る汚染水の最終的な処理方法は決まらず、貯蔵先である敷地のタンクは増え続けている。原子力規制委員会の更田（ふけた）豊志（とよし）委員長は「(通常の原発でしているように)基準値以下に希釈（きしゃく）して、海洋放出することが唯一の現実的な手段」とし、東電に決断を迫るものの、東電は「国の検討を待ちたい」と判断を避けてきた。現在、提案されているのは、海洋と大気、または両方に放出する方法で、地元からは風評被害を懸念する反発の声が上がり、落としどころは見つからない。その背景には、多核種除去設備（ALPS（アルプス））で除去しきれないトリチウム以外にも放射性物質が残留し、一部は排水の基準値を上回っていることが発覚するなど、「発表されていたことが事実と違う」ことへの不信感がある。
1、2号機の排気筒の切断作業は、前年12月ごろまで現場作業員らから「また作業が止まっているよ」「切断装置のトラブルが起きた」などと、よく連絡がきたが、ここのところ順調のようだ。東電は昨年12月、作業終了を3月中としていた工程を5月上旬に延期した。ただ機器トラブルが続き、途中で人力により切断するなど緊急対応となったこともあり、この先、予定通り5月上旬に作業が終了するかは現場の様子を聞いている限りかなり難しい。
当面の最重要課題は、1〜3号機の使用済み核燃料プールからの「核燃料取り出し」になる。4号機は14年12月に1535体すべての核燃料搬出を完了。昨年4月に始まった3号機のプールからの燃料取り出しは、機器の故障などでたびたび中断しているが、566体のうち63体（1月31日現在）を取り出し、移送。21年3月末に終了する予定となっている。1〜3号機は、先にプールからの燃料取り出しが終わった4号機とは違い、いずれも炉心溶融を起こした原子炉建屋での作業となる。建屋内の放射線量は非常に高く、人が長時間作業をすることはできない。主に機器を使った遠隔操作での作業となり、4号機の取り出しの時とは作業環境が異なる。機器の故障やトラブルが起きれば、作業員が現場に行って対応をしなくてはならなくなる。

原発事故前から福島第一で働く、ベテラン作業員が繰り返し言っていた言葉を思い出す。「すべてをロボットや遠隔操作でやることはできない。ロボットの搬入口に持っていくのも人。必ず人がやらなくてはならない作業がある。最後は人だよ」。その言葉の通り、これまでも、格納容器内の調査でロボットを運んだり、事前の穴開け作業や機械の設置は人力で行ってきた。高線量の建屋内の線量を下げるために大量の鉛板を運んで遮蔽したり、原子炉建屋にカバーを設置したりする作業を一つひとつ積み重ねるなど、高線量下で数々の人海戦術が行われてきた。タンクから堰内にあふれた汚染水をちりとりですくったり、重機で除去しきれない細かい瓦礫をスコップで取ったりする作業もあった。

プールからの「核燃料取り出し」に話を戻そう。プールに392体の燃料が残る1号機の原子炉建屋では、2011年10月に放射性物質の飛散防止のために設置された建屋カバーが外され、事故時の水素爆発で吹き飛んだ鉄骨やコンクリート瓦礫の撤去が進む。今後、建屋上部に積み重なっている瓦礫撤去のためのクレーンが付属した原子炉建屋カバーを23年ごろまでに設置する予定で、燃料取り出しは27～28年度を見込む。1号機では建屋上部の大型瓦礫の問題のほかに、格納容器上部にある三重の鉄筋コンクリートの蓋（直径12メートル、520トン）がずれ落ちており、これも対処しなくてはならない。しかし昨年9月、蓋の2段目中央部分で最大毎時1970mSvと超高線量が計測されており、作業の難航が予想される。

615体の燃料がプールに残る2号機は当初、建屋上部を解体する予定だったが、昨年12月、水素爆発を免れた建屋をそのまま活用する手法に変更した。原子炉建屋の隣に、燃料取り出しの機器やクレーンを備えた施設を新設。建屋上部に設けた開口部を通じて、最上階と新施設をレールで行き来できるようにし、24～26年度に取り出しを始める。建屋解体による放射性物質の飛散や、解体のための工事期間を短縮できるが、開口部に合わせて取り出し機器を小型化したため、一度に取り出せる燃料の量は減り、時間がかかる。3号機に比べて1、2号機はさらに線量が高く、3号機よりも作業が難航する可能性がある。工程表もこれまでに5回改訂されており、これも工程通り進むとは限らない。作業に目標や計画は必要だ。だが、何よりも、現場を見て工程を作成し、現場の状況に合わせて見直しや修正をしていくべきだと感じる。何度も書いてきたように、作業は天候にも左右される。特に浜通りの強風は、クレーンを使った作業などに大きく影響する。そのなかで、これまで作業員たちが急かされてきたように「工程ありき」で現場を動かせば、また大きな事故が起きかねない。

溶けた核燃料（デブリ）の取り出しも、いよいよ21年中に2号機で始まる見込みとなった。東電は原子炉格納容器の壁面を貫く配管からロボットアームを投入し、デブリを回収する予定。昨年2月の調査で一部小石のようなデブリを持ち上げることはできたが、一部は溶けて固まり岩のように硬く、動かすことはできなかった。硬く固まったデブリをどう切り崩し、取り出すかは難題となる。東電は、本格的な取り出しの前に、まずは英国製ロボットアームを使ってデブリを少量採取し、硬さや組成を分析する。1～3号機でそれぞれ格納容器内の調査が進み、少しずつ中の状況がわかってきたものの、最も調査が進む2号機でも、デブリの一部が確認されただけで、どこにどう溶け落ちているのか、その全容は摑めていない。一部が取り出せたとしても、溶け落ちた核燃料すべてを取り出す方法までは目処が立たない。取り出すにしても格納容器内は、わずかな時間で人が死に至るような超高線量。ロボット挿入や必要な機器設置などで、近くまで行って作業をする作業員の安全確保も重要な課題となる。

1号機では格納容器内に大量の堆積物(たいせきぶつ)があることはわかっているが、デブリは未確認。昨年、水中ロボットを入れて調査しようとしたが、格納容器側面にロボット投入のための穴を開けようとしたところ、放射性物質で汚染したチリやホコリが多く飛散していたため穴開け作業を中断している。3号機は17年7月に圧力容器底部にデブリらしき塊(かたまり)が発見されて以降、調査に大きな進展はない。これまでの調査で圧力容器内の構造物が格納容器内に大量に落下していることが判明。1、2号機よりも構造物の損傷度合いが高く、デブリ取り出しの難度はより高い。いずれにしても一部のデブリが取り出されたとして、全部が取り切れない場合は、その後どうするのかという問題がある。また取り切れたとしても、1～3号機のデブリは合わせて推計880トンともいわれ、その保管先も問題となる。

どこまでの作業が終われば「廃炉」となるのかという問題もあるが、原発事故から廃炉まで30～40年という期間で達成する現実味は感じられない。事故から9年。すでに、その4分の1ほどが過ぎたことになる。以前、地元作業員のノブさんと、お互いおじいちゃんとおばあちゃんになった将来「廃炉になったね、といつか俺の故郷の家の縁側で一緒にお茶を飲めたらいいね」と話していたが、今は生きているうちに廃炉が見られないのではないかと二人とも感じている。ノブさんは今も「体が動く限りは福島第一の廃炉に向けて作業をしたい」という。その気持ちは事故直後から変わっていない。地元作業員らには「自分たちで故郷をなんとかしたい」「イチエフで働いてきた自分たちがやるしかない」と、故郷を守りたいという強い思いがある。また東京や他県から来て福島第一で働く下請けの技術者やベテランなどは、事故直後から緊急作業に関わり「イチエフを何とかしたい」「廃炉まで関わり続けたい」という思いがあり、事故前から福島第一原発などで原発作業をしてきて「原発に関わってきた責任がある」「見てきた原発を見守りたい」という気持ちに支えられている。

作業員たちをめぐる労働環境と補償

常に懸念してきたことだが、廃炉までの長きにわたる期間、必要な人材を確保し続けられるかという問題がある。原子炉建屋での燃料取り出しに向けての作業は、高線量下の作業で人海戦術になるので、ある程度の人数が必要になる。一方で数年前から、福島第一では高線量の作業でも「年間20mSv」を守るようにしていることを考えると、作業員の「働ける時間」は短い。一方で最難関のデブリ取り出しに向け、専門知識や現場をよく知るベテランの存在が、ますます必要になってくる。だが9年経った今も、福島第一の仕事が不安定な状態は続いている。

さらに敷地の95％を超える大半のエリアで、放射線量が下がったとして、いわゆる「危険手当」が下がるなか、作業員たちからは「イチエフで働くメリットがなくなった」という声が上がる。デブリ取り出しなど、高線量下の危険な作業が今後増えることが予想されるなか、ますます福島や福島第一を何とかしようという強い気持ちや志（こころざし）がないと、福島第一で働き続けることが難しくなっている。地元作業員などが働き続けられるように、低線量の現場での作業を確保している元請けがあるとはいえ、手当削減や打ち切りなど、その対価は下がり続けている。

事故から9年経ち、現場には20代の若い地元作業員らが入ってくるなど、世代交代も起きている。

地元作業員たちの気持ちや他県から来る作業員たちの思いを考えると、世代交代で今後、どうなっていくのだろうかと思う。「仕事があるときだけ、しかも被ばく線量がもつ間だけ作業員を呼ぶ」というやり方で、作業員の志や思いに頼った形で人集めを続けていけば、近い将来、人は集まらなくなる。

福島第一で働き続けたいと強く思う作業員でも、大手企業やゼネコンなど元請けや大手1次下請けの社員など以外は、福島第一で仕事が無くて解雇されたり、被ばく線量で福島第一を去ったりした後に何の補償も無く、自分で他の仕事を探さなくてはならなくなった人は多い。「福島第一の仕事がない時だけ」他の仕事を確保し続けるのは無理だと、福島第一に気持ちを残しながらも、去っていった技術者や小さな下請け会社もある。これから使用済み核燃料プールからの核燃料搬出やデブリ取り出しなど困難な作業が進められていくうえで、福島第一のこの仕事の不安定さは大きなネックになる。「最後は人」だというベテランの言葉ではないが、作業員が仕事をし続けられる環境を整えるのは、何よりも優先すべきことではないだろうか。

国際原子力事象評価尺度で最悪の「レベル7」の事故が起き、事故後の作業員の被ばく線量は事故前とは比較にならないほど高くなった。特に事故直後は、東電社員で最大678mSv、協力会社の作業員で最大238mSvの被ばくをした。事故直後に3号機地下の汚染水に入って作業をした作業員らはその日一日の作業で、173～180mSvの高い数値の放射線を浴びた。事故から9年になる今、事故後の累積が100mSvを超える作業員が増え続けている。

未曽有(みぞう)の原発事故が起き、作業員の被ばく線量は格段に上がったが、原発事故後の収束に関わった作業員の補償は何もない。２０１１年12月16日の事故収束宣言までの緊急作業に携わり、一定期間に50ｍＳｖ以上被ばくした場合、東電や国のがん検診が無料で受けられるものの、治療費は出ない。病気で働けなくなったとしても、生活費の補償もない。厚生労働省などによると、原発事故後、福島第一で働いた作業員のうち24人ががんになったとして、労災を申請。白血病で３人、肺がんで１人、甲状腺（こうじょうせん）がんで２人が労災認定された。６人は不支給が決まり、３人が請求を取り下げ、残る９人はまだ調査中だという。

気になるのは請求を取り下げた３人。これまでの取材ではけがをしたり、敷地で具合が悪くて倒れたりしたときに「給料を補償するから労災にしないでほしい」などと所属会社や上位の会社から求められた作業員たちがいた。なかには上司や社長から「労災にされたら（作業員の管理が悪いと）会社が仕事をもらえなくなる。他の社員にも迷惑がかかる」などと説得された作業員もいた。この取り下げは本人の意思なのか。そうではないのか。また労災認定を発表するたびに厚労省が「被ばくとの因果関係が証明されたわけではない」と繰り返すように、事故前や他原発を含め、これまで原発作業員でがんになったとして裁判を起こし、因果関係が認められて作業員側が勝訴したケースはない。

労災も白血病には基準があり、比較的認められやすいが、それ以外のがんには「目安」しかない。これだけの原発事故が起き、作業員の被ばく線量が格段に上がったのに、通常の工事現場で働くのと同じ「労災」を申請することでしか、補償がされない。

また労災が認められたとしても、それで補償は十分なのだろうか。福島第一などで作業後、急性骨髄性白血病になった北九州市の溶接工の男性（45歳）は、労災認定されたのち、16年11月に東電と九州電力に損害賠償を求めて提訴した。男性は白血病で3人の幼い子どもたちを残して死ぬかもしれないという恐怖から鬱病を発症。鬱病と白血病の両方で労災が認定されたが、白血病再発の可能性があるなかで「いつまで補償が出るか」という不安の中で生活を続けている。労災認定の際、国は「被ばくとの因果関係が立証されたのではない」とするが、労災認定の際は基準がある白血病を含めて、専門家会議で一例一例検討され、被ばく線量や発症までの期間、他にがんになる要因がないかなど詳細に調べた後に認定される。

この男性の弁護団は「白血病の労災認定時に専門家会議は、男性に遺伝的要因がないことを確認しており、原発で被ばくした以外に発症する原因が認められなかった」と主張したうえで「被ばくで白血病を発症したことを医学的・科学的に証明するのは不可能で、さらなる立証を求めるのは原告に不可能を強いることだ」として、男性の白血病と被ばくとの因果関係があると判断すべきだとしている。また２００９年の原爆症認定訴訟の東京高裁の判決では、複数ある病気の発症原因のうち、一つが放射線である場合や、放射線で発症が進んだと判断される場合も「放射線が原因と肯定されるのが相当」としている。男性の診察をした虎の門病院副院長で血液内科の谷口修一医師は「医学では『何ｍＳｖ以下は安全』とは線が引けず、低線量でも影響は否定できない」と説明する。そのうえで谷口医師は「原発事故後の作業に携わった作業員は被災地や国のために働いている。被ばくとの因果関係が否定できない場合は、補償していくべきではないのか。生涯健康状態を調べ、治療費なども補償すべきだ」と話す。

立ち上がったチェルノブイリ収束作業員

旧ソ連で起こったチェルノブイリ原発事故から30年となる2016年4月、NHKの七沢潔さんの誘いを受け、早めのゴールデンウィークを取り、事故直後に作業をしたリクビダートル（収束作業員）らに会いにロシアを訪れた。モスクワの南に位置するトゥーラ州には、爆発した4号機直下に溶けた核燃料が地下水と反応して大爆発するのを防ぐ目的で窒素ガスを詰めるため、トンネルを掘るのに駆り出された炭鉱労働者たちがいた。

トゥーラの炭鉱労働者ら450人は、事故から7日目の1986年5月2日から2週間ずつ、計約1カ月の間、トンネルを掘る作業をした。事故収束作業をしたリクビダートルらが組織したチェルノブイリ同盟トゥーラ支部を訪れ取材すると、作業をした450人全員が原発事故による疾病障害者に認定され、3分の1の約150人が心臓疾患やがん、自殺などで亡くなったという。ロシアのリクビダートル約25万人のうち、亡くなったのは5分の1の5万人。トゥーラの炭鉱労働者らの死亡率は突出して高い。

駆り出された炭鉱労働者は当時20～30歳代が中心。若い屈強な男たちが2週間の作業の後、次々と体調を崩し始めた。トンネルで作業中に意識を失ったり、頻繁に風邪を引いたり、激しい頭痛や関節の痛み、さまざまな内臓疾患に襲われていったという。支部長のウラジーミル・ナウモフさん（取材当時60歳）は「事故から5～10年後、毎日のように仲間が死んでいった。最悪の時期だった」と顔を曇らせた。

働けなくなり、生活が困窮したうえ、治療費もかかった。１９８９年10月に自分たちの権利を守るために炭鉱労働者５人がチェルノブイリ同盟トゥーラ支部を作った。設立者の一人、オレグ・カシェツキーさん（同56歳）は「国は私たちの存在を無視していた。誰かが立ち上がるべきだった」と証言する。別の地域でも同様の動きが出ていた。チェルノブイリ同盟は旧ソビエト連邦全体に急速に広がっていった。

同盟はデモやハンガーストライキも辞さない強い運動をしながら、補償を求めていった。運動は、90年から原発事故による疾病障害者として認定されるようになり、91年にロシアやウクライナなどで制定された「チェルノブイリ法」の実現にもつながった。障害者と認められた人には、賃金補償や年金、治療費や薬代が補償されるようになった。しかしその後、抗議運動にもかかわらず、補償は悪化の一途をたどった。現在は「微々たるもの」になってしまったというが、それでも事故後の作業に携わった作業員らが立ち上がり、自分たちの権利を勝ち取ってきた事実は変わらない。

昨年チェルノブイリ同盟のメンバーでチェルノブイリ法案作成にも関わった。アレクサンドル・ベリキンさん（同65歳）にスカイプで取材をした。15年に来日したとき以来のインタビューだった。ベリキンさんは「住民も含め、病気になったときは因果関係があるか否かではなく、汚染した場所にいた、リスクを負ったということで補償が認められる」と解説する。ロシアでも被ばくとの因果関係の審査はされるが、基本的に申請が認められてきたという。

働けなくなった作業員らが立ち上がり、限界はありながらも補償を勝ち取った旧ソ連と日本との違いは、日本の作業員の多くが、現在も東電など電力会社から仕事をもらう元請け企業や下請け企業に所属していることだ。下請け企業などが「作業員の管理がなっていない」と言われて仕事が受注できなくなることを怖(おそ)れ、労災事故なども隠す実態があるなかで、作業員の補償や権利を守る組合があったとしても、立場の弱い作業員はなかなか加入できない。被ばく線量が高くなり解雇された地元作業員に、なぜ日本ではチェルノブイリ同盟のような団体が組織されないのかと聞くと、「今も原発で働く作業員が多いなか、作業員の組合を作ろうとしても絶対に無理」ときっぱりと言われた。作業員の相談を受ける支援団体に取材をすると、仕事を辞めた作業員か、辞める覚悟をした作業員からしか相談がこないという支援の壁にぶつかっていた。

事故から9年。今後、作業員や元作業員で「最初の被ばくを伴う作業から5年以上経ってから発症」「累積被ばく線量が100mSv以上」(胃や肺がんなど固形がんの場合)の目安を満たすがん罹患(りかん)者は増えていくと考えられる。そうなったらどう対応するのか。厚労省の担当者に聞いたことがある。ある程度の条件を満たせば、現在一つひとつの事例で開いている専門家の検討会議を開かずに認定するのか。その答えはこうだった。「労災認定という枠組みで考える限り、病気と被ばく労働との関係があるかどうかの審査や検討はする。補償という観点で考えるのならば、労災とは別の枠組みが必要なのかもしれない」

原発事故後、高線量下で命を賭(と)して作業した作業員たちに、事故前と同じ労災しか救済の道がない。裁判での因果関係の立証にせよ、作業員たちが放射線の影響の立証責任を負う現状から、国や会社側が放射線の影響を否定できない場合は被害を認め、補償や賠償をするあり方に変えるべきではないのか。

今年3月11日を過ぎれば、原発事故から10年目に入る。チェルノブイリ原発事故のリクビダートルとは被ばく線量が違うとはいえ、作業員たちの年齢も考えると、がんなどに罹患する人が増える可能性がある。以前、作業員たちが言っていた言葉を思い出す。「放射線は無味、無臭で、そこにあっても見えない。それに、働いているうちに被ばくを意識しなくなる。でも、もしイチエフで働く作業員が次々がんになったってなれば、みんな来なくなるだろうな」「今はね、目の前の作業を何とかしようとして必死で働いている。でも次に地震がきたら、俺は逃げる」

２０２０年1月現在も、格納容器内の溶け落ちた核燃料の全容はわからないまま。道半ばと言っても、廃炉までの全工程のどこまで到達したのかも見えてこない。今ここで、この先何十年後になるか終わりの見えぬ作業を考え、作業員の補償の見直しや働き続けられる雇用条件を整えなければ、廃炉はままならない。

解説――「小文字」を集めたルポルタージュ

青木 理

ノンフィクションは徹底して「小文字」を積み重ねて紡ぐ文芸である――そんな趣旨のことを口にしていたのは、たしか先輩のノンフィクション作家だったと記憶している。その先輩作家の仕事や言説には違和感を覚えることも多々あったが、これについてはなるほど至言だといまも思う。いや、ノンフィクションという分野にとどまらず、広くジャーナリズム全般に敷衍し、取材・報道という仕事に関わる者たちが念頭に置くべき警句ではないかとも思う。

だが、新聞をはじめとする現実のジャーナリズムの世界には「大文字」が盛んに飛び交っている。代表的なのは「社説」や「論説」、「解説」や「オピニオン」の類だろうか。もちろん地道な取材に基づいて書かれたそれもなくはないが、ついつい筆勢は「大文字」に流れがちになる。「こうあるべきだ」「われわれはこう考える」「政府の方針はこれこれだ」――。

取材先や情報源にしても「大文字」の魅力は抗いがたい。政権を担う政治家、政府高官、大企業のトップ、役所や捜査機関の上層部――。そうした権力者のもとには機密性の高い情報やデータが集約され、集積しているから、取材者はよだれを垂らして大挙群がっていく。首尾よく食い込むことができれば、重要情報を大づかみにし、ごっそりと頂戴できるかもしれないから。

誤解を恐れずに記せば、ノンフィクションの書き手であれ新聞記者であれ、情報を糧とする取材者という生き物の、それは拭いがたい本性ではある。政治や社会のありように疑義を唱え、別の道筋を提示するジャーナリズムの役割も考えれば、「大文字」で紡がれる文章をすべて否定するわけにもいかない。

しかし、それではこぼれ落ちてしまう市井の声がある。名もなき者たちの喜怒哀楽がある。その喜怒哀楽の中にこそ、本来は私達が噛みしめ、咀嚼し、反芻し、沈思黙考しなければならない事実が横たわっている。ノンフィクションにとどまらず、ジャーナリズムに関わる者たちが「大文字」に流されず、ひたすら「小文字」にこだわってすくいとる必要性がそこにある。

その点でいうと、本書は徹底して「小文字」を積みあげて紡がれている。人類史でも未曽有の原発災害となった福島第一原子力発電所の事故をめぐり、真相や内実をめぐる書籍や記事はこれまでいくつも発表されてきたし、これからも発表されるだろうが、本書以上に「現場」へと肉薄し、「現場」から発せられた「小文字」を集めたルポルタージュは珍しい。

登場するのは事故収拾の最前線に立つ作業員ばかりである。凄惨な事故現場で日々奮闘しているが、事故の深層に関わる機密情報を握っているわけではなく、何らかの権力を持っているわけでもない。むしろ不安定で脆弱な立場に置かれ、時には都合よく使い捨てられるかもしれない危惧に直面しつつ、しかし最も危険な「現場」で任務に日々従事している作業員ばかりである。

それでもある者は使命感や責任感を抱き、ある者は地域社会や組織の糸に絡め取られ、またある者は生活の糧を得るため、危険と矛盾に満ち満ちた「イチエフ」に日々身を横たえ、防護服越しに放射線と格闘している。本書のもととなった東京新聞の連載『ふくしま作業員日誌』を目にしたときから、これは容易ならざる仕事だと私は注目していた。1回1回は短い連載ではあったけれど、取材の手間と困難さがすぐに想像できたからである。

ただでさえ身分の不安定な作業員だというのに、新聞記者の取材に応じ、事故現場や作業の中身を明かしたことが発覚すれば、直ちに職を奪われかねない。その間隙（かんげき）を縫って証言に応じる作業員を探し出し、警戒心をほどいて信頼を勝ち取り、実際に話を聞いて取材し、彼らの身分を守りつつ記事化する手間と困難。

そうした内実の一端は、本書で初めて明かされているからここでは繰り返さない。おそらくは本書で明かされている以上のハードルがあったと推測するが、その努力の積み重ねとして、徹底して「小文字」で紡がれた本ルポルタージュが生まれた。

登場する作業員たちの想いや生活環境は、これも本書で描かれたようにさまざまである。だが、少なくとも今後数十年という気の遠くなるような時を要する事故収束と廃炉作業を考える際、たとえば作業員たちを現在のような不安定で非人道的な環境下の労働に従事させていていいはずがない。著者も記している。

〈「仕事があるときだけ、しかも被ばく線量がもつ間だけ作業員を呼ぶ」というやり方で、作業員の志や思いに頼った形で人集めを続けていけば、近い将来、人は集まらなくなる〉〈この先何十年後になるか終わりの見えぬ作業を考え、作業員の補償の見直しや働き続けられる雇用条件を整えなければ、廃炉はままならない〉（本書より）

本書で著者が提起している問題意識のごく一部ではあるが、こうした著者の訴えも、「現場」でひたすら奮闘する作業員の声に耳を傾け、その証言という「小文字」を真摯に積み重ねた結果として一層説得力を持つ。

そして、この「名もなき作業員たちの証言」を精読し、受け止めて咀嚼し、反芻し、「大文字」で括られるような命題に回収しつつどう対処するかは、われわれ全員に課せられた重い責務でもある。たとえば原発事故の後始末とでもいうべき作業環境はこれでいいのか。いや、果たして後始末などというのが本当に可能なのか、可能だとすれば廃炉までの具体的道のりをどう描くのか。さらには原発自体を今後どうするのか、この国のエネルギー政策はどうあるべきか——。

私個人の想いと考えを少しだけ書き添えれば、福島第一原発の事故で甚大な被害を受けた福島県飯舘村に現在も通い、ひとたび事故を起こせば無差別かつ広範、そして壊滅的な被害をもたらす原発という巨大発電システムに根源的な懐疑心を抱いている。さらにいうなら、国策なるものを掲げた国家が暴走した際、常に泣かされるのは名もなき民だということを飯舘村で痛感させられている。事故収拾作業にあたる作業員たちもまた、国策なるものの無残な失敗の被害者であろう。その証言という「小文字」を積み重ね、著者は大切なルポルタージュを書きあげた。

フリージャーナリスト

あとがき

福島第一原発事故から8年目、私は咽頭（いんとう）がんだと診断された。家系にがんの人間はいない。それこそ「まさか自分が」だった。のどのポリープから出血。それを胃いっぱいに飲み込んで吐血し、その後の検査でがんだとわかった。自分でも驚くほどうろたえ、落ち込んだ。

「俺らより先に、何がんになっているんですか」。今も現場で被ばくと闘っている作業員たちはそう言いながら、心底心配してくれた。ヒロさんと会ったとき、言われた言葉がある。「片山さん。閉じる扉もあれば、開く扉もあります」。ヒロさんも病気で苦しんだことがあった。何度も心の中で繰り返し、胸にしまった。

みんなに心配をかけたが、今はすっかり元気になった。それにしても病名を告げるなんてプライベートなこと。でも彼らに告げることが自然なほど、ある意味深くつき合ってきたのだと思う。最も長い作業員で9年の付き合いになるが、よく取材に応じ続けてくれたと思う。それぞれの福島第一での作業や日々の生活、家族の話を深く聞くうちに、いつしか取材者としてではなく、人と人の付き合いになっていった。

会ったこともない彼らの子どもたちの成長を喜び、家族の心配をするようになった。先の見えない避難生活への苦悩、簡単に解雇されることへの怒りや悲しみ、現場の人間関係や待遇への不満……。年月とともに、彼らの日常の顔や生き様を追ってきた。私自身、夏は朝起きて暑ければ、熱中症は大丈夫だろうかと福島第一に思いを馳（は）せ、冬は風が強ければ、今日は作業が中止だろうかなどと思う。地震が起きれば福島は大丈夫か、福島第一は無事かと情報を集める。それが日常になった。この間、常に取材を受けてくれる人を探していたように思う。友人にどうやって作業員かどうかを見分けているのかと聞かれて、夏や秋は全面マスクや半面マスクの日焼けの跡を見て声を掛けていると話して、笑われたこともあった。

人と人の付き合いには、いろいろある。どこか心がすり切れていたのだろう。忘れもしない2014年2月。事故から3年を前に、一行も原稿が書けなくなった。ちょうど福島民報と河北新報、東京新聞の記者が交代で、震災から3年間、どう取材してきたかを綴る連載を担当した時期だった。福島第一の過酷な作業、そこで働く作業員のこと、そして自分の思い……を書こうとしたが、まったく手が動かなかった。心も体も一杯いっぱいになっていた。パソコンを前に何日も途方に暮れた私は、思い立って北海道・知床に向かった。そして雪山の中をスノーシューを履いて、心が空っぽになるまでひたすら歩き続けた。3日後、東京に戻って再び原稿を書き始めた。

この本で書いたのは、福島第一原発事故後の作業に携わった人たち、一人ひとりの9年間であり、家族の物語だ。これらの取材で福島第一の全景が見えたとは思えないが、この本を手に取ってくださった方々に、福島第一で働く作業員がどんな人だったのか、どんな思いだったのか、その一端が伝わればと思う。

そしていつか作業員たちが、「お父ちゃんはこんなふうに闘ったんだよ」「おじいちゃんはここにいたんだ」などと、子や孫に話して聞かせるときの記憶の一助となればと願う。

以前の作業員日誌を読み返して、「俺こんなかっこいいこと言ったかなぁ」とノブさんは笑った。

先日電話で話をしたリョウさんも「震災後は必死で。よく覚えていないんですよね。そんなこともありましたね」と、くすぐったそうだった。必死であればあるほど、つらければつらいほど、その時の記憶が薄れていくようだった。そんな瞬間、瞬間を生きた作業員の記録となっていればと思う。

原発事故後、福島第一を怒濤(どとう)のように危機が襲うなかで、刻々と上がっていく放射線量に震撼(しんかん)し、日本はどうなってしまうのだろうと私自身怯(おび)えた。そんななか、福島第一に踏みとどまった作業員や東電社員、招集され戻ってきた地元作業員、各地から駆けつけた作業員がいなかったら、今の状態はなかったと思う。

「ニェット（いない）、ジフ（生きている）、ニェット……」。2016年4月、ロシアを訪ねたとき、チェルノブイリ原発事故の収束作業員（リクビダートル）だったオレグ・カシェツキーさん（取材当時56歳）は眼鏡を掛け、作業に行った仲間の被ばく線量の書かれたリストを見ながら、一人ひとりの生死をつぶやいた。

「チェルノブイリ事故のことは思い出したくない。身体が不自由になり疾病障害者になり、そのうえ国は私たちの存在を忘れた。私は祖国を愛している。でも今、あまりにも政府は国民を無視している。もし今、同じような事故が起きても、誰もいかないでしょう。これ以上、このような悲劇が世界で起きないようにしましょう」

終章に書いたように、自らの被ばく線量を顧(かえり)みず、福島第一の高線量の現場で作業をした作業員たちは事故から9年が経とうとする今も、労災以外何の補償もない。労災が認められなければ、病気になっても治療費も生活費も出ない。そしてこの9年で20人が作業中の事故や敷地で倒れるなどして亡くなった。各地の原発が再稼働されるなかで、次にもし福島と同じような原発事故が起きたら、今の日本で事故収束作業に向かう人たちはいるのだろうか。

福島第一では現在、一日4千人の作業員が働いている。廃炉までの道のりはまだ遠い。そして今この瞬間も、福島第一を何とか廃炉にしようとしている作業員がいる。改めて、事故後、福島第一で闘ってきた人たちに感謝の気持ちを伝えられたら。出会った作業員たちはそのごく一部だが、まだ出会わぬ人たちにも思いを馳せたい。

一冊の本をまとめるにあたって、長年にわたって取材に応じてくださった作業員の方たち一人ひとりに感謝の気持ちを直接伝えたい。そして自由に作業員の取材をさせてくれた東京新聞編集局にも謝意を示したい。また同社の原発班、福島の取材をしてきた同僚、他社で福島を取材してきた人たちの記事を、おおいに参考にさせていただきました。ありがとうございました。

最後に、この本は朝日新聞出版の編集者、内山美加子さんがいなかったら、絶対に出来なかった。膨大な資料を抱え、500ページに迫るような原稿を持ち込み、「もう無理だ」「できない」と泣き言を言う私を叱咤(しった)激励し、朝から晩まで、時には徹夜をし、一冊の本に仕上げてくれた。この本は共同製作だと思っています。ありがとうございました。原発の構造から次々出てくる新しい作業、避難に関わる話まで、気の遠くなるような量の校閲をこなしてくれた若杉穂高さん。若杉さんにも何度も徹夜をさせ、年末年始の休みまで奪ってしまった。ありがとうございました。

私の手元に、9年間の取材でたまったぼろぼろになった大学ノートが179冊ある。この続きは、作業員の方たちの補償のあり方を考える取材に使いたい。そして細々と続けてきた「ふくしま作業員日誌」をこれからも続けられたらと思う。

２０２０年１月

片山夏子

本書は東京新聞連載「ふくしま作業員日誌」(2011年8月~2019年10月)に大幅に加筆し、それに伴い一部を修正しました。

片山夏子（かたやま・なつこ）

中日新聞東京本社（「東京新聞」）の記者。大学卒業後、化粧品会社の営業、ニートを経て、埼玉新聞で主に埼玉県警担当。出生前診断の連載「いのち生まれる時に」でファルマシア・アップジョン医学記事賞の特別賞受賞。中日新聞入社後、東京社会部遊軍、警視庁を担当。特別報道部では修復腎（病気腎）移植など臓器移植問題や、原発作業員の労災問題などを取材。名古屋社会部の時に2011年3月11日の東日本大震災が起きる。震災翌日から、東京電力や原子力安全・保安院などを取材。同年8月から東京社会部で、主に東京電力福島第一原発で働く作業員の取材を担当。作業員の事故収束作業や日常、家族への思いなどを綴った「ふくしま作業員日誌」を連載中。2020年、同連載が評価され、「むのたけじ地域・民衆ジャーナリズム賞」大賞受賞。同年、本書が「第42回講談社 本田靖春ノンフィクション賞」受賞。現在、福島特別支局長を務める。

ふくしま原発作業員日誌

イチエフの真実、9年間の記録

2020年2月28日 第1刷発行
2021年3月30日 第6刷発行

著者　片山夏子

発行者　三宮博信

発行所　朝日新聞出版

〒104-8011　東京都中央区築地 5-3-2
電話　03-5541-8832（編集）　03-5540-7793（販売）

印刷製本　株式会社 加藤文明社

装幀　高柳 雅人

Published in Japan by Asahi Shimbun Publications Inc.
ISBN978-4-02-251667-1

定価はカバーに表示してあります。